高等职业教育智能制造领域人才培养系列教材

U0182582

变频调速
与伺服驱动技术

主　编　郭艳萍

副主编　钟　立　郑　益　王　丽

参　编　黄　斌　张　鑫　吴欣懋

INTELLIGENT
CONTROL
TECHNOLOGY

机械工业出版社
CHINA MACHINE PRESS

本书以西门子 G120 变频器以及 V90 伺服驱动器为例，系统介绍了 G120 变频器、步进驱动器和 V90 伺服驱动器的结构、工作原理、基本使用方法和操作方法，并介绍了 S7-1200 PLC 与 G120 变频器、步进驱动器以及 V90 伺服驱动器相结合的实际工程应用案例。本书分为 5 个项目，包括变频及伺服技术认知、G120 变频器的运行、PLC 控制变频器的典型应用、步进驱动系统的应用以及伺服驱动系统的应用。书中每个任务都有相关知识介绍和详细的硬件电路、参数设置以及程序设计内容，并配有微课视频，详细展示了变频器及伺服驱动器在实际工程中的任务实施过程。

本书可作为高等职业院校智能控制技术、电气自动化技术和机电一体化技术等专业的教材，也可作为机械设计制造类和机电设备类专业的拓展教材，还可作为各类工程技术人员、在职人员的培训、自学教材以及各类企业设备管理人员的参考用书。

本书配有电子课件，凡使用本书作为教材的教师可登录机械工业出版社教育服务网（www.cmpedu.com）注册后下载。咨询电话：010-88379375。

图书在版编目（CIP）数据

变频调速与伺服驱动技术/郭艳萍主编. —北京：机械工业出版社，2023.1
（2025.1 重印）

高等职业教育智能制造领域人才培养系列教材. 智能控制技术专业

ISBN 978-7-111-72230-4

Ⅰ.①变… Ⅱ.①郭… Ⅲ.①变频调速-高等职业教育-教材②伺服系统-驱动机构-高等职业教育-教材 Ⅳ.①TM921.51②TP275

中国版本图书馆 CIP 数据核字（2022）第 252883 号

机械工业出版社（北京市百万庄大街 22 号　邮政编码 100037）
策划编辑：薛　礼　　　　　　责任编辑：薛　礼　王　荣
责任校对：张晓蓉　李　婷　　封面设计：鞠　杨
责任印制：单爱军
河北鑫兆源印刷有限公司印刷
2025 年 1 月第 1 版第 5 次印刷
184mm×260mm·17.5 印张·429 千字
标准书号：ISBN 978-7-111-72230-4
定价：56.00 元

电话服务　　　　　　　　　网络服务
客服电话：010-88361066　　机 工 官 网：www.cmpbook.com
　　　　　010-88379833　　机 工 官 博：weibo.com/cmp1952
　　　　　010-68326294　　金 书 网：www.golden-book.com
封底无防伪标均为盗版　机工教育服务网：www.cmpedu.com

前言 PREFACE

变频技术与伺服技术是电力电子技术、计算机控制技术和自动控制技术等多学科融合的技术，随着工业自动化技术的迅猛发展，在实际生产中，变频技术和伺服技术得到了越来越广泛的应用。

本书以党的二十大报告提出的"我们要坚持教育优先发展、科技自立自强、人才引领驱动，加快建设教育强国、科技强国、人才强国"为指引，针对先进制造业对变频及伺服应用技术的岗位需求，将《智能制造工程技术人员》1+X职业资格证书标准以及相关技能大赛项目等与课程的知识点及技能点进行解构和重构，以西门子最新推出的 SINAMICS G120 变频器和 SINAMICS V90 伺服驱动器为载体，介绍其结构、功能、运行操作，并提供了 S7-1200 PLC 与驱动任务解决方案的典型案例，同时将党的二十大精神作为素质教育主线贯穿于学习任务中，构建"岗、课、赛、证"融通的学习内容。

本书分为 5 个项目，即变频及伺服技术认知、G120 变频器的运行、PLC 控制变频器的典型应用、步进驱动系统的应用以及伺服驱动系统的应用。这 5 个项目之间是循序渐进、步步深入的关系，任务部分精选典型工程案例，每个案例都包含软、硬件的配置方案，接线图，参数设置和程序设计。通过学习，读者可提高解决实际问题的能力。

为使本书更贴近工程实际，编者邀请重庆化工设计研究院和重庆西门雷森精密装备制造研究院有限公司的技术人员对本书的编写予以指导并联合编写。校企双方将电气自动化技术岗位所需的技能、《可编程控制系统集成及应用职业技能等级标准（2021 年版）》和《智能运动控制系统集成与应用职业技能等级标准（2021 年版）》"1+X"证书标准、"现代电气控制系统安装与调试"技能大赛项目等内容与课程的知识点及技能点进行解构和重构，同时将价值引领融入课程，实现"岗、课、赛、证"融通，最终达到知识传授、能力培养、价值塑造的教学目标。书中的每个任务按照任务导入、相关知识和任务实施等方式进行编排，由浅入深，任务实施步骤详细，除文字和图片描述，还配有任务实施过程的微课视频，通过"可视化"学习，读者能尽快掌握变频和伺服应用技术。

本书配套有微课视频、电子课件、习题答案、变频器以及伺服驱动器手册、相关编程软件、调试软件和样例程序等，读者可登录机械工业出版社教育服务网免费注册并下载使用。

重庆工业职业技术学院郭艳萍任本书的主编，并进行全书的选例、设计和统稿工作。重庆工业职业技术学院钟立、郑益、王丽任副主编，重庆工业职业技术学院黄斌、张鑫和重庆化工设计研究院吴欣懋参与了本书的编写工作。具体编写分工如下：王丽编写项目1，郭艳萍、黄斌和张鑫编写项目2和项目5，钟立、郑益和吴欣懋编写了项目3和项目4。

本书在编写过程中得到了重庆西门雷森精密装备制造研究院有限公司的大力支持，在此对岳海胜工程师等相关人员一并表示衷心的感谢！

限于编者的水平，书中难免有不妥之处，恳请读者批评指正，可通过E-mail与我们联系：785978419@qq.com。

编　者

▶二维码索引

名称	二维码	页码	名称	二维码	页码
三相异步电动机的调速方法		6	用 BOP-2 操作面板修改参数		43
变频调速的原理		13	恢复变频器的出厂设置		44
通用变频器的基本结构		15	BOP-2 操作面板控制变频器运行		44
认识 G120 变频器		23	预定义接口宏 12		51
功率模块(PM)的安装与接线		26	使用 Startdrive 快速调试变频器		53
控制单元 CU240E-2PN-F 的接线图		29	使用 Startdrive 模拟调试宏 12		63
BOP-2 操作面板的快速调试		36	G120 变频器输入端子功能的预设置		68
BOP-2 操作面板		39	G120 变频器输出端子功能的预设置		71

（续）

名称	二维码	页码	名称	二维码	页码
电流给定调节变频器的速度		74	G120 变频器 PROFINET 通信程序调试		140
变频器的指令源和设定值源		76	步进电动机		149
G120 变频器的 2 线制和 3 线制控制		78	步进驱动器		152
电动电位器给定调节变频器的速度		82	S7-1200 PLC 的运动轴配置		158
直接选择的多段速控制		86	使用轴控制面板调试运动轴		170
二进制选择的多段速功能		89	S7-1200 PLC 的运动控制指令		174
离心机的多段速控制		100	伺服电动机		192
风机的工频和变频切换控制		107	机械手定位控制编程与调试		182
S7-1200 PLC 的模拟量模块		111	V90 伺服驱动器		197
G120 变频器 PROFINET 通信的硬件配置		135	V-ASSISTANT 调试软件的使用		214

（续）

名称	二维码	页码	名称	二维码	页码
输送站硬件电路及运动轴组态		216	V90 PN 的参数设置		244
输送站定位控制编程与调试		224	剪切机的编程与调试		246
V90 PN 的工艺对象 TO 组态		242	FB284 功能块实现的 EPOS 位置控制		251
V90 PN 的控制模式和常用报文		235	FB285 功能块在速度控制中的应用		262
配置 S7-1200 PLC 与 V90 PN 的网络		239			

CONTENTS 目录

前言

二维码索引

项目1 变频及伺服技术认知 ·················· **1**

任务 1.1 电气传动技术认知 ·················· 1

任务 1.1.1 认识电气传动系统 ·················· 1

任务 1.1.2 了解直流电动机的调速方法 ·················· 4

任务 1.1.3 了解交流异步电动机的调速方法 ·················· 6

思考与练习 ·················· 8

任务 1.2 认识电力电子器件 ·················· 8

思考与练习 ·················· 12

任务 1.3 认识通用变频器 ·················· 13

任务 1.3.1 变频调速原理入门 ·················· 13

任务 1.3.2 认识通用变频器 ·················· 15

任务 1.3.3 了解变频器的分类 ·················· 18

任务 1.3.4 了解变频器的控制方式 ·················· 19

思考与练习 ·················· 20

项目2 G120 变频器的运行 ·················· **22**

任务 2.1 认识 G120 变频器 ·················· 22

任务 2.1.1 G120 变频器的组成 ·················· 22

任务 2.1.2 G120 变频器功率模块的安装与接线 ·················· 26

任务 2.1.3 G120 变频器控制单元的安装与接线 ·················· 29

思考与练习 ·················· 35

任务 2.2 变频器的面板运行 ·················· 35

任务 2.2.1 认识 G120 变频器的快速调试及常用参数 ·················· 35

任务 2.2.2 认识 BOP-2 操作面板 ·················· 39

任务 2.2.3 用 BOP-2 操作面板控制变频器正、反转运行 ·················· 42

思考与练习 ·················· 47

任务 2.3 变频器的外部运行 ·················· 48

任务 2.3.1 认识预定义接口宏 ·················· 48

任务 2.3.2 使用 Startdrive 软件调试变频器 ·················· 52

任务 2.3.3 变频器 I/O 端子功能的预设置 ·················· 67

任务 2.3.4 变频器的电流给定运行 ·················· 73

　　　任务 2.3.5　设置变频器的指令源和设定值源 ………………… 75
　　　任务 2.3.6　变频器的 2/3 线制控制 …………………………… 78
　　思考与练习 …………………………………………………………… 80
　任务 2.4　变频器的电动电位器给定运行 ………………………… 81
　　思考与练习 …………………………………………………………… 85
　任务 2.5　变频器的多段速运行 …………………………………… 85
　　　任务 2.5.1　多段速功能预置 ………………………………… 85
　　　任务 2.5.2　变频器的 7 段速运行 …………………………… 88
　　思考与练习 …………………………………………………………… 90
　任务 2.6　变频器的 PID 功能运行 ………………………………… 91
　　　任务 2.6.1　认识变频器的 PID 工艺控制器 ………………… 91
　　　任务 2.6.2　变频器的单泵恒压供水控制 …………………… 95
　　思考与练习 …………………………………………………………… 99

项目 3　PLC 控制变频器的典型应用 ……………………………… **100**

　任务 3.1　离心机的多段速变频控制 ……………………………… 100
　　思考与练习 …………………………………………………………… 106
　任务 3.2　风机的变频/工频自动切换控制 ……………………… 106
　　思考与练习 …………………………………………………………… 110
　任务 3.3　验布机本地/远程无级调速切换控制 ………………… 110
　　思考与练习 …………………………………………………………… 121
　任务 3.4　G120 变频器的通信 …………………………………… 122
　　　任务 3.4.1　S7-1200 PLC 与 G120 变频器的 PROFIBUS
　　　　　　　　　通信 ………………………………………………… 122
　　　任务 3.4.2　S7-1200 PLC 与 G120 变频器的 PROFINET
　　　　　　　　　通信 ………………………………………………… 134
　　　任务 3.4.3　货物升降机的 PROFINET 通信 ……………… 140
　　思考与练习 …………………………………………………………… 146

项目 4　步进驱动系统的应用 ……………………………………… **148**

　任务 4.1　单轴步进电动机的控制 ………………………………… 148
　　　任务 4.1.1　认识步进电动机 ………………………………… 148
　　　任务 4.1.2　认识步进驱动器 ………………………………… 151
　　　任务 4.1.3　S7-1200 PLC 的运动轴配置 ………………… 156
　　　任务 4.1.4　使用轴控制面板调试运动轴 ………………… 169
　　　任务 4.1.5　S7-1200 PLC 运动控制指令的应用 ………… 174
　　　任务 4.1.6　步进电动机正、反向定角循环控制 ………… 185
　　思考与练习 …………………………………………………………… 186
　任务 4.2　双轴行走机械手的控制 ………………………………… 187
　　思考与练习 …………………………………………………………… 190

项目 5　伺服驱动系统的应用 ………………………………………… **191**

任务 5.1　认识伺服控制系统 ………………………………………… 191

任务 5.1.1　认识伺服电动机 ………………………………………… 191

任务 5.1.2　认识 V90 伺服驱动器 ………………………………… 194

思考与练习 ……………………………………………………………… 211

任务 5.2　V90 PTI 伺服驱动器的应用 …………………………… 212

任务 5.2.1　V90 PTI 伺服驱动器的位置控制 …………………… 212

任务 5.2.2　V90 PTI 伺服驱动器的速度控制 …………………… 227

思考与练习 ……………………………………………………………… 233

任务 5.3　V90 PN 伺服驱动器的应用 …………………………… 234

任务 5.3.1　使用工艺对象 TO 实现 V90 PN 伺服驱动器的
位置控制 ……………………………………………… 235

任务 5.3.2　使用 FB284 实现 V90 PN 伺服驱动器的 EPOS
控制 ……………………………………………………… 250

任务 5.3.3　使用 FB285 实现 V90 PN 伺服驱动器的速度
控制 ……………………………………………………… 262

思考与练习 ……………………………………………………………… 266

参考文献 ………………………………………………………………… **268**

项目 1
PROJECT 1

变频及伺服技术认知 ◀

任务 1.1　电气传动技术认知

任务目标

1. 认识电气传动控制系统的组成与分类。
2. 了解电气传动技术的发展概况。
3. 掌握交、直流电动机的调速方法。
4. 厚植爱国精神和民族自豪感。

任务 1.1.1　认识电气传动系统

一、任务导入

在工业、农业和交通运输等行业广泛使用各种各样的生产机械，这些生产机械大多采用电动机作为动力源。电气传动（又称电力拖动）是指以电动机为原动机拖动生产机械运动的一种传动方式，它可以将电能转换成机械能，目的是实现生产机械的起动、停止、速度和位置调节以及各种生产工艺的要求。因此电气传动技术是通过对电动机合理的控制实现生产过程机械设备电气化和自动控制的电气设备及系统的技术总称。20 世纪 80 年代以来，随着电力电子技术、计算机技术、现代控制理论的迅速发展，逐步形成了集多种高新技术于一身的全新学科技术——现代电气传动技术，它是生产机械实现调速和位置控制不可缺少的关键技术。目前，变频调速和伺服位置控制技术已经成为现代电气传动技术的核心组成部分，随着变频器和交流伺服驱动器的应用与普及，变频调速已经取代直流调速占据了电气传动调速领域的主导地位。

二、任务实施

1. 电气传动控制系统的组成及分类

电气传动控制系统由电源、控制器、电力电子变换器、电动机、传感器和生产机械组成，如图 1-1 所示。

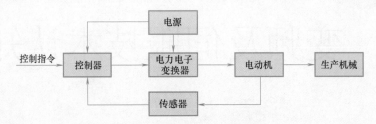

图 1-1　电气传动控制系统的组成示意图

在图 1-1 中，控制器是控制系统的核心，它根据输入的控制指令（如速度或位置指令）和由传感器采集的系统反馈信号（速度、位置和电流等）的偏差进行控制方法和控制策略的运算，并给出相应的控制信号，通过电力电子变换器改变输入的电源（电压、频率等），使电动机改变转速、转矩或位置，再由电动机驱动生产机械按照相应的控制要求运动。

电力电子变换器是实现电动机控制所需电能变换的重要装置，因此，电力电子变换技术是实现电气传动控制系统的核心技术之一；传感器用来检测电动机的速度和位置信号，它是构成系统反馈的关键部件，按照有无传感器将速度或位置信号反馈到控制器的输入端的原则分类，电气传动控制系统分为开环控制系统（无传感器反馈信号）和闭环控制系统（有传感器反馈信号）。

根据生产机械的工艺要求，电气传动控制系统可以分为调速控制系统和位置控制系统两大类。按照传统习惯，通常将用于电动机调速控制的系统称为电气传动系统，将能实现机械位移控制的系统称为伺服控制系统，又称为位置控制系统。国际电工委员会（IEC）将电气传动控制归入"运动控制"范畴。

（1）调速控制系统　调速就是通过改变电动机或电源的参数使电动机的转速按照控制要求发生改变或保持恒定。调速有两层含义：一是变速控制，即让电动机的转速按照控制要求改变；二是稳速控制，当控制要求没改变时，系统受到外界干扰作用，电动机的转速应能保持相对恒定，即调速系统应具有抗干扰性。

这类电气传动控制系统的控制指令为速度给定信号，控制器一般为速度调节器和电流调节器等，系统要求电动机按照速度指令保持稳定的转速。

根据所使用电动机的不同，调速控制系统又可分为如下两类：

1）直流调速系统：采用直流电动机作为系统驱动器，相应的电力电子变换器需要选用直流变换器，如整流器、直流斩波器等。

2）交流调速系统：采用交流电动机作为系统驱动器，相应的电力电子变换器需要选用交流变换器，如交流调压器、各种变频器等。

（2）位置控制系统（即伺服控制系统）　这类电气传动控制系统的控制指令为位置给定

信号，控制器由位置调节器、速度调节器和电流调节器等组成，相应的电力电子变换器需要选用伺服驱动器，系统的控制对象为专门生产的交流伺服电动机，系统要求交流伺服电动机驱动负载按照位置指令准确到达指定的位置或保持所需的姿态。

由于交流伺服系统在控制生产机械位移时同样需要控制运动速度，因此，调速是交、直流电气传动与交流伺服系统的共同要求。

2. 电气传动技术的发展概况

电气传动技术诞生于第二次工业革命时期，它由简单的继电-接触控制、开环控制发展为较复杂的闭环控制系统，由直流传动发展为交流变频传动，通过改变电动机的转速或输出转矩来改变各种生产机械的转速或输出转矩，从而实现节能、提高产品质量以及改善工作环境的目的，大大推动了人类社会的现代化进程。

直流电气传动诞生于 20 世纪 30 年代，主要有整流器和直流斩波或脉宽调制（Pulse Width Modulation，PWM）变换器两种调速系统。由于直流电动机具有控制原理简单、方便，起动和制动性能好，调速范围宽的特点，因此在 20 世纪 80 年代之前，电气传动领域基本上被直流调速系统垄断。

直流电动机由于受换向器限制，维修工作量大、事故率高、使用环境受限，很难向高电压、高转速、大容量发展。与直流电动机相比，交流电动机具有结构简单、造价低、维护方便、功率大及运行转速高等一系列优点，但从控制的角度看，交流电动机是一个多变量、非线性对象，控制远比直流电动机复杂，因此，在一个很长的时期内，交流电动机只用于需要恒速运行或简单变速的电气传动领域。

20 世纪 70 年代，微电子技术的迅猛发展与第二代全控型电力电子器件的实用化，为交流电动机实现高频、低功耗的晶体管脉宽调制即变频调速奠定了物质基础。基于 V/f（电压/频率）控制的变频调速系统和传统电动机模型与经典控制理论的方波永磁同步电动机交流伺服驱动系统被迅速实用化，变频器和交流伺服驱动系统从此进入了工业自动化的各个领域。

随着对电动机控制理论研究的深入，20 世纪 70 年代，德国 F. Blasschke 等人提出了交流电动机的磁场定向控制理论、美国 P. C. Custman 和 A. A. Clark 等人申请了交流电动机定子电压的坐标变换控制专利，交流电动机控制开始采用全新的矢量控制理论，而微电子技术的迅速发展为矢量控制理论的实现提供了可能。20 世纪 80 年代，采用矢量控制的变频器产品和正弦波永磁同步电动机伺服驱动系统相继被 SIEMENS（德国）、YASKAWA（日本）和 ROCKWELL（美国）等公司研制成功，并被迅速推广与普及。

随着电力电子技术、计算机控制技术以及现代控制理论的不断发展，交流电动机的控制理论与技术已经日臻成熟，变频器已经从最初的 V/f 控制发展到了矢量控制、直接转矩控制；在控制技术上，则从模拟量控制发展到了全数字控制与网络控制。变频调速的精度和调速范围得到大幅度提高，转矩控制与位置控制功能进一步完善。各种高精度、高性能的变频器不断涌现，使变频器成为当前最为常用的调速控制装置。交流伺服驱动系统已经全面取代直流伺服驱动系统，主要用于数控机床、机器人和航空航天等需要大范围调速与高精度位置控制的场合。

任务 1.1.2　了解直流电动机的调速方法

一、任务导入

直流电动机转速表达式（即机械特性方程）为

$$n = \frac{U_d - I_d R_a}{K_e \Phi} = \frac{U_d}{K_e \Phi} - \frac{R_a}{K_e \Phi} I_d = n_0 - \Delta n \tag{1-1}$$

式中　n——电动机的转速；

$\quad$ U_d——电动机电枢两端的电压；

$\quad$ I_d——电动机电枢电路电流，由电动机所带负载决定；

$\quad$ R_a——电动机电枢电路电阻；

$\quad$ Φ——电动机励磁磁通；

$\quad$ K_e——电动机电势常数，由电动机结构决定；

$\quad$ n_0——理想空载转速，$n_0 = \dfrac{U_d}{K_e \Phi}$；

$\quad$ Δn——负载电流引起的转速降，$\Delta n = \dfrac{R_a}{K_e \Phi} I_d$。

由式（1-1）可知，直流电动机的调速方法有以下 3 种：

1）改变直流电动机电枢电压 U_d，称为调压调速。

2）改变直流电动机电枢电路电阻 R，称为串电阻调速。

3）改变直流电动机励磁磁通 Φ，称为弱磁调速。

二、任务实施

1. 调压调速

通过改变直流电动机电枢电压来改变电动机转速的方法称为调压调速，对应的机械特性方程为

$$n = \frac{U_d}{K_e \Phi_N} - \frac{R_a}{K_e \Phi_N} I_d = n_0 - \Delta n \tag{1-2}$$

直流电动机的电枢电压一般以额定电压为上限值，所以电枢电压只能在额定值以下变化。由机械特性方程可知，当电枢电压 U_d 取不同的值时，对应的理想空载转速改变，机械特性的硬度（或斜率）不变，机械特性曲线如图 1-2 所示。

调压调速的特点如下：

1）电枢电压降低，电动机的转速降低；反之，电枢电压升高，电动机的转速升高。

2）电枢电压最大值为额定电压，转速最高值为额

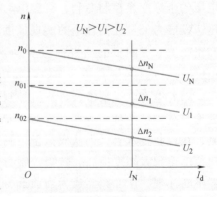

图 1-2　他励直流电动机调压
调速的机械特性曲线

定转速。

3）机械特性的硬度不变，即机械特性是一组平行的斜线。

调压调速属于恒转矩调速方法，因其获得的机械特性硬度大，调速精度较高，转速稳定性好，故适用于要求大范围无级平滑调速的系统。

2. 串电阻调速

串电阻调速是在直流电动机电枢电路串入电阻来改变电动机的转速。其机械特性方程为

$$n = \frac{U_N}{K_e\Phi_N} - \frac{R}{K_e\Phi_N}I_d = n_0 - \Delta n \tag{1-3}$$

串入电阻的阻值越大，机械特性曲线的斜率越大，即倾斜度越大，转速降 Δn 越大，机械特性硬度越软，但理想空载转速不变，机械特性曲线如图 1-3 所示。

串电阻调速的特点如下：

1）电枢电路电阻增大，电动机转速降低，得到的转速小于额定转速。

2）机械特性曲线具有相同的理想空载转速 n_0。

3）特性的硬度随着串入电阻增大而变软。

由于硬度较软，调速精度较低，稳定性差，只能有级调速，电枢串电阻调速在调速系统中应用较少。

3. 弱磁调速

由于直流电动机的额定磁通接近于工作磁通的饱和值，通过改变磁通来调速只能在小于额定磁通的范围内进行调节，故称为弱磁调速。弱磁调速对应的机械特性方程为

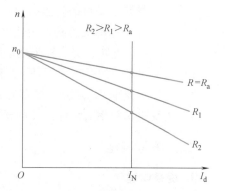

图 1-3　他励直流电动机串电阻调速的
机械特性曲线

$$n = \frac{U_N}{K_e\Phi} - \frac{R_a}{K_e\Phi}I_d = n_0 - \Delta n \tag{1-4}$$

磁通减小时，机械特性曲线的理想空载转速升高，斜率增大，机械特性硬度变软，机械特性曲线如图 1-4 所示。

弱磁调速的特点如下：

1）可获得高于额定值的转速，磁通 Φ 越小，转速越高。

2）随着磁通减小，理想空载转速 n_0 升高。

3）磁通减小，机械特性的硬度变软。

弱磁调速属于恒功率调速方法，虽能无级调速，但调速范围不大。由于硬度软，调速精度不高，故弱磁调速一般不单独使用，有时可与调压调速结合，用于获得高于额定值的转速。

在以上 3 种调速方式中，最常用的是调压调速。在不做特殊说明的情况下，直流调速均指调压调速。

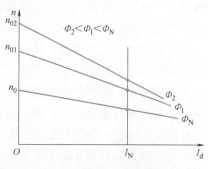

图 1-4　他励电动机弱磁调速的
机械特性曲线

任务 1.1.3 了解交流异步电动机的调速方法

一、任务导入

交流异步电动机的转速公式为

$$n = n_1(1-s) = \frac{60f_1}{p}(1-s) \tag{1-5}$$

式中 f_1——异步电动机定子绕组上交流电源的频率（Hz）；

p——异步电动机的磁极对数；

s——异步电动机的转差率；

n——异步电动机的转速（r/min）；

n_1——异步电动机的同步转速（r/min）。

三相异步电动
机的调速方法

由式（1-5）可知，交流异步电动机有下列 3 种基本调速方法：

1）改变定子绕组的磁极对数 p，称为变极调速。

2）改变转差率 s，方法有改变定子电压调速、定子或转子串电阻调速。

3）改变电源频率 f_1，称为变频调速。

二、任务实施

1. 变极调速

在电源频率 f_1 不变的条件下，改变电动机的磁极对数 p，电动机的同步转速 n_1 就会变化，从而改变电动机的转速 n。这种调速方法通常用改变电动机定子绕组的接法来改变磁极对数。这种电动机称为多速电动机，转子均采用笼型转子，转子感应的磁极对数能自动与定子相适应。

变极调速主要用于各种机床及其他设备。它的优点是设备简单、操作方便，具有较硬的机械特性，稳定性好；它的缺点是电动机绕组抽头较多，调速级数少，级差大，不能实现无级调速，电动机体积大，制造成本高。

2. 变转差率调速

改变定子电压调速、定子或转子串电阻调速都属于改变转差率调速。这些调速方法的共同特点是在调速过程中都产生大量的转差功率。这两种调速方法都是把转差功率消耗在转子电路里，很不经济。

（1）改变定子电压调速 由异步电动机电磁转矩和机械特性方程可知，在一定转速下，异步电动机的电磁转矩与定子电压的二次方成正比。因此改变定子外加电压就可以改变机械特性的函数关系，从而改变电动机在一定输出转矩下的转速。

当改变电动机的定子电压时，可以得到一组不同的机械特性曲线，从而获得不同的转速。如图 1-5 所示，曲线 1 为电动机的固有机械特性，曲线 2 为定子电压是额定电压的 0.7 倍时的机械特性。从图 1-5 中可以看出：同步转速 n_0 不变，最大转差或临界转差率 s_m 不变；当负载为恒转矩负载 T_L 时，随着电压从 U_N 减小到 $0.7U_N$，转速相应地从 n_1 减小到 n_2，转差率增大。因此可以认为调压调速属于改变转差率的调速方法。

目前广泛采用晶闸管交流调压电路来实现定子调压调速。该调速方法的调速范围较小，低压时机械特性太软，转速变化大。为改善调速特性，可采用带速度负反馈的闭环控制系统。

（2）转子串电阻调速　绕线转子异步电动机转子串电阻调速的机械特性如图 1-6 所示。转子串入电阻时最大转矩 T_m 不变，临界转差率增大。所串入电阻越大，运行段机械特性曲线的斜率越大。若带恒转矩负载，原来运行在固有特性曲线 1 的 a 点上，在转子串入电阻 R_1 后就运行在 b 点上，转速由 n_a 变为 n_b，以此类推。

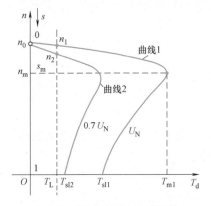
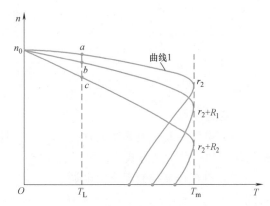

图 1-5　调压调速的机械特性　　　　　　图 1-6　转子串电阻调速的机械特性

转子串电阻调速的优点是设备简单，主要用于中、小容量的绕线转子异步电动机，如桥式起重机等。其缺点是转子绕组需经过电刷引出，属于有级调速，平滑性差；由于转子中的电流很大，在串联电阻上会产生很大损耗，所以电动机的效率很低，机械特性较软，调速精度差。

3. 变频调速

交流变频调速是利用电力电子器件的通断作用，将工频 50Hz 的交流电源变换成频率和电压可调的交流电源，通过改变交流异步电动机定子绕组的供电频率，在改变频率的同时也改变电压，从而达到调节电动机转速的目的。这种技术称为 VVVF（变压变频）调速技术。

交流变频调速系统与直流调速系统相比具有以下显著优点：

1）变频调速装置的容量大、转速高。

2）变频调速系统调速范围宽且平滑。通用变频器的调速范围可达 1∶10 以上，高性能的矢量变频器可达 1∶1000，它的调速静态精度及动态品质好。

3）变频调速系统可以直接在线起动，起动转矩大，起动电流小，减小了对电网和设备的冲击，并具有转矩提升功能，节省软起动装置。平滑的起动和减速可降低机械系统的负荷，并显著延长整个驱动链的寿命。

4）变频器内置功能多，可满足不同的工艺要求；保护功能完善，能自诊断显示故障所在，维护简便；具有通用的外部接口端子，可同计算机、PLC（可编程序控制器）联机，便于实现自动控制。

5）变频调速节能效果显著。特别是对于通过机械节流阀和阀门运行的泵、风机和压缩机，节能效率可达 60 %，极端情况下甚至可达 70 %。变频调速已经成为节能的重要手段和措施。

拓展链接

2017 年 6 月 26 日，由中国国家铁路集团有限公司牵头组织研制、具有完全自主知识产权的中国标准动车组"复兴号"在京沪高铁线上双向首发。同年 9 月 21 日,"复兴号"动车组在京沪高铁线率先以 350km/h 的速度运营,京沪两地间的运行时间被压缩至 4.5h,我国再次成为世界上高铁商业运营速度最快的国家。"复兴号"列车起动、制动平稳,乘坐舒适,试验速度高达 420km/h,商业运营速度达到 350km/h。动车组的速度调节都是通过变频技术实现的。在"复兴号"动车组研制过程涉及的 254 项重要标准中,我国标准占 84%,它标志着我国高速动车组技术全面实现自主化、标准化和系列化,成为代表中国智造的新"国家名片"。"复兴号"代表着我国铁路在新时代奋勇当先行的坚强决心,深情寄托着我国铁路人对中华民族伟大复兴的追求和期盼。

思考与练习

填空题

(1) 电气传动控制系统又称为_____控制系统,是指以_____为原动机拖动生产机械运动的一种传动方式,它可以将_____能转换成_____能。

(2) 电气传动控制系统由电源、_____、_____、_____、传感器和生产机械组成。

(3) 按照有无传感器,电气传动控制系统分为_____控制系统和_____控制系统。

(4) 根据生产机械的工艺要求,电气传动控制系统可以分为_____控制系统和_____控制系统两大类。按照传统习惯,通常将用于电动机调速控制的系统称为_____传动系统,将能实现机械位移控制的系统称为_____控制系统,又称为_____控制系统。

(5) 根据所使用电动机的不同,调速控制系统可分为_____调速系统和_____调速系统。

(6) 晶体管脉宽调制技术,简称_____。

(7) 直流电动机有 3 种调速方法,分别是_____调速、_____调速和_____调速。能获得高于额定值转速的是_____,调速过程中机械特性的硬度不变的是_____,理想空载转速不变的是_____,最常用的调速方式是_____。

(8) 三相异步电动机的转速除了与磁极对数、转差率有关,还与_____有关。

(9) 交流电动机有 3 种调速方法,分别是_____调速、_____调速和_____调速。目前广泛采用_____交流调压电路来实现定子调压调速。最常用的调速方式是_____。

任务 1.2 认识电力电子器件

任务目标

1. 了解电力电子器件的概念、特点及分类。

2. 了解常用电力电子器件的导通条件和基本特性。

3. 培养学生探索未知、追求真理、勇攀科学高峰的责任感和使命感。

一、任务导入

电力电子器件（Power Electronic Device）又称为功率半导体器件，主要用于电气设备或电力系统的电能变换和电能控制电路中的大功率电子器件。变频器和伺服驱动器主电路中"直流→交流"的逆变过程实际是不同组合的电力电子器件交替地导通和关断的过程，因此，电力电子器件尤其是绝缘栅双极型晶体管（IGBT）是变频器及伺服驱动器发展的物质基础。

二、任务实施

1. 电力电子器件的特征和分类

（1）电力电子器件的特征

1）能处理较大电功率的变换，即能承受高电压、大电流，通常电流为数十安至数千安，电压为数百伏以上，远大于处理信息的电子元器件。

2）为了减小本身的损耗，提高效率，一般都工作在开关状态，并且具有较高的开关频率。

3）由信息电子电路来控制，导通和关断的控制十分方便，需要驱动电路。

4）自身的功率损耗通常远大于信息电子元器件，工作时一般都需要安装散热器。

（2）电力电子器件的分类　按照能够被控制电路信号所控制的程度，电力电子器件分为以下 3 类：

1）不可控器件：不能用控制信号来控制通断，因此不需要驱动电路，如电力二极管、整流二极管。

2）半控型器件：通过控制信号可以控制导通而不能控制关断，如晶闸管（SCR）、快速晶闸管、逆导晶闸管、光控晶闸管和双向晶闸管等。

3）全控型器件：通过控制信号既可控制导通又可控制关断，又称自关断器件，如IGBT、门极关断（GTO）晶闸管、电力晶体管（GTR）和金属-氧化物-半导体场效应晶体管（MOSFET）等。

按照驱动信号的性质，电力电子器件分为以下两类：

1）电流驱动型：通过从控制端注入或者抽出电流来实现导通或者关断的控制，如SCR、GTR、GTO 晶闸管。

2）电压驱动型：仅通过在控制端和公共端之间施加一定的电压信号就可实现导通或者关断的控制，如 MOSFET、IGBT。

2. 晶闸管

晶闸管（Thyristor）是晶体闸流管的简称。1957 年，美国通用电气公司开发出世界上第一只晶闸管产品，并于 1958 年将其商业化。晶闸管的外形有小型塑封型（小功率）、平板型（中功率）和螺栓型（中、大功率），如图 1-7a 所示。晶闸管是由四层半导体 P-N-P-N 叠合而成，如图 1-7b 所示，形成三个 PN 结，它有三个电极：阳极 A、阴极 K 和门极 G，它的电气图形符号如图 1-7c 所示。

晶闸管的导通条件为：在晶闸管的阳极与阴极之间加正向电压，同时在晶闸管的门极与阴极之间也加正向触发电压，晶闸管才能导通。晶闸管一旦导通，门极就失去控制作用，不论门极电压是否还存在，晶闸管都保持导通。要使晶闸管截止，只能使晶闸管的电流降到接近于零的某一数值以下或承受反向电压。

晶闸管是通过对门极的控制使其导通而不能使其关断的器件，属于半控型器件。

普通晶闸管不仅具有硅整流器的特性，更重要的是它的工作过程可以控制，能以小功率信号去控制大功率系统，被广泛应用于可控整流、交流调压、无触点电子开关、逆变及直流变换等领域，成为特大功率低频（200Hz 以下）装置中的主要器件。

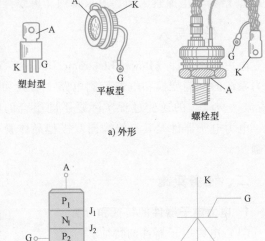

图 1-7　晶闸管的外形、结构和电气图形符号

3. 绝缘栅双极型晶体管（IGBT）

IGBT 于 20 世纪 80 年代问世，是由 GTR 和 MOSFET 组合而成的全控型、电压驱动型器件。

IGBT 的理想等效电路及符号如图 1-8 所示，它有 3 个极，分别是栅极 G、集电极 C 和发射极 E。它属于场控器件，通断由栅极-发射极电压 U_{GE} 决定。

IGBT 的导通条件：U_{CE} 加正向电压，且栅极-发射极电压 U_{GE} 大于阈值电压 $U_{GE(th)}$。

IGBT 的截止条件：栅极-发射极电压 U_{GE} 小于阈值电压 $U_{GE(th)}$。

IGBT 具有驱动功率小、开关速度快、电流容量大、耐压高以及工作频率高等特点，是目前变频及伺服主电路中应用最广泛的主流功率器件，它作为自动控制和功率变换的关键核心部件，是必不可少的功率"核芯"。

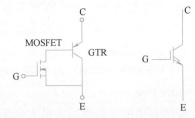

图 1-8　IGBT 的结构及电气图形符号

变频和伺服的逆变电路常采用模块化结构，将多个 IGBT 和续流二极管集成封装在一起。一般模块化结构产品有以下 3 种：

1）单管 IGBT 模块（1 合 1）：模块中有 1 个 IGBT 和 1 个续流二极管，一般以 6 块为 1 组使用，构成 PWM 变频器的逆变电路，如图 1-9a 所示。

2）半桥 IGBT 模块（2 合 1）：模块中有 2 个 IGBT 和 2 个续流二极管，一般以 3 块为 1 组使用，构成 PWM 变频器的逆变电路，如图 1-9b 所示。

3）全桥 IGBT 模块（6 合 1）：模块中有 6 个 IGBT 和 6 个续流二极管，1 块就可以构成变频器的逆变电路，如图 1-9c 所示。

目前市场上 15kW 以上的变频器使用 150A/200A/300A/400A/450A 的半桥 IGBT 模块或 100A/150A 的全桥 IGBT 模块。

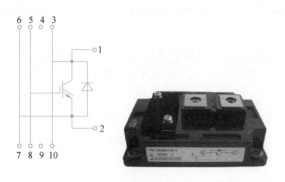

a) 单管模块内部电路及产品外形

b) 半桥模块内部电路及产品外形

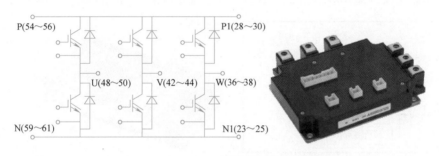

c) 全桥模块内部电路及产品外形

图1-9 IGBT 模块的内部电路及产品外形

拓展链接

　　攻克IGBT，中国高铁跃动"中国芯"——无论是轨道交通，还是新能源、工业变频、智能电网都高度依赖IGBT。作为高铁列车牵引传动系统的核心部件，IGBT模块直接影响高铁列车能否瞬间起跑、舒适飞驰和稳定停车。过去，我国机车车辆用的IGBT模块都要从德国、日本进口，特别是在高等级的IGBT器件上，更没有中国人的一席之地。2008年，随着高铁建设的加快，我国对IGBT的需求激增，我国轨道交通牵引市场每年对3300V等级的IGBT模块的需求量为（10~20）万只，年市场容量15亿左右。为了改变我国IGBT技术和产业长期受制于人的局面，中国中车公司通过并购整合、自主研发创新，逐步建立了具有自主产权的功率半导体芯片—器件—装置—系统的完整产业链。2013年，中国中车公司株洲所自主研出我国最高电压等级的高铁"中国芯"—— 6500V/200A IGBT芯片。该芯片的诞生标志着我国拥有了完全自主知识产权的世界最高电压等级IGBT芯片的设计和制造技术，实现了我国在高端IGBT技术领域与国际先进水平接轨。中国中车公司的株洲中车时代电气股份有限公司已建成全球第二条、国内首条8in⊖ IGBT芯片专业生产线，具备年产12万片芯片，并配套形成年产100万只IGBT模块的自动化封装测试能力，芯片与模块电压范围实

⊖　1in = 0.0254m。

现 650~6500V 的全覆盖。2015 年，我国自主研发的高功率 IGBT 芯片首次走出国门，出口印度。

4. 智能功率模块（IPM）

IPM 是将大功率开关器件和驱动电路、保护电路、检测电路等集成在同一个模块内，而且具有过电流、过电压和过热等故障检测电路。目前，IPM 一般以 IGBT 为基本功率开关器件，构成单相或三相逆变器的专用功率模块。

IPM 根据内部功率电路配置的不同可分为 4 类：H 型（内部封装 1 个 IGBT）、D 型（内部封装 2 个 IGBT）、C 型（内部封装 6 个 IGBT）和 R 型（内部封装 7 个 IGBT）。由于 IPM 通态损耗和开关损耗都比较低，可使散热器减小，因而整机尺寸亦可减小，又有自保护能力，国内外 55kW 以下的变频器多数采用 IPM。

IPM 的内部结构及产品外形示例如图 1-10 所示。

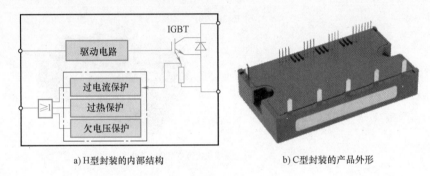

a）H 型封装的内部结构　　　　　　b）C 型封装的产品外形

图 1-10　IPM 的内部结构及产品外形示例

思考与练习

1. 填空题

（1）按照能够被控制电路信号所控制的程度，电力电子器件分为_____器件、_____器件和_____器件。

（2）电力晶体管属于_____器件，晶闸管属于_____器件，IGBT 属于_____器件。

（3）按照驱动信号的性质，电力电子器件分为以下两类：_____型和_____型。

（4）IGBT 模块有 3 种：_____模块、_____模块和_____模块。

（5）IPM 根据内部功率电路配置的不同可分为 4 类：_____型、_____型、_____型和_____型。

（6）_____是目前变频及伺服主电路中应用最广泛的主流功率器件。

2. 简答题

（1）晶闸管导通和截止的条件是什么？

（2）IGBT 导通和截止的条件是什么？

（3）简述 IGBT 模块和 IPM 模块的相同点和不同点。

任务 1.3　认识通用变频器

任务目标

1. 了解变频调速的原理。
2. 掌握变频器的基本结构。
3. 了解变频器的分类和控制方式。
4. 培养学生心怀使命、刻苦学习、科技报国的担当精神。

任务 1.3.1　变频调速原理入门

一、任务导入

由电机学原理可知，三相异步电动机定子绕组的反电动势 E_1 的表达式为

$$E_1 = 4.44 f_1 N_1 K_{N1} \Phi_m = U_1 + \Delta U \tag{1-6}$$

式中　E_1——气隙磁通在定子每相中感应电动势的有效值（V）；

　　f_1——交流电源频率；

　　N_1——每相定子绕组的匝数；

　　K_{N1}——与绕组结构有关的常数；

　　Φ_m——电动机每极气隙磁通；

　　ΔU——漏阻抗电压降；

　　U_1——定子电压。

由式（1-6）可知，当 E_1 和 f_1 的值较大时，定子的漏阻抗相对比较小，漏阻抗电压降 ΔU 可以忽略不计，即可认为电动机的定子电压 $U_1 \approx E_1$。若电动机的定子电压 U_1 保持不变，当定子绕组的交流电源频率 f_1 由基频 f_{1N} 向下调节时，会使电动机磁路过饱和，导致定子绕组过热而损坏电动机；而由基频 f_{1N} 向上调节时，主磁通 Φ_m 将减少，铁心利用不充分，电磁转矩 T 下降，电动机的负载能力下降。因此，为充分利用电动机铁心，维持电动机输出转矩不变，人们希望在调节频率 f_1 的同时能够维持主磁通 Φ_m 不变（即恒磁通控制方式）。

以电动机的额定频率 f_{1N} 为基准频率，称为基频。变频调速时，可以从基频向上调，也可以从基频向下调。

二、任务实施

1. 基频以下恒磁通（恒转矩）变频调速

当在额定频率以下调频时，为了保证 Φ_m 不变，根据式（1-6）得

$$\frac{E_1}{f_1} = 常数 \tag{1-7}$$

变频调速
的原理

由于异步电动机定子绕组中的感应电动势 E_1 无法直接检测和控制，根据 $U_1 \approx E_1$，可以通过控制 U_1 达到控制 E_1 的目的，即

$$\frac{U_1}{f_1} = 常数 \tag{1-8}$$

通过以上分析可知：在额定频率以下调频时，调频的同时也要调压。将这种调速方法称为变压变频（Variable Voltage Variable Frequency，VVVF）调速控制，也称为恒压频比控制方式，简称 V/f 控制。

当定子电源频率 f_1 很低时，U_1 也很低。此时定子绕组上的电压降 ΔU 在电压 U_1 中所占的比例增加，将使定子电流减小，从而使 Φ_m 减小，这将引起低速时的最大输出转矩减小。可通过提高 U_1 来补偿 ΔU 的影响，使 E_1/f_1 不变，即 Φ_m 不变，这种控制方法称为电压补偿，也称为转矩提升。定子电源频率 f_1 越小，定子绕组电压补偿得越大，带定子电压降补偿控制的恒压频比控制特性如图 1-11 所示。

2. 基频以上恒功率（恒电压）变频调速

当定子绕组的交流电源频率 f_1 由基频 f_{1N} 向上调节时，若按照 $U_1/f_1 = $ 常数的规律控制，电压也必须由额定值 U_{1N} 向上增大。由于电动机不能超过额定电压运行，所以频率 f_1 由额定值向上增大时，由式（1-7）可知，定子电压不可能随之升高，只能保持 $U_1 = U_{1N}$ 不变。这样必然会使 Φ_m 随着 f_1 的增大而减小，类似于直流电动机的弱磁调速。由电机学原理可知，Φ_m 减小将引起电磁转矩 T 减小。在这种控制方式下，转速越高，转矩越小，但是转速与转矩的乘积（输出功率）基本不变，所以基频以上调速属于弱磁恒功率调速。

3. 变频调速特性的特点

把基频以下和基频以上两种情况结合起来，可得到图 1-12 所示的异步电动机变频调速的控制特性。按照电力拖动原理，在基频以下，属于恒转矩调速的性质；而在基频以上，属于恒功率调速性质。

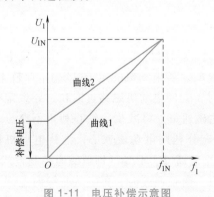

图 1-11　电压补偿示意图　　　　图 1-12　异步电动机变频调速控制特性

（1）**恒转矩的调速特性**　这里的恒转矩是指在转速的变化过程中，电动机具有输出恒定转矩的能力。在 $f_1 < f_{1N}$ 的范围内变频调速时，经过补偿后，各条机械特性的临界转矩基本为一个定值，因此该区域基本为恒转矩调速区域，适合带恒转矩负载。从另一方面来看，经补偿以后的 $f_1 < f_{1N}$ 调速，可基本认为 $E/f = $ 常数，即 Φ_m 不变，根据电动机的转矩公式可知，在负载不变的情况下，电动机输出的电磁转矩基本为一个定值。

（2）**恒功率的调速特性**　这里的恒功率是指在转速的变化过程中，电动机具有输出恒

定功率的能力，$f_1 > f_{1N}$ 时，频率越高，主磁通 Φ_m 必然相应越小，电磁转矩 T 也越小，而电动机的功率 $P = T(\downarrow)\omega(\uparrow) = $ 常数。因此 $f_1 > f_{1N}$ 时，电动机具有恒功率的调速特性，适合带恒功率负载。

任务 1.3.2　认识通用变频器

一、任务导入

变频器是把电压、频率固定的交流电变成电压、频率可调的交流电的变换器。它与外界的联系基本上分为主电路和控制电路两个部分，如图 1-13 所示。

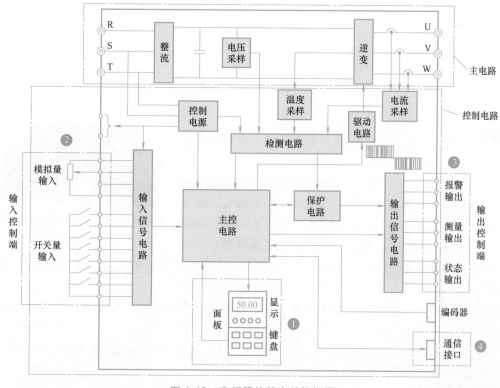

图 1-13　变频器的基本结构框图

二、任务实施

1. 主电路

交-直-交变频器的主电路如图 1-14 所示，由整流电路、能耗电路和逆变电路组成。

通用变频器的基本结构

（1）整流电路

1）整流二极管 $VD_1 \sim VD_6$。在图 1-14 中，整流二极管 $VD_1 \sim VD_6$ 组成三相整流桥（如果进线是单相变频器，则需要 4 个整流二极管），将电源的三相交流电全波整流成直流电。

我国三相电源的线电压为 380V，故全波整流后的平均电压是

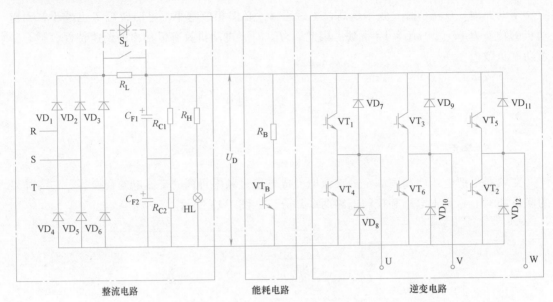

图 1-14　交-直-交变频器的主电路

$$U_D = 1.35 \times 380V = 513V$$

变频器的三相桥式整流电路常采用集成电路模块，整流桥集成电路模块如图 1-15 所示。

2）滤波电容器 C_F。图 1-14 所示电路中的滤波电容器 C_F 有两个功能：一是滤平全波整流后的电压纹波；二是当负载变化时，使直流电压保持平稳。

图 1-15　三相整流桥模块

3）电源指示灯 HL。HL 除了表示电源是否接通，还有一个十分重要的功能，即在变频器切断电源后，表示滤波电容器 C_F 上的电荷是否已经释放完毕。

（2）能耗电路　电动机在工作频率下降的过程中，将处于再生制动状态，拖动系统的动能将转换成电能反馈到直流电路中，使直流电压 U_D 不断增大，甚至可能达到危险的地步。因此必须将再生到直流电路的能量消耗掉，使 U_D 保持在允许范围内。图 1-14 所示的制动电阻 R_B 就是用来消耗这部分能量的。

知识链接

泵生电压

当电动机处于再生发电制动状态时，会导致电压源型变频器直流侧电压 U_D 增大而产生过电压，这种过电压称为泵升电压。为了限制泵升电压，如图 1-14 所示，可给直流侧电容并联一个由电力晶体管 VT_B 和能耗电阻 R_B 组成的泵升电压限制电路。因为当泵升电压超过一定数值时，使 VT_B 导通，再生回馈制动能量消耗在 R_B 上，所以又将该电路称为制动电路。

（3）逆变电路　逆变管 $VT_1 \sim VT_6$ 组成三相逆变桥，通过控制 6 个 IGBT 轮流导通和关断，把 $VD_1 \sim VD_6$ 整流所得的直流电再逆变成频率、电压都可调的三相交流电，这是变频器实现变频的核心部分，当前常用的逆变器件有 IGBT 和 IPM。

逆变电路每个逆变器两端都并联一个二极管，它为再生电流及能量返回直流电路提供通路，所以把这样的二极管称为续流二极管。同时由于负载存在感性，IGBT 关断瞬间会在 IGBT 两端产生极高的自感反相电压，此电压可能击穿 IGBT，并联的二极管将这个"自感反相电压"短路，起到保护 IGBT 的作用。

📖 知识链接

中、小功率变频器多采用 25A、50A、75A、100A、150A 的 PIM。PIM 结构包括三相全波整流和 6~7 个 IGBT，即变频器的主电路全部封装在一个模块内，在中、小功率变频器上均使用 PIM 以降低成本，减少变频器的尺寸。PIM 的外形如图 1-16 所示。

图 1-16　PIM 的外形

2. 控制电路

变频器的控制电路主要以 16 位、32 位单片机或 DSP 为控制核心，从而实现全数字化控制。它具有设定和显示运行参数、信号检测、系统保护、计算与控制以及驱动逆变器等作用。

控制电路端子分为输入控制端（图 1-13 中的❷）及输出控制端（图 1-13 中的❸）。输入控制端既可以接收模拟量输入信号，又可以接收开关量输入信号。输出端子包括用于报警输出的端子、指示变频器运行状态的端子及用于指示各种输出数据的测量端子。

通信接口（见图 1-13 中的❹）用于变频器和其他控制设备的通信。变频器通常采用 RS485 接口或 PROFINET 接口。

拓展链接

20 世纪 80 年代，日本的富士、三菱和安川等公司的变频器率先进入我国的变频器市场，之后欧美的 ABB、西门子、施耐德和罗克韦尔等公司的变频器大量涌入我国，形成了欧美与日本品牌共同主导我国变频器市场的竞争格局。多年来，以振兴民族工业为使命，国产品牌英威腾、普传、汇川和蓝海华腾等不断探索变频器国产化的变革之路，通过技术攻关和政策支持，率先在中、低压变频器上取得突破，市场份额不断提升。2019 年，国产品牌超越日本品牌，市场份额占比达到 33%，日本品牌的市场份额占比下降到 12%，西门子、施耐德和 ABB 等凭借资本和历史与经验的优势，市场份额仍占 55%。国产品牌短时间内尚难与之抗衡，国产变频器从打破垄断到真正逆袭还有很长的一段路要走，为此，青年学生要树立科技报国、科技强国的远大理想，努力学习，勇敢肩负起时代赋予的重任。

任务 1.3.3　了解变频器的分类

一、任务导入

变频器的种类繁多，根据不同的分类方法可以将变频器进行如下分类：按变换环节分为交-交变频器和交-直-交变频器，按直流电路的滤波方式分为电流源型和电压源型，按输出电压调制方式分为脉冲幅度调制（PAM）方式和脉冲宽度调制（PWM）方式，按变频控制方式分为 V/f 控制变频器、转差频率控制变频器、矢量控制变频器和直接转矩控制变频器，按用途分为通用变频器和专用变频器等。

二、任务实施

1. 按变换环节分类

按变频调速的变换环节分类，变频器可以分为交-交变频器和交-直-交变频器。

（1）交-交变频器　它是一种把频率固定的交流电源直接变换成频率连续可调的交流电源的装置。常用的交-交变频器的结构如图 1-17 所示。改变正反组切换频率可以调节输出交流电的频率，而改变 α（晶闸管的控制角）的大小即可调节矩形波的幅值。

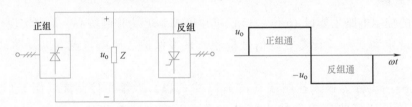

图 1-17　交-交变频器的结构图

优点：没有中间环节，变换效率高。

缺点：交-交变频器连续可调的频率范围较窄，最大输出频率为额定频率的 1/2 以下，因此主要用于低速大容量的拖动系统。

（2）交-直-交变频器　目前已被广泛应用在交流电动机变频调速中的变频器是交-直-交变频器，它是先将恒压恒频（Constant Voltage Constant Frequecy，CVCF）的交流电通过整流器变成直流电，再经过逆变器将直流电变换成频率连续可调的三相交流电。

2. 按直流电路的滤波方式分类

交-直-交变频器中间直流环节的滤波元件可以是电容或电感，据此，变频器分成电流源型变频器和电压源型变频器两大类。

（1）电流源型　当交-直-交变频器的中间直流环节采用大电感滤波时，直流电流波形比较平直，因而电源内阻抗很大，对负载来说基本上是一个电流源，输出交流电流是矩形波或阶梯波，电压波形接近于正弦波，这类变频器叫作电流源型变频器，如图 1-18 所示。

（2）电压源型　当交-直-交变频器的中间直流环节采用大电容滤波时，直流电压波形比较平直，在理想情况下是一个内阻抗为零的恒压源，输出的交流电压是矩形波或阶梯波，电流波形近似于正弦波，这类变频器叫作电压源型变频器，如图 1-19 所示。现在变频器大多

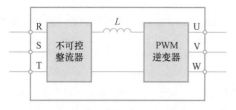

图 1-18　电流源型变频器

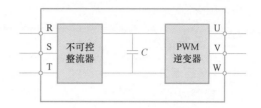

图 1-19　电压源型变频器

都属于电压源型变频器。

3. 按输出电压调制方式分类

按输出电压的调制方式分类，变频器可分为 PAM 方式变频器和 PWM 方式变频器。

（1）PAM　PAM 方式是调频时通过改变整流后直流、电压的幅值，达到改变变频器输出电压的目的。一般通过可控整流器来调压，通过逆变器来调频，变压与变频分别在两个不同的环节上进行，控制复杂，现已很少采用。

（2）PWM　PWM 方式指变频器输出电压的大小是通过改变输出脉冲的占空比来实现的。在调节过程中，逆变器负责调频调压。目前使用最多的是占空比按正弦规律变化的正弦波 PWM 方式，即 SPWM 方式。交-直-交变频器中的逆变器采用 IGBT 时，开关频率可达 10kHz 以上，变频器的输出波形已经非常逼近正弦波，因而将这种变频器中的逆变器称为 SPWM 逆变器，中、小容量的通用变频器几乎全部采用此类型的变频器。

4. 按变频控制方式分类

根据变频控制方式的不同，变频器大致可以分为 4 类：V/f 控制变频器、转差频率控制变频器、矢量控制变频器和直接转矩控制（Direct Torque Control，DTC）变频器。

此外，变频器按电压等级可分为低压变频器和高压变频器。低压变频器分为单相 220V、三相 380V、三相 660V 和三相 1140V。高压（国际上称作中压）变频器分为 3kV、6kV 和 10kV 3 种。如果变频器采用公共直流母线逆变器，则要选择直流电压，它的等级有 24V、48V、110V、200V、500V 和 1000V 等。

任务 1.3.4　了解变频器的控制方式

一、任务导入

早期通用变频器大多数为开环恒压频比（V/f=常数）的控制方式。它的最大优点是系统结构简单，成本低，可以满足一般平滑调速的要求；缺点是系统的静态及动态性能不高。转差频率控制方式是在 V/f 控制的基础上利用速度传感器构成的一种闭环控制系统，它的优点是负载发生较大变化时，仍能达到较高的速度精度和具有较好的转矩特性。矢量控制是 20 世纪 70 年代初由西门子公司的工程师首先提出的将交流电动机等效为直流电动机的控制方式，优点是动态响应快、调速范围宽。1985 年，德国鲁尔大学 Depenbrock 教授首先提出 DTC 理论，它不是通过控制电流、磁链等量来间接控制转矩，而是把转矩直接作为被控量来控制，DTC 可以实现很快的转矩响应速度和很高的速度、转矩控制精度。1995 年，ABB 公司首先推出的 ACS600 直接转矩控制系列变频器在带 PG 时的静态速度精度可以达到±0.01%。

二、任务实施

1. V/f控制方式

V/f控制即恒压频比控制。它的基本特点是同时控制变频器输出的电压和频率,通过保持V/f恒定使电动机获得所需的转矩特性。它是变频调速系统最经典的控制方式,广泛应用于以节能为目的的风机、泵类等负载的调速系统中。

V/f控制是转速开环控制,无需速度传感器,控制电路简单,通用性强,经济性好;但由于控制是基于电动机稳态数学模型基础上的,因此动态调速性能不佳,电动机低速运行时,受定子电阻电压降的影响,电动机的带载能力下降,需要实行转矩补偿。

2. 转差频率控制方式

转差频率控制方式是对V/f控制的一种改进。它的实现思想是通过检测电动机的实际转速,根据设定频率与实际频率的差连续调节输出频率,在控制调速的同时,控制电动机输出转矩。

转差频率控制利用速度传感器的速度闭环控制,并可以在一定程度上控制输出转矩,所以和V/f控制方式相比,在负载发生较大变化时,仍能达到较高的速度精度,且具有较好的转矩特性。但是采用这种控制方式时,需要在电动机上安装速度传感器,并需要根据电动机的特性调节转差,通常多用于厂家指定的专用电动机,通用性较差。

3. 矢量控制方式

上述的V/f控制方式和转差频率控制方式的控制思想都是建立在异步电动机的静态数学模型上的,因此动态性能指标不高。20世纪70年代初,德国人首先提出了矢量控制,它是一种高性能异步电动机控制方式,它基于交流电动机的动态数学模型,利用坐标变换的手段,将交流电动机的定子电流分解成励磁电流分量和转矩电流分量,并加以控制,具有与直流电动机相似的控制性能。采用矢量控制方式的目的主要是提高变频器调速方式的动态性能。各种高端变频器普遍采用矢量控制方式。

4. DTC方式

1985年,德国鲁尔大学的M. Depenbrock教授首次提出了直接转矩控制理论。DTC是利用空间矢量坐标的概念,在定子坐标系下分析交流电动机的数学模型,控制电动机的磁链和转矩,通过检测定子电阻来观测定子磁链,因此省去了矢量控制等复杂的变换计算,系统直观、简洁,计算速度和精度都比矢量控制方式有所提高,即使在开环的状态下,也能输出100%的额定转矩,对于多拖动具有负荷平衡功能。

思考与练习

1. 填空题

(1) 为了维持电动机输出转矩不变,在调节频率 f_1 的同时能够维持_____不变。

(2) 交-直-交变频器的主电路主要由_____电路、_____电路和_____电路组成。

(3) 变频器是把电压、频率固定的工频交流电变为_____和_____都可以变化的交流电的变换器。

（4）变频调速时，基频以下的调速属于_____调速，基频以上的调速属于_____调速。

（5）在 V/f 控制方式下，当输出频率比较低时，会出现输出转矩不足的情况，要求变频器具有_____功能。

（6）变频器具有多种不同的类型：按变换环节可分为_____变频器和_____变频器，按改变变频器输出电压的调制方法可分为_____型和_____型，按控制方式可分为_____控制方式、_____控制方式、_____控制方式和_____控制方式。

2. 简答题

（1）简述交-直-交变频器主电路各部分的作用。

（2）为什么对异步电动机进行变频调速时，希望电动机的主磁通保持不变？

（3）什么叫作 V/f 控制方式？为什么变频时需要相应地改变电压？

（4）在何种情况下变频也需变压，在何种情况下变频不能变压？为什么？在上述两种情况下，电动机的调速特性有何特征？

（5）为什么在基本 V/f 控制基础上还要进行转矩补偿？

项目2
PROJECT 2

G120变频器的运行

任务 2.1　认识 G120 变频器

任务目标

1. 认识 G120 变频器的系统构成。
2. 学会安装 G120 变频器。
3. 学会 G120 变频器功率模块和控制单元的接线。
4. 树立"创新、协调、绿色、开放、共享"的发展理念。

任务 2.1.1　G120 变频器的组成

一、任务导入

SINAMICS 是西门子公司推出的新一代驱动系列产品，它将逐步取代现有的 MasterDrives 系列驱动产品，适用于工业领域的机械和设备制造，SINAMICS 可为几乎所有驱动任务提供解决方案。

SINAMICS 包括 3 个系列的产品：V 系列、G 系列和 S 系列。V 系列产品简单紧凑，提供最基本、最核心功能的变频和运动/伺服控制产品，该系列兼具成本低廉、坚固耐用的优点；G 系列属于通用型变频器产品，适用于对控制的动态响应要求不高的控制场合；S 系列属于高端伺服产品，不仅可以处理生产机械上要求苛刻的单轴和多轴驱动任务，而且可以胜任各种运动/伺服控制任务。

SINAMICS G 系列变频器可实现对交流异步电动机进行低成本、高精度的转速/转矩控制，主要包括 G110、G110D、G120、G120P、G120C、G120D、G120L、G130 和 G150 等。根据结构形式的不同，主要包括如下几种：

1）内置式变频器（例如 G120、G120P、G120L）。

2）紧凑型变频器（例如 G120C）：它是将控制单元和功率模块做成一体的集成式变频器。

3）分布式变频器（例如 G120D）。

二、任务实施

【训练设备、工具、手册或标准】

控制单元 CU240E-2 PN-F 1 个、功率模块 PM240-2（400V，0.55kW）1 个、《SINAMICS G120 变频器，配备控制单元 CU240B-2 和 CU240E-2 操作说明》、GB/T 12668.7301—2019《调速电气传动系统　第 7-301 部分：电气传动系统的通用接口和使用规范 1 型规范对应至网络技术》。

认识 G120 变频器

1．G120 变频器的组成

SINAMICS G120 内置式变频器（以下简称 G120 变频器）都是由一个控制单元（Control Unit，CU）和一个功率模块（Power Module，PM）组成，如图 2-1 所示。BOP-2 基本操作面板和 IOP 智能操作面板是可选件。

控制单元可以控制、监测功率模块以及与它相连的电动机。控制模式有多种，可按需选择。控制单元可以以本地方式或中央式方式控制变频器。

功率模块用于对电动机供电，功率范围为 0.37~250kW。功率模块由控制单元内的微处理器进行控制；该模块采用了先进的 IGBT 技术和脉宽调制功能，从而确保电动机可靠、灵活地运行。

图 2-1　G120 变频器的构成

G120 变频器具有以下特点：

1）采用模块化设计理念。

① 可以在带电的状态下进行模块更换（热插拔）。

② 接线端子可拆卸。

2）集成了安全保护功能，可更好地应用于有安全保护要求的设备和工厂。

3）提供了强大的通信功能，支持 PROFINET 或 PROFIBUS 及 PROFIdrive Profile 4.0。

4）具有创新的能量回馈电路设计，功率模块 PM250（3AC 400V）允许负载的动能回馈到电网。由于再生的能量不再通过制动电阻转化成热量消耗掉，为节能提供了巨大的空间。

5）方便的 USB 接口使本地调试和故障诊断更加简单。

6）通过 BICO 技术可以实现多种集成的功能。

7）设备更换更加简单，通过基本操作面板和 MMC/SD 卡进行参数复制，更加省时。

8）可以通过调试工具软件 Starter 和 Startdrive 进行工程设置与调试，保证了组态的简单和调试的方便。

9）可进行数字量输入的 2/3 线选择，完成常用的控制方式的设置。

2．控制单元

G120 变频器控制单元型号的含义如图 2-2 所示。

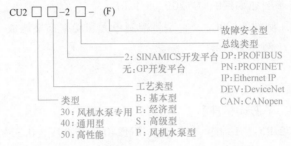

图 2-2 G120 变频器控制单元型号含义

G120 变频器有以下 3 类可选的控制单元作为变频器的基本单元。

（1）CU230 控制单元 CU230 控制单元专门用于泵、风机和压缩机的 SINAMICS G120P 变频器和 SINAMICS G120P 变频调速柜。CU230P-2 控制单元具体参数见表 2-1。

表 2-1 CU230P-2 控制单元参数表

型 号	通信类型	故障安全功能	I/O 接口种类和数量
CU230P-2 HVAC	USS、MODBUS RTU、BACnet、MS/TCP	无	6DI（数字量输入）、3DO（数字量输出）、4AI（模拟量输入）、2AO（模拟量输出）
CU230P-2 DP	PROFIBUS-DP	无	
CU230P-2 PN	PROFINET	无	
CU230P-2 CAN	CANopen	无	

（2）CU240 控制单元 CU240 控制单元为变频器提供了开环和闭环控制功能，适用于普通机械制造领域的各种设备，例如输送带、混料机和挤出机，具体参数见表 2-2。

CU240B-2 系列，带有标准的 I/O 接口，适合于众多普通的应用。

CU240E-2 系列，带有扩展的 I/O 接口，集成了安全保护功能。

表 2-2 CU240 控制单元参数表

型 号	通信类型	故障安全功能	I/O 接口种类和数量
CU240B-2	USS、MODBUS RTU	无	4DI、1DO、1AI、1AO
CU240B-2 DP	PROFIBUS-DP	无	
CU240E-2	USS、MODBUS RTU	STO	6DI、3DO、2AI、2AO、1F-DI（故障安全输入）
CU240E-2 DP	PROFIBUS-DP	STO	
CU240E-2 PN	PROFINET	STO	
CU240E-2 F	USS、MODBUS RTU	STO、SS1、SLS、SDI	6DI、3DO、2AI、2AO、3F-DI
CU240E-2 DP-F	PROFIBUS-DP	STO、SS1、SLS、SSM、SDI	
CU240E-2 PN-F	PROFINET		

变频器故障安全功能说明如下：

1）STO——安全转矩关闭。防止驱动意外启动，驱动可安全切换至无转矩状态。

2）SS1——安全停止 1。快速、安全地在监控下停车，尤其是对于转动惯量大的应用，无需编码器。

3）SBC——安全抱闸控制。安全控制抱闸可在无电流状态下激活，防止悬挂/牵引负载下落，SBC功能需要安全制动继电器。

4）SLS——安全限速。降低驱动速度并持续监控，该功能可在设备运行时投入使用，无需编码器。

5）SSM——安全转速监控。当驱动速度低于特定限值时，该功能将会发出一个安全输出信号。

6）SDI——安全转向。该功能可确保驱动仅在选定方向上转动。

（3）CU250控制单元　CU250控制单元为变频器提供了开环和闭环控制功能，适用于对转速控制有高要求的独立驱动（例如挤出机和离心机）以及定位任务（例如输送带和升降机）。此外，也可实现无直流耦合的多电动机驱动，例如拉丝机及简易物料输送带。CU250控制单元具体参数见表2-3。

表2-3　CU250控制单元参数表

型　号	通信类型	故障安全功能	I/O接口种类和数量
CU250S-2	USS、MODBUS RTU	STO、SS1、SLS、SSM、SDI	11DI、3DO、4DI/4DO、2AI、2AO、3F-DI、1F-DO
CU250S-2 DP	PROFIBUS-DP		
CU250S-2 PN	PROFINET		
CU250S-2 CAN	CANopen		

3. 功率模块

G120变频器系列产品涵盖了0.37~250kW的功率范围。外形尺寸有FSA、FSB、FSC、FSD、FSE、FSF和FSGX等规格。FS表示"Frame Size"，即模块尺寸，A~F代表功率的大小（依次递增）。G120变频器有以下4类可选的功率模块作为变频器的基本单元。

（1）PM230功率模块　PM230功率模块是风机、泵类和压缩机专用模块，其功率因数高、谐波小。这类模块不能进行再生能量回馈，它制动产生的再生能量通过外接制动电阻转换成热量消耗掉。PM230功率模块不带内置的制动斩波器。

（2）PM240功率模块　PM240功率模块不能进行再生能量回馈，它制动产生的再生能量通过外接制动电阻转换成热量消耗掉。PM240功率模块的FSA~FSF带有内置的制动斩波器。

（3）PM240-2功率模块　PM240-2功率模块不能进行再生能量回馈，它制动产生的再生能量通过外接制动电阻转换成热量消耗掉。PM240-2的FSA~FSC带有内置的制动斩波器。PM240-2功率模块允许采用穿墙式安装，如果采用穿墙式安装，那么大部分损耗功率都会通过散热片从控制柜排出。

（4）PM250功率模块　PM250功率模块能进行再生能量回馈，它制动产生的再生能量既能通过外接电阻转换成热量消耗掉，也可以将再生能量回馈电网，达到节能的目的。

在变频器选型时，控制单元和功率模块的兼容性是必须要考虑的因素，控制单元和功率模块兼容性见表2-4。

表2-4　控制单元和功率模块兼容性一览表

控制单元	功率模块			
	PM230	PM240	PM240-2	PM250
CU230P-2	√	√	√	√

（续）

控制单元	功率模块			
	PM230	PM240	PM240-2	PM250
CU240B-2	√	√	√	√
CU240E-2	√	√	√	√
CU250S-2	×	√	√	√

注：√表示兼容；×表示不兼容。

任务 2.1.2　G120 变频器功率模块的安装与接线

一、任务导入

G120 变频器的功率模块设计安装在控制柜中，合理选择安装位置及布线是变频器安装的重要环节。变频器工作在容易产生高电磁干扰的工业环境中，在实际应用中，为了对变频器进行电磁干扰（EMI）的防范，变频器还需要和许多外接的组件配合才能保证变频器安全、可靠、正常地运行。

二、任务实施

【训练设备、工具、手册或标准】

控制单元 CU240E-2 PN-F 1 个、功率模块 PM240-2（400V，0.55kW）1 个、《SI-NAMICS G120 变频器，配备控制单元 CU240B-2 和 CU240E-2 操作说明》、GB/T 14549—1993《电能质量　公用电网谐波》、GB 12668.3—2012《调速电气传动系统　第 3 部分：电磁兼容性要求及其特定的试验方法》。

1. 功率模块的安装

功率模块的安装（图 2-3）需要按以下方式进行：①将功率模块安装在控制柜中；②保持与控制柜中其他组件之间的最小间距；③垂直安装功率模块；④将功率模块放置在控制柜中，以便根据端子配置连接电动机电缆和电源电缆；⑤使用紧固件，按照要求的紧固扭矩（3N·m）对功率模块进行固定和安装。

功率模块
（PM）的
安装与接线

图 2-3　功率模块的安装

2. PM240-2 功率模块接线图

PM240-2 功率模块的接线图如图 2-4a 所示。其他尺寸的功率模块的接线图可参考 G120 变频器手册。

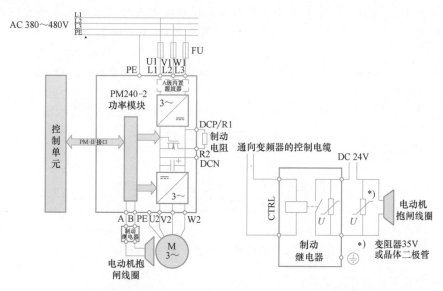

a) 功率模块接线图　　　　　b) 制动继电器的接线方式

图 2-4　FSA~FSF 尺寸 PM240-2 功率模块及抱闸接线图（内置/无内置滤波器）

（1）所有功率模块均配备了以下连接和接口

1）PM-IF 接口，用于将功率模块连接至控制单元。功率模块通过集成的电源组件向控制单元供电。

2）尺寸为 FSA~FSC 的功率模块 PM240-2 的端子如图 2-5 所示，功率模块上有易拆式和可交换端子。接线时为了拔出连接器，必须通过按压红色解扣杆解锁连接器。将电源电缆连接到功率模块端子 U1/L1、V1/L2 和 W1/L3 上，将电源的保护接地线连接到变频器功率模块的 PE 端子上。电动机电缆连接到变频器功率模块端子的 U2、V2、W2 和 PE 上。

3）两个 PE/保护接地线接口。变频器必须在电源侧和电动机侧接地，否则会出现异常的危险情况，有时甚至会发生人身事故。

（2）PM240-2 模块配备的特殊接口

1）针对外形尺寸 FSA~FSF 的变频器，DCP/R1 和 R2 端子用于连接外部电阻。将制动电阻的温度监控端子（T1 和 T2）连接至变频器上空闲的数

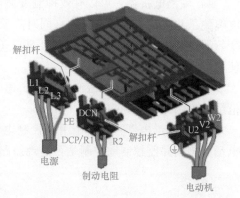

图 2-5　尺寸为 FSA~FSC 的功率模块 PM240-2 的端子分布图

字量输入端子上，可监控制动电阻的温度。此时需将数字量输入的功能定义为输出外部故障。例如，对于数字量输入 DI 3，设置 p2106 = 722.3。

FSGX 型变频器需要通过一个插接式的外部制动单元来连接制动电阻。

2）制动继电器的控制系统用于控制电动机制动。通过产品自带的预制电缆将制动继电器和功率模块连在一起，如图 2-4b 所示。将电动机抱闸线圈连到制动继电器的接线端子上。

3. 功率模块的连接组件

将尺寸为 FSA～FSC，工作电源为交流电源的功率模块连接到电动机和电源的接线方法如图 2-6 所示。其他尺寸和单相工作电源的连接可参考 G120 变频器手册。

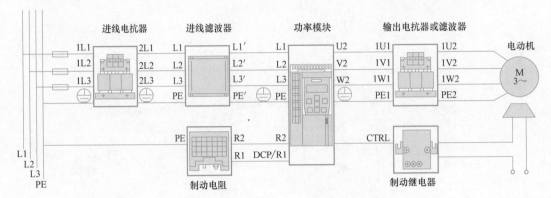

图 2-6　功率模块 PM240-2 外围配置接线图

图 2-6 中元器件的作用如下：

1）进线电抗器：可以抑制高次谐波对电网的干扰，提高功率因数并且削弱输入电路中的浪涌电压、电流对变频器的冲击，削弱电源电压不平衡的影响。

2）进线滤波器：减少和抑制变频器产生的电磁干扰。这里选用 A 级滤波器，它用在第二类场合即工业场合，满足 EN50011A 级标准。

3）制动电阻：用于使大转动惯量的负载迅速制动。它能限制泵生电压，消耗回馈制动时产生的电能。

4）输出电抗器：可以有效抑制变频器的 IGBT 开关产生的瞬间高电压，减少此电压对电缆绝缘和电动机的不良影响，同时降低电动机长电缆运行时耦合电容的充放电影响，避免变频器过电流。当电动机电缆超出 50m（屏蔽电缆）或超出 100m（非屏蔽电缆）时，必须使用输出电抗器。

5）输出滤波器：可限制电压增长速率以及电动机绕组的峰值电压。允许的最大电动机电缆长度因此增加到 300m。

6）制动继电器：有一个用于控制电动机抱闸线圈的开关触点（常开触点），用来控制电动机抱闸并监控制动控制是否出现短路或断相。

拓展链接

变频器产生的高次谐波使电网中的元器件产生附加的谐波损耗，降低用电设备的效率；使电动机发生机械振动、噪声和过热，导致电缆等设备过热，绝缘老化、寿命缩短以至损坏；对邻近的通信系统产生干扰，并使电气测量仪表计量不准确。采用给变频器输入、输出侧加装电抗器、滤波器和接地等措施，将变频器产生的谐波控制在最小范围之内，以达到抑制电网污染，提高电能质量的目的，但是并没有从根本上解决变频器高次谐波治理的难题，未来变频器的发展方向是研发理想化的无谐波污染的绿色变频器，以便更好地贯彻我国

"创新、协调、绿色、开放、共享"的发展理念。

任务 2.1.3 G120 变频器控制单元的安装与接线

一、任务导入

变频器的运行指令通过控制单元的输入端子从外部输入开关信号对变频器进行正反转、多段速以及升降速端子控制。变频器的输出端子能将变频器的运行状态以及速度、电流等信息进行显示。因此，控制单元的正确安装和接线对于变频器的正常使用至关重要。

二、任务实施

【训练设备、工具、手册或标准】

控制单元 CU240E-2 PN-F 1 个、功率模块 PM240-2（400V，0.55kW）1 个、《SINAMICS G120 变频器，配备控制单元 CU240B-2 和 CU240E-2 操作说明》、GB/T 12668.502—2013《调速电气传动系统 第 5-2 部分：安全要求 功能》、GB/T 6988.1—2008《电气技术用文件的编制 第 1 部分：规则》、GB/T 5465.2—2008《电气设备用图形符号 第 2 部分：图形符号》。

1. 安装控制单元

功率模块具有一个控制单元支架和一个解锁装置。不同的功率模块具有不同的解锁装置。

安装控制单元的操作步骤如下（图 2-7）：

1）将控制单元的背面凸起部分安装在功率模块对应的凹槽中。

2）将控制单元插入功率模块，直到听到控制单元在功率模块上卡紧的声音。

3）如果要拆下控制单元，只要按住功率单元顶部的解锁按钮，取下控制单元即可。

控制单元
CU240E-2PN-F
的接线图

a) 安装控制单元   b) 取下控制单元

图 2-7 安装控制单元示意图

2. 控制单元接线

（1）控制单元正面的接口 必须拆下操作面板（如果有）并打开正面门盖才可以操作控制单元正面的接口，如图 2-8 所示。

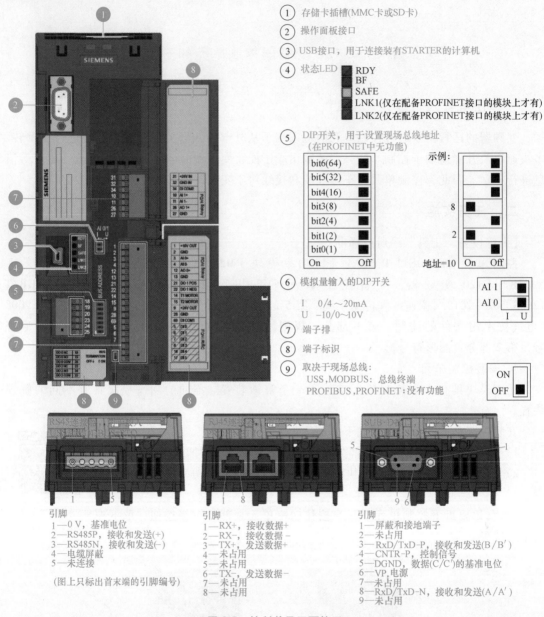

① 存储卡插槽(MMC卡或SD卡)

② 操作面板接口

③ USB接口，用于连接装有STARTER的计算机

④ 状态LED
- RDY
- BF
- SAFE
- LNK1(仅在配备PROFINET接口的模块上才有)
- LNK2(仅在配备PROFINET接口的模块上才有)

⑤ DIP开关，用于设置现场总线地址
(在PROFINET中无功能)

bit6(64)
bit5(32)
bit4(16)
bit3(8)
bit2(4)
bit1(2)
bit0(1)
On   Off

示例：

8
2
地址=10   On   Off

⑥ 模拟量输入的DIP开关

I   0/4~20mA
U   -10/0~10V

AI 1
AI 0
I U

⑦ 端子排

⑧ 端子标识

⑨ 取决于现场总线：
USS,MODBUS：总线终端
PROFIBUS,PROFINET：没有功能

ON
OFF

引脚
1——0 V，基准电位
2——RS485P，接收和发送(+)
3——RS485N，接收和发送(-)
4——电缆屏蔽
5——未连接

(图上只标出首末端的引脚编号)

引脚
1——RX+，接收数据+
2——RX-，接收数据-
3——TX+，发送数据+
4——未占用
5——未占用
6——TX-，发送数据-
7——未占用
8——未占用

引脚
1——屏蔽和接地端子
2——未占用
3——RxD/TxD-P，接收和发送(B/B′)
4——CNTR-P，控制信号
5——DGND，数据(C/C′)的基准电位
6——VP，电源
7——未占用
8——RxD/TxD-N，接收和发送(A/A′)
9——未占用

图 2-8   控制单元正面接口

图 2-8 中 LED 灯信号状态见表 2-5~表 2-7。

表 2-5   G120 变频器的诊断

LED 灯		说　明
RDY	BF	
绿色,常亮	—	当前无故障
绿色,缓慢闪烁	—	正在调试或恢复出厂设置
红色,快速闪烁	—	当前存在一个故障
红色,快速闪烁	红色,快速闪烁	错误的存储卡

表 2-6　G120 变频器通信诊断

RS485 通信诊断		PROFINET 通信诊断		PROFIBUS DP 通信诊断	
BF	说明	LNK	说明	BF	说明
绿色,常亮	接收过程数据	绿色,常亮	PROFINET 通信成功建立	熄灭	周期性数据交换（或不使用 PROFIBUS,p2030＝0）
红色,缓慢闪烁	总线活动中,没有过程数据	绿色,缓慢闪烁	设备正在建立通信	红色,缓慢闪烁	总线故障:配置错误
红色,快速闪烁	没有总线活动	熄灭	无 PROFINET 通信	红色,快速闪烁	总线故障:没有数据交换;搜索波特率;没有连接

表 2-7　G120 变频器安全功能诊断

SAFE	含　义
黄色,常亮	使能了一个或多个安全功能,但是安全功能不在执行中
黄色,缓慢闪烁	当前有一个或多个安全功能生效,安全功能正常
黄色,快速闪烁	变频器发现一处安全功能异常,触发了 STOP 响应

（2）CU240E-2 控制单元接线图　不同型号控制单元的接线有所不同,CU240E-2 控制单元的框图如图 2-9 所示,其端子排分布如图 2-10 所示,参考电位为"GND"的端子内部互连。可选的 24 V 电源连接至端子 31、32 时,即使功率模块从电网中断开,控制单元仍保持运行状态。这样一来,控制单元便能保持现场总线通信。

1）模拟量输入端子的接线。在图 2-10 中,CU240E-2 有两路模拟量输入和一路温度传感器输入。端子 1、2 是变频器为用户提供的 1 个高精度的 10V 直流稳压电源。模拟量输入端子 3、4（AI0）以及端子 10、11（AI1）为用户提供了两路模拟量给定（电压或电流）输入作为变频器的速度给定信号。端子 1、3、4 或端子 1、10、11 分别接到外接电位器的 3 个端子上,还必须将端子 4 或 11 与端子 GND（例如端子 27）连接在一起。通过调节外接电位器,可以改变加到端子 3、4 或端子 10、11 上的电压的大小,从而实现模拟信号控制电动机运行速度的目的。

两组模拟量输入端子可以另行配置,用于提供两个附加的数字量输入端子 DI11 和 DI12,其接线如图 2-11 所示。

端子 14、15 为电动机的过热保护输入端,它用来接收温度传感器发出的温度信号,监视电动机工作时的工作温度。

2）数字量输入端子的接线。端子 9、28 是 24V 直流电源端,为变频器的控制电路提供 24V 直流电源。

在图 2-10 中,端子 5~8、16、17 这 6 个数字量输入端子采用双光电隔离输入 CPU,对变频器进行正转、反转、正向点动、反向点动及固定频率设定值控制等。数字量输入端子既可以接成源型（连接 NPN 型传感器）,也可以接成漏型（连接 PNP 型传感器）,图 2-10a 所示为漏型输入方式,由于参考电位"DI COM1"和"DI COM2"与"GND"是电流隔离的,因此将端子 9 的 24V 电源用作数字量输入的电源时,必须互连端子上的"GND""DI COM1"和"DI COM2",即将端子 28、69、34 短接。如果将端子 28 用作数字量输入的电源,则为源型输入方式,需要将端子 9、69、34 短接,如图 2-10b 所示。

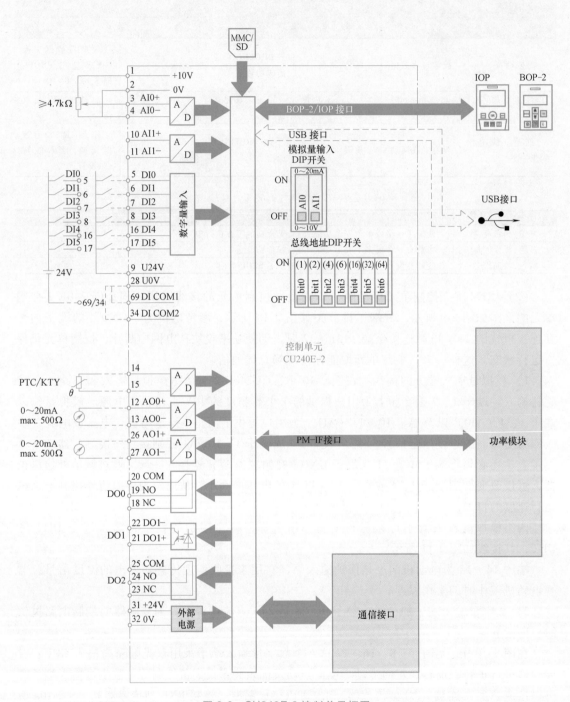

图 2-9 CU240E-2 控制单元框图

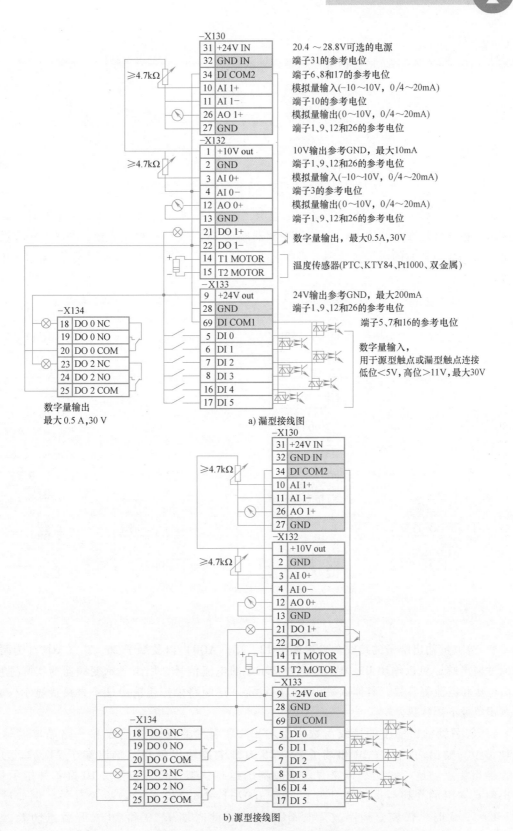

图2-10　使用变频器内部24V电源的数字量输入的布线示例

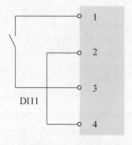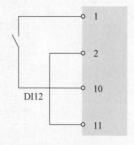

图 2-11　模拟量输入作为数字量输入时外部电路的连接

数字量输入端子也可以使用外部 24V 电源，图 2-12a 所示是使用外部 24V 电源时的漏型接线图，必须将外部电源的"GND"与变频器端子 28、34、69 相互连接；图 2-12b 所示是使用外部 24V 电源时的源型接线图，必须将外部电源的"+24V"与变频器端子 34、69 相互连接。

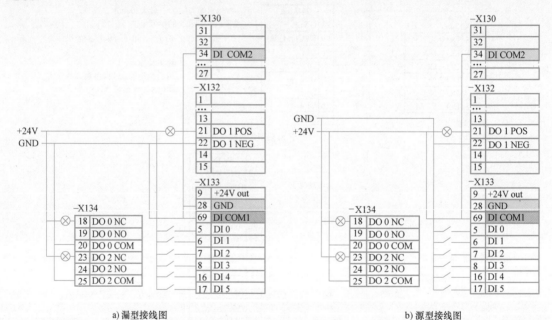

图 2-12　使用外部 24V 电源的数字量输入的布线示例

3）模拟量输出端子的接线。输出端子 12、13（AO0）以及端子 26、27（AO1）为两路模拟量输出端，可以输出 0～10V 或 0/4～20mA 的电流信号，用来显示变频器的实际速度、输出电压和电流等参数，具体取决于参数的设定。这两路模拟量输出端子直接接显示仪表，注意正负极不要接错。

4）数字量输出端子的接线。数字量输出 DO 有两路继电器输出和一路晶体管输出两种类型。输出端子 18～20 和端子 23～25 为继电器输出触点，输出端子 21、22 为晶体管输出触点。这三组输出用来显示变频器的运行状态，可以按图 2-10 接各种指示灯。输出触点输出的变频器运行信息与 p0730、p0731 和 p0732 的参数设置有关。例如设置 p0730 = 52.3 时，代表变频器故障时 DO0 输出，此时端子 19 和 20 常开触点闭合，端子 18 和 20 常闭触点断开。

思考与练习

1. 填空题

（1）每个 SINAMICS G120 变频器都是由一个_____和一个_____组成。_____操作面板和_____操作面板是可选件。

（2）CU240E-2 PN-F 中的 40 是_____型变频器，E 是_____，PN 是_____通信方式，F 是_____。

（3）PM230 功率模块是_____、_____和_____专用模块。

（4）PM250 能进行_____回馈，其制动产生的_____既能通过_____转换成热量消耗掉，也可以将_____回馈电网，达到节能的目的。

（5）G120 变频器的数字量输入端子既可以接成_____，也可以接成_____。

（6）G120 变频器数字量输出 DO 有_____输出和_____输出两种类型。

（7）G120 变频器的模拟量输出端可以输出_____V 或_____mA 的电流信号。

2. 简答题

（1）简述 G120 变频器功率模块外围所配元器件的作用。

（2）如何安装 G120 变频器的控制单元？

（3）简述 G120 变频器数字量输入端子使用内部 24V 电源时的接线方法。

任务2.2 变频器的面板运行

任务目标

1. 了解变频器常用参数的功能。
2. 掌握变频器快速调试步骤。
3. 能用 BOP-2 操作面板修改参数。
4. 能用 BOP-2 操作面板控制变频器正反转运行。
5. 培养学生的标准意识和规范意识。

任务 2.2.1 认识 G120 变频器的快速调试及常用参数

一、任务导入

变频器的功能是通过设置参数实现的，G120 变频器的参数非常多，为了让用户能快速控制变频器，G120 变频器提供了一种操作模式——快速调试。变频器的快速调试指通过设置电动机参数和变频器的命令源及频率给定源，从而达到简单、快速运转电动机的一种操作模式。一般在复位操作后或者更换电动机后需要进行此操作。

二、任务实施

【训练设备、工具、手册或标准】

控制单元 CU240E-2 PN-F 1 个、功率模块 PM240-2 （400V，0.55kW）1 个、《SI-NAMICS G120 变频器，配备控制单元 CU240B-2 和 CU240E-2 操作说明》。

1. G120 变频器的参数说明

G120 变频器的所有参数分成命令参数组（Command Data Set，CDS）以及与电动机、负载相关的驱动参数组（Drive Data Set，DDS）两大类。其中每个 CDS 和 DDS 参数又分为几组，在 BOP-2 面板或调试软件上分别用下标区别，默认状态下使用的当前参数组是第 0 组参数，即 CDS0 和 DDS0。

变频器的参数包括参数号和参数值。参数号由一个前置的"p"或者"r"、参数号和可选用的下标或位数组组成。其中"p"表示可调参数（可读写），"r"表示显示参数（只读）。对变频器的参数进行设置就是将参数值赋值给参数号。

例如：

1）p2051[0...13]：p 表示该参数为可调参数，2051 为参数号，[0...13] 为该参数的下标，p2051[0] 指的是该参数的第 0 组参数。

2）r0944：显示参数 944。

3）r2129.0...15：显示参数 2129，位数组从位 0（最低位）到位 15（最高位），r2129.0 是指该参数的第 0 位参数。

4）p2098[1].3：可调参数 2098，下标 1，第 3 位。

5）p0795.4：可调参数 795，第 4 位。

参数下标用来存储不同的参数值，这些不同的参数值可以通过数字量输入端子进行选择，用户可以根据不同的需要在一个变频器中设置多种驱动和控制的配置，并在适当的时候根据需要进行切换。例如，模拟量输入类型参数 p0756[0]=0 表示将模拟量输入端子 AI0 设置为电压输入，p0756[1]=1 表示将模拟量输入端子 AI1 设置为电流输入。

所谓 CDS 是指与命令源相关的参数，它代表不同的 CDS，CDS 里有多组参数值可供用户选择。CDS 数据在变频器运行过程中是可以切换的，起选择切换作用的参数是 p0810 和 p0811，这两个参数共同作用，可以实现多组命令数据组的选择、切换。

DDS 里有多组参数值可供用户选择。起选择切换作用的参数有 p0820 和 p0821 两个参数，这两个参数共同作用，可以实现多组驱动数据组的选择、切换。

BOP-2 操作
面板的快速
调试

2. 快速调试与常用参数功能解析

进行快速调试时，需要在变频器中设置电动机数据，才能将变频器与所连的电动机相匹配。快速调试的步骤见表 2-8。注意：p0010 必须设置为"1-快速调试"，才允许按此步骤执行。

表 2-8　变频器快速调试的步骤和相关参数说明

步骤	参数号	参数描述
1	p0003	选择"用户访问级" =3，专家级（复杂应用） =4，维修

（续）

步骤	参数号	参数描述
2	p0010	设置"驱动调试参数筛选" =0,准备运行 =1,快速调试 =30,出厂设置（在复位变频器的参数时,参数 p0010 必须设定为30。从设定 p0970 = 1 起,便开始参数的复位。变频器将自动把它的所有参数都复位为各自的默认设置值） 注意: 1）只有在 p0010 = 1 的情况下,电动机的主要参数才能被修改,如 p0304、p0305 等 2）只有在 p0010 = 0 的情况下,变频器才能运行
3	p0096	选择"应用等级":选择了应用等级时,变频器会为电动机控制匹配合适的默认设置。变频器根据功率模块选择应用等级 =0,专家 =1,标准驱动控制（Standard Drive Control,适用于电动机功率<45kW,负载转矩增大但无负载冲击的应用） =2,动态驱动控制（Dynamic Drive Control,适用于电动机功率>11kW,负载转矩增大时有负载冲击的应用）
4	p0100	设置"电动机标准 IEC/NEMA":确认电动机和变频器的功率设置是以 kW（国际标准单位）还是 hp（美制标准单位）[①]为单位表示 =0,IEC 电动机（50Hz,国际标准单位） =1,NEMA 电动机（60Hz,美制标准单位） =2,NEMA 电动机（60Hz,国际标准单位）
5	p0210	设置"变频器的输入电压"
6	p0300	设置"电动机类型" =1,异步电动机 =2,同步电动机
7	p0301	设置"电动机代码":该参数用来从电动机参数列表中选择电动机。如果使用电动机代码选择了电动机类型,则现在必须输入该电动机代码。如果不知道电动机代码,则必须将电动机代码设为0,并且从铭牌上的 p0304 开始输入电动机数据
8	87Hz	电动机以 87Hz 运行。只有选择了 IEC 作为电动机标准（EUR/USA,p0100 = 1,50Hz）,BOP-2 才会显示该步骤
9	p0304 p0305 p0307 p0310 p0311	设置电动机额定电压 设置电动机额定电流 设置电动机额定功率 设置电动机额定频率 设置电动机额定转速	 注意: 输入电动机铭牌数据必须与电动机的接线（星形或三角形）相一致

（续）

步骤	参数号	参数描述		
10	p0335	设置"电动机冷却方式" =0,自冷却 =1,外部冷却 =2,水冷 =128,无风扇		
11	p0501	选择"工艺应用(Standard Drive Control)" =0,恒定负载(线性特性曲线) =1,转速可变负载(抛物线特性曲线)	p0502	选择"工艺应用(Dynamic Drive Control)" =0,标准驱动(例如泵、风机) =1,动态起动或换向 =5,重载起动(例如挤出机、压缩机)
12	p1300	选择"开环/闭环运行方式":如果应用等级选择的是专家(p0096=0),则 BOP-2 操作面板会出现"CTRLMOD"字样,此时需要设置 p1300 参数,选择控制方式 =0,具有线性特性的 V/f 控制 =1,具有线性特性和 FCC 的 V/f 控制 =2,具有抛物线特性的 V/f 控制		
13	p0015	选择"驱动设备宏命令":通过宏命令设置变频器的命令源和速度设定值源,选择与应用相适宜的变频器接口预置		
14	p1080	设置最小转速		
15	p1082	设置最大转速	p1082 设置变频器输出速度的上限,如果速度设定值高于此设定值,则输出速度被钳位在最大速度;用 p1080 设置变频器输出速度的下限,若速度设定值低于此设定值,则输出速度被钳位在最小速度	
16	p1120	设置斜坡函数发生器斜坡上升时间		
	p1121	设置斜坡函数发生器斜坡下降时间	p1120:斜坡函数发生器的转速设定值从静止(设定值=0)运行到最大转速(p1082)所需的时间 p1121:斜坡函数发生器的转速设定值从最大转速(p1082)运行到静止(设定值=0)所需的时间	

（续）

步骤	参数号	参数描述
17	p1135	设置"OFF3 斜坡下降时间" 西门子 G120 变频器有如下 3 种停车方式： 1）ON/OFF1 停车方式：变频器按照 p1121 设定的斜坡下降时间减速,对应的参数是 p0840 2）OFF2 停车方式：变频器封锁脉冲输出,电动机靠惯性自由旋转停车。如果使用抱闸功能,变频器立即关闭抱闸。对应的参数是 p0844 和 p0845 3）OFF3 停车方式：变频器将按照 p1135 设定的斜坡下降时间减速,对应的参数是 p0848 和 p0849
18	p1900	选择"电动机数据检测及旋转检测"：选择变频器测量所连电动机数据的方式 =0：禁用,无电动机数据检测 =1：电动机数据检测和转速控制器优化 =2：电动机数据检测（静止状态） =3：转速控制器优化（旋转运行）
19	p3900	结束"快速调试"：快速调试（p0010=1）结束时,自动计算所有与快速调试中的输入相关的驱动数据组参数 =0：无快速设定 =1：参数复位后的快速设定 =2：快速设定 BICO 参数和电动机参数 =3：只快速设定电动机参数

① 1hp=735.499W。

任务 2.2.2 认识 BOP-2 操作面板

一、任务导入

BOP-2 操作面板配备两行屏及菜单导航功能，使变频器的调试变得非常简单。BOP-2 操作面板同时显示参数名称和参数值，而且具有参数过滤功能，使基本的变频器调试变得简单、容易，绝大多数的操作都不需要打印版的参数手册。

通过 BOP-2 操作面板的导航键可以方便地对变频器进行本地控制。同时，BOP-2 基本操作面板上有一个专门的按键可以完成手动/自动的直接切换。变频器的故障诊断也可以通过菜单的引导来完成。

二、任务实施

【训练设备、工具、手册或标准】

控制单元 CU240E-2 PN-F1 个、功率模块 PM240-2（400V，0.55kW）1个、BOP-2 操作面板 1 个、《SINAMICS G120 变频器，配备控制单元 CU240B-2 和 CU240E-2 操作说明》、GB/T12668.502—2013《调速电气传动系统　第 5-2 部分：安全要求　功能》。

BOP-2
操作面板

1. BOP-2 操作面板的按键和图标

基本型操作面板 2（BOP-2）是变频器的操作和显示单元。它可以直接插入变频器的控制单元来调试变频器，操作步骤及操作方向如图 2-13a 所示，其外形如图 2-13b 所示。BOP-2 具有 5 位数字的 7 段显示，用于显示参数序号、参数值、报警以及故障信息。基本操作面板上的按键及其功能说明见表 2-9。

a) 将操作面板插入变频
器的控制单元的步骤

电动机已接通
当前通过BOP-2操作变频器

菜单级
设定值或实际值，参数号或参数值

当前有故障或警告

当前处于JOG模式

选择菜单、参数号和参数值

接通/关闭电动机

b) 外形图

图 2-13　BOP-2 操作面板

表 2-9　操作面板（BOP-2）上的按键及其功能

按键	功能说明
OK	1) 在菜单选择时，表示确认所选的菜单项 2) 当参数选择时，表示确认所选的参数及其值的设置，并返回上一级画面 3) 在故障诊断画面，表示该按钮可以清除故障信息
▲	1) 在菜单选择时，表示返回上一级画面 2) 当参数修改时，表示改变参数号或参数值 3) 在"HAND"模式下，点动运行方式下，长时间同时按 ▲ 和 ▼ 可以实现以下功能 ①若在正向运行状态下，则将切换反向运行状态 ②若在反向运行状态下，则将切换正向运行状态
▼	1) 在菜单选择时，表示进入下一级画面 2) 当参数修改时，表示改变参数号或参数值
ESC	1) 若按该按钮 2s 以下，表示返回上一级菜单，或表示不保存所修改的参数值 2) 若按该按钮 3s 以上，将返回监控画面 注意：在参数修改模式下，此按钮表示不保存所修改的参数值，除非之前已经按了 OK 键
I	1) 在"AUTO"模式下，该按钮不起作用 2) 在"HAND"模式下，表示起动/点动命令
○	1) 在"AUTO"模式下，该按钮不起作用 2) 在"HAND"模式下，若连续按两次，将 OFF2 自由停车 3) 在"HAND"模式下，若按一次，将按 OFF1 方式停车，即按 p1121 的下降时间停车

（续）

按键	功能说明
	BOP（HAND）与总线或端子（AUTO）的切换按钮 1）在"HAND"模式下，按下该键，切换到"AUTO"模式。 ▮ 和 ○ 按键不起作用。若自动模式的起动命令在，变频器自动切换到"AUTO"模式下的速度给定值 2）在"AUTO"模式下，按下该键，切换到"HAND"模式。 ▮ 和 ○ 按键将起作用。切换到"HAND"模式时，速度给定值保持不变 在电动机运行期间可以实现"HAND"和"AUTO"模块的切换

⚡ 注 意

若要锁住或解锁按键，只需同时按 ▮ESC 键和 ▮OK 键3s以上。

BOP-2操作面板上的图标描述见表2-10。

表2-10　BOP-2操作面板上的图标描述

图标	功　能	状　态	描　　述
👆	控制源	手动模式	"HAND"模块下会显示，"AUTO"模式下不显示
◐	变频器状态	运行状态	表示变频器处于运行状态，该图标是静止的
JOG	"JOG"功能	点动功能激活	—
⊗	故障和报警	静止表示报警 闪烁表示故障	故障状态下会闪烁，变频器会自动停止。静止图标表示变频器处于报警状态

2. BOP-2操作面板的菜单结构

BOP-2操作面板的菜单结构如图2-14所示，菜单的功能描述见表2-11。

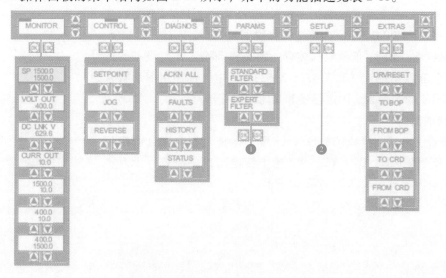

图2-14　BOP-2操作面板的菜单结构

表 2-11 BOP-2 操作面板的菜单功能描述

菜 单	功能描述
MONITOR	监视菜单:显示运行速度、电压和电流值
CONTROL	控制菜单:使用 BOP-2 面板控制变频器
DIAGNOS	诊断菜单:故障报警和控制、状态的显示
PARAMS	参数菜单:查看或修改参数
SETUP	调试向导:快速调试
EXTRAS	附加菜单:设备的工厂复位和数据备份

任务 2.2.3 用 BOP-2 操作面板控制变频器正、反转运行

一、任务导入

利用变频器操作面板上的按键控制变频器起动、停止及正、反转。按下变频器操作面板上的 键,变频器正转起动,经过 10s,变频器稳定运行在 1200r/min。变频器进入稳定运行状态后,如果按下 键,经过 10s,电动机将从 1200r/min 运行到停止,通过变频器操作面板上的 ▲ 键和 ▼ 键可以在 0~2800r/min 之间调速。电动机还可以按照正转的相同起动时间、相同稳定运行速度以及相同停止时间进行反转。电动机可以 200r/min 速度正、反向点动运行。

二、任务实施

【训练设备、工具、手册或标准】

控制单元 CU240E-2 PN-F1 个、功率模块 PM240-2 (400V,0.55kW) 1 个、三相异步电动机 1 台、《SINAMICS G120 变频器,配备控制单元 CU240B-2 和 CU240E-2 操作说明》、通用电工工具 1 套、GB/T 16895.6—2014《低压电气装置 第 5-52 部分:电气设备的选择和安装 布线系统》、GB/T 4728.2—2018《电气简图用图形符号 第 2 部分:符号要素、限定符号和其他常用符号》。

1. 接线图

变频器主电路的接线图如图 2-15 所示,将三相交流电源接到 L1、L2、L3 端子上,U2、V2、W2 端子接电动机。注意:千万不要将三相电源接到 U2、V2、W2 端子上。

拓展链接

图 2-15 所示的变频器和电动机要分别进行接地保护。变频器接地不仅起保护作用,还能屏蔽线路上高次谐波对逆变触发脉冲的干扰,同时也可消除变频器对外界的谐波辐射。因此电气设备

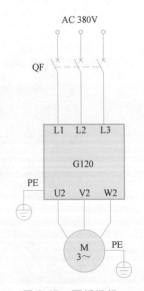

图 2-15 面板运行的变频器接线图

的安装布线以及图形符号要符合国标 GB/T 16895.6—2014 和 GB/T 4728.2—2018 的规定，否则会导致人身或设备的安全事故。标准化对人类进步和科学技术的发展起着巨大的推动作用，在变频器电路图绘制和布线实践中，要强化标准化知识的教育，培养和提高学生的标准化、规范化意识。

用 BOP-2
操作面板
修改参数

2. 用 BOP-2 操作面板修改参数

修改参数的操作步骤见表 2-12。所有通过 BOP-2 完成的修改都立即存入变频器，且掉电保持。

表 2-12 修改参数的操作步骤

序号	操作步骤	显示的结果
1	使用 ▲ 和 ▼ 键将光标移动到"PARAMS"菜单，按 OK 键进入"PARAMS"菜单	MONITORING CONTROL DIAGNOSTICS / PARAMS / PARAMETER SETUP EXTRAS
2	屏幕显示两种参数访问级别，"STANDARD"访问级别所访问的参数个数少于"EXPERT"访问级别	MONITORING CONTROL DIAGNOSTICS / STANDARD FILTEr / PARAMETER SETUP EXTRAS
3	按 ▲ 或 ▼ 键将光标移动到"EXPERT FILTER"菜单，按 OK 键，面板显示 p 或 r 参数，并且参数号不断闪烁	MONITORING CONTROL DIAGNOSTICS / EXPERT FILTEr / PARAMETER SETUP EXTRAS

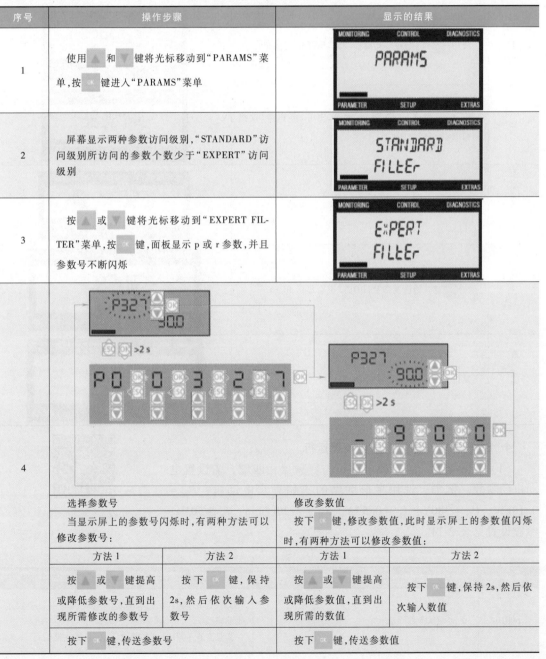

4	选择参数号		修改参数值	
	当显示屏上的参数号闪烁时，有两种方法可以修改参数号：		按下 OK 键，修改参数值，此时显示屏上的参数值闪烁时，有两种方法可以修改参数值：	
	方法 1	方法 2	方法 1	方法 2
	按 ▲ 或 ▼ 键提高或降低参数号，直到出现所需修改的参数号	按下 OK 键，保持2s，然后依次输入参数号	按 ▲ 或 ▼ 键提高或降低参数值，直到出现所需的数值	按下 OK 键，保持 2s，然后依次输入数值
	按下 OK 键，传送参数号		按下 OK 键，传送参数值	

3. 恢复出厂设置

初次使用变频器或在调试过程中出现异常或已经使用过需要再重新调试时，需要执行恢复出厂设置。通过 BOP-2 恢复出厂设置有两种方法：一种是通过"EXTRAS"菜单项的"DRVRESET"实现；另一种是在快速调试"SETUP"菜单项中集成的"RESET"实现。通过"EXTRAS"菜单项的"DRVRESET"进行恢复出厂设置的操作步骤见表 2-13。

恢复变频器
的出厂设置

表 2-13 恢复出厂设置的操作步骤

序号	操作步骤	显示的结果
1	使用 ▲ 和 ▼ 键将光标移动到"EXTRAS"菜单	EXTRAS
2	按下 OK 键进入"EXTRAS"菜单,使用 ▲ 和 ▼ 键找到"DRVRESET"	DRVRESET
3	按 OK 键激活复位出厂设置,按键 ESC 取消	ESC / OK
4	按 OK 键开始恢复参数,BOP-2 上会显示 BUSY	- BUSY -
5	复位完成后,BOP-2 显示 DONE	- DONE -

4. BOP-2 操作面板控制变频器运行

（1）设置参数 为了使电动机与变频器相匹配，需设置电动机的参数。例如，选用星形联结的三相异步电动机，$P_N = 0.18kW$，$U_N = 380V$，$I_N = 0.53A$，$n_N = 2720r/min$，$f_N = 50Hz$，参数设置见表 2-14。

BOP-2 操作面板
控制变频器运行

表 2-14 设置电动机参数表

参数号	参数名称	出厂值	设定值	说明
p0010	驱动调试参数筛选	1	1	①只有在 p0010 = 1 的情况下,电动机的主要参数才能被修改 ②只有在 p0010 = 0 的情况下,变频器才能运行

（续）

参数号	参数名称	出厂值	设定值	说　明
p0100	电动机标准 IEC/NEMA	0	0	选择 IEC 电动机
p0304	电动机额定电压	0	380	电动机额定电压（V）
p0305	电动机额定电流	0.00	0.53	电动机额定电流（A）
p0307	电动机额定功率	0.00	0.18	电动机额定功率（kW）
p0310	电动机额定频率	0.00	50	电动机额定频率（Hz）
p0311	电动机额定转速	0.0	2720	电动机额定转速（r/min）
电动机参数设置完成后，设 p0010＝0，变频器可正常运行				
p1080	最小转速	0.000	0.000	电动机的最小运行速度（0r/min）
p1082	最大转速	1500.000	2800.000	电动机的最大运行速度（2800r/min）
p1120	斜坡上升时间	10.000	10.000	斜坡上升时间（10s）
p1121	斜坡下降时间	10.000	10.000	斜坡下降时间（10s）
p1040	电动电位器初始值	0.000	1200.000	设置面板运行速度为1200r/min
p1058	JOG1 转速设定值	150.000	200.000	设置正向点动速度
p1059	JOG2 转速设定值	-150.000	-200.000	设置反向点动速度

（2）BOP-2 调速过程　在 BOP-2 面板"CONTROL"菜单下提供了如下 3 个功能：

1）SETPOINT：用来设置变频器手动模式的运行速度。

2）JOG：使能点动控制。

3）REVERSE：改变旋转方向。

用 BOP-2 操作面板控制变频器运行的操作步骤见表 2-15。

表 2-15　用 BOP-2 操作面板控制变频器运行的操作步骤

序号	操作步骤	显示的结果
手动运行操作		
1	按 切换键可以将变频器切换到手动模式，此时显示 符号	
2	使用 ▲ 和 ▼ 键将光标移动到"CONTROL"菜单	MONITORING　CONTROL　DIAGNOSTICS CONTROL PARAMETER　SETUP　EXTRAS

（续）

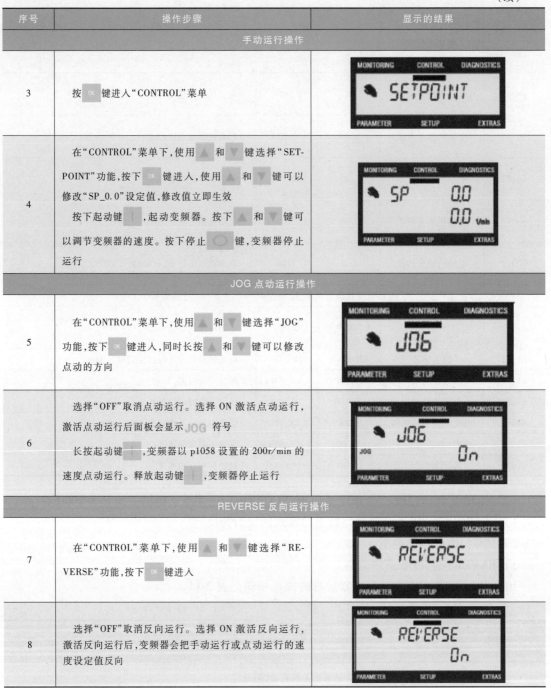

序号	操作步骤	显示的结果
	手动运行操作	
3	按 OK 键进入"CONTROL"菜单	
4	在"CONTROL"菜单下,使用 ▲ 和 ▼ 键选择"SET-POINT"功能,按下 OK 键进入,使用 ▲ 和 ▼ 键可以修改"SP_0.0"设定值,修改值立即生效 　按下起动键,起动变频器。按下 ▲ 和 ▼ 键可以调节变频器的速度。按下停止 键,变频器停止运行	
	JOG 点动运行操作	
5	在"CONTROL"菜单下,使用 ▲ 和 ▼ 键选择"JOG"功能,按下 OK 键进入,同时长按 ▲ 和 ▼ 键可以修改点动的方向	
6	选择"OFF"取消点动运行。选择 ON 激活点动运行,激活点动运行后面板会显示 JOG 符号 　长按起动键,变频器以 p1058 设置的 200r/min 的速度点动运行。释放起动键,变频器停止运行	
	REVERSE 反向运行操作	
7	在"CONTROL"菜单下,使用 ▲ 和 ▼ 键选择"RE-VERSE"功能,按下 OK 键进入	
8	选择"OFF"取消反向运行。选择 ON 激活反向运行,激活反向运行后,变频器会把手动运行或点动运行的速度设定值反向	

5. 静态识别

当使用矢量控制方式时,为了取得良好的控制效果,必须进行电动机的静态识别,以构建准确的电动机模型。静态识别过程如下:

1) 快速调试过程中或快速调试完成后,设置 p1900 = 2,此时变频器会出现 A07991 报警。

2）将变频器从"AUTO"自动模式切换到"HAND"手动模式，按下起动键 ▮，此时变频器起动向电动机内注入电流，电动机会发出吱吱的电磁噪声。该过程持续时间因电动机功率不同会有很大差异。在进行电动机数据检测期间，BOP-2上的"MOT-ID"会闪烁。

3）如果没有出现故障，变频器停止，A07991报警消失，p1900被复位为0，表示静态识别过程结束。如果出现F7990，表示电动机数据监测错误，可能是电动机铭牌数据不准确或电动机接法错误导致的。

4）设置p0971=1，保存静态识别参数。

需要注意的是，电动机必须是尚未运转的"冷电机"才能开展电动机数据检测（即静态识别）。如果电动机是正在运转的"热电机"，该功能提供的检测结果无效。

6. 动态优化

当使用矢量控制方式时，变频器执行静态识别后可选择进行动态优化，以检测电动机转动惯量、优化速度环参数。在进行动态优化时，电动机会以不同的旋转速度来优化速度控制器。动态识别过程如下：

1）快速调试完成、静态识别完成后，设置p1900=3，此时会出现A07980报警。

2）手动模式下，按下起动键 ▮，电动机会按照不同的速度进行旋转测量。

3）变频器停止，A07980报警消失，p1960被复位为0，表示动态优化过程结束。

4）设置p0971=1，保存动态优化参数。

为了保证测量准确，须脱开电动机负载。

思考与练习

1. 填空题

（1）G120变频器的所有参数分成_____参数组以及_____参数组两大类。

（2）G120变频器中以字母r开头的参数为_____参数，以字母p开头的参数为_____参数。

（3）G120变频器需要设置电动机的参数时，应设置参数p0010=_____，需要变频器进行快速调试时，应设置参数p0010=_____，需要变频器运行时，应设置参数p0010=_____。

（4）G120变频器设置最小转速的是_____参数，设置用户访问级的是_____参数，设置最大转速的是_____参数。

（5）G120变频器设置斜坡上升时间的是_____参数；设置斜坡下降时间的是_____参数，设置静态识别和动态识别的是_____参数。

（6）BOP-2操作面板中，▮键表示_____，⊙键表示_____，▮键表示_____。

2. 简答题

（1）简述BOP-2操作面板上各个按键的功能。

（2）如何进行静态识别和动态优化？

任务2.3 变频器的外部运行

任务目标

1. 了解 G120 变频器的 BICO 功能。
2. 掌握变频器输入、输出端子的功能。
3. 学会预定义接口宏的接线及参数设置。
4. 能用 Startdrive 软件调试变频器。
5. 能对模拟量给定调节变频器速度进行安装与调试。
6. 培养学生学思践悟、知行合一的职业素养。

任务2.3.1 认识预定义接口宏

一、任务导入

SINAMICS G120 为满足不同的接口定义提供了多种预定义接口宏,通过预定义接口宏可以定义变频器起停信号和速度设定值信号的接口,每种宏对应着一种接线方式。选择其中一种宏后,变频器会自动设置与它的接线方式相对应的一些参数,极大方便了用户的快速调试。

参数 p0015 用来设置变频器的宏。只有在设置 p0010 = 1 时才能更改 p0015 参数。修改 p0015 参数的步骤如下:

1) 设置 p0010 = 1。
2) 修改 p0015。
3) 设置 p0010 = 0。

二、任务实施

【训练设备、工具、手册或标准】

控制单元 CU240E-2 PN-F 1 个、功率模块 PM240-2(400V,0.55kW)1 个、《SINAMICS G120 变频器,配备控制单元 CU240B-2 和 CU240E-2 操作说明》。

1. G120 变频器的预定义接口宏

不同类型的控制单元有不同数量的宏,如 CU240B-2 有 8 种宏、CU240E-2 有 18 种宏(表 2-16)。

表 2-16 CU240E-2 PN-F 的预定义接口宏

宏编号	宏功能	主要端子定义	手动设定参数
宏 1	双方向 2 线制控制 1,两个固定转速	DI0:ON/OFF1 正转 DI1:ON/OFF1 反转 DI2:故障复位 DI4:固定转速 3 DI5:固定转速 4	p1003:固定转速 3,如 200r/min p1004:固定转速 4,如 500r/min

（续）

宏编号	宏功能	主要端子定义	手动设定参数
宏2	单方向两个固定转速，预留安全功能	DI0：ON/OFF1 正转+固定转速 1 DI1：固定转速 2 DI2：故障复位 DI4：预留安全功能 DI5：预留安全功能	p1001：固定转速 1 p1002：固定转速 2
宏3	单方向四个固定转速	DI0：ON/OFF1 正转+固定转速 1 DI1：固定转速 2 DI2：故障复位 DI4：固定转速 3 DI5：固定转速 4	p1001：固定转速 1 p1002：固定转速 2 p1003：固定转速 3，如 200r/min p1004：固定转速 4，如 500r/min
宏4	现场总线 PROFINET 控制	—	p0922：352 报文
宏5	现场总线 PROFINET 控制，预留安全功能	DI4：预留安全功能 DI5：预留安全功能	p0922：352 报文
宏6	现场总线 PROFINET 控制，预留两项安全功能	DI0：预留安全功能 DI1：预留安全功能 DI4：预留安全功能 DI5：预留安全功能	p0922：标准报文 1 p1070[0]：2050.1 p2051[0]：2089.0 p2015[1]：63.0
宏7	现场总线 PROFINET 控制和点动切换	DI3 断开为远程现场总线模式，此时： ①DI2：故障复位 ②DI3：低电平 DI3 闭合为本地点动控制，此时： ①DI0：JOG1 ②DI1：JOG2 ③DI2：故障复位 ④DI3：高电平	p0922：标准报文 1 p1058：点动 JOG1 速度 p1059：点动 JOG2 速度
宏8	电动电位器（MOP），预留安全功能	DI0：ON/OFF1 正转 DI1：MOP 升高 DI2：MOP 降低 DI3：故障复位 DI4：预留安全功能 DI5：预留安全功能	p1037：MOP 正向最大转速 p1038：MOP 反向最大转速 p1040：MOP 初始转速
宏9	电动电位器（MOP）	DI0：ON/OFF1 正转 DI1：MOP 升高 DI2：MOP 降低 DI3：故障复位	p1037：MOP 正向最大转速 p1038：MOP 反向最大转速 p1040：MOP 初始转速

（续）

宏编号	宏功能	主要端子定义	手动设定参数
宏 12	端子起动,模拟量调速	DI0:ON/OFF1 正转 DI1:反转 DI2:故障复位 AI0+和 AI0-:转速设定	p0756[0]:选择模拟信号类型 p0757[0]:标定 x1 值 p0758[0]:标定 y1 值 p0759[0]:标定 x2 值 p0760[0]:标定 y2 值
宏 13	端子起动,模拟量调速,预留安全功能	DI0:ON/OFF1 正转 DI1:外部故障 DI2:故障复位 DI4:预留安全功能 DI5:预留安全功能 AI0+和 AI0-:转速设定	p0756[0]:选择模拟信号类型 p0757[0]:标定 x1 值 p0758[0]:标定 y1 值 p0759[0]:标定 x2 值 p0760[0]:标定 y2 值
宏 14	现场总线 PROFINET 控制和 MOP 切换	DI0:ON/OFF1 正转 DI1:反转 DI2:故障复位 DI4:MOP 升高 DI5:MOP 降低	p0922:报文 20 PROFINET 控制字第 15 位切换控制方式,第 15 位为 0 时为 PROFINET 远程控制,第 15 位为 1 时为 MOP 控制 p1037:MOP 正向最大转速 p1038:MOP 反向最大转速 p1040:MOP 初始转速
宏 15	模拟量给定和 MOP 给定切换	模拟量设定模式,此时: ①DI0:ON/OFF1 起动 ②DI1:外部故障 ③DI2:故障复位 ④DI3:低电平 ⑤AI0+和 AI0-:转速设定 MOP 设定模式: ①DI0:ON/OFF1 起动 ②DI1:外部故障 ③DI2:故障复位 ④DI3:高电平 ⑤DI4:MOP 升高 ⑥DI5:MOP 降低	p0756[0]:选择模拟信号类型 p0757[0]:标定 x1 值 p0758[0]:标定 y1 值 p0759[0]:标定 x2 值 p0760[0]:标定 y2 值 p1037:MOP 正向最大转速 p1038:MOP 反向最大转速 p1040:MOP 初始转速
宏 17	双方向 2 线制控制 2,模拟量调速	DI0:ON/OFF1 正转 DI1:ON/OFF1 反转 DI2:故障复位 AI0+和 AI0-:转速设定	p0756[0]:选择模拟信号类型 p0757[0]:标定 x1 值 p0758[0]:标定 y1 值 p0759[0]:标定 x2 值 p0760[0]:标定 y2 值
宏 18	双方向 2 线制控制 3,模拟量调速	DI0:ON/OFF1 正转 DI1:ON/OFF1 反转 DI2:故障复位 AI0+和 AI0-:转速设定	p0756[0]:选择模拟信号类型 p0757[0]:标定 x1 值 p0758[0]:标定 y1 值 p0759[0]:标定 x2 值 p0760[0]:标定 y2 值
宏 19	双方向 3 线制控制 1,模拟量调速	DI0:Enable/OFF1 DI1:脉冲正转起动 DI2:脉冲反转起动 DI4:故障复位 AI0+和 AI0-:转速设定	p0756[0]:选择模拟信号类型 p0757[0]:标定 x1 值 p0758[0]:标定 y1 值 p0759[0]:标定 x2 值 p0760[0]:标定 y2 值

（续）

宏编号	宏功能	主要端子定义	手动设定参数
宏20	双方向3线制控制2,模拟量调速	DI0:Enable/OFF1 DI1:脉冲正转起动 DI2:脉冲反转起动 DI4:故障复位 AI0+和AI0−:转速设定	p0756[0]:选择模拟信号类型 p0757[0]:标定 x1 值 p0758[0]:标定 y1 值 p0759[0]:标定 x2 值 p0760[0]:标定 y2 值
宏21	现场总线 USS 控制	DI2:故障复位	p2020:USS 通信速率 p2021:USS 通信站地址 p2020:USS 通信 PZD 长度 p2023:USS 通信 PKW 长度 p2040:总线接口监控时间

需要注意的是，宏定义的模拟量输入类型为−10～10V 电压输入，模拟量输出类型为 0～20mA 电流输出，通过参数可修改模拟量信号的类型，详细信息可参考《SINAMICS G120 变频器，配备控制单元 CU240B-2 和 CU240E-2 操作说明》。

在选用宏功能时请注意以下两点：

1）如果其中一种宏定义的接口方式完全符合控制要求，那么按照该宏的接线方式设计原理图，并在调试时选择相应的宏功能即可方便地实现控制要求。

2）如果所有宏定义的接口方式都不能完全符合控制要求的应用，那么选择与控制要求布线比较相近的接口宏，然后根据需要来调整输入/输出的配置。

2. 宏 12——模拟量给定调速

宏 12 的接线图如图 2-16 所示。

1）起停控制：电动机的起停通过数字量输入 DI0 控制，数字量输入 DI1 用于电动机反向控制。

预定义接口宏 12

2）速度调节：转速通过模拟量输入 AI0 调节，AI0 默认为−10～10V 输入方式。

设置宏 12 后，变频器自动设置的参数见表 2-17，还需要手动设置表 2-18 中的参数。

表 2-17　宏 12 变频器自动设置的参数

参数号	参数名称	设定值	说　　明
p0840[0]	ON/OFF1	722.0	数字量输入 DI0 作为起动命令
p1113[0]	设定值取反	722.1	数字量输入 DI1 作为电动机反向命令
p2103[0]	应答故障	722.2	数字量输入 DI2 作为故障复位命令
p1070[0]	主设定值	755.0	模拟量 AI0 作为主设定值
p0730	DO0 的信号源	52.3	数字量输出 DO0 设置为故障有效
p0731	DO1 的信号源	52.7	数字量输出 DO1 设置为报警有效
p0732	DO2 的信号源	52.2	数字量输出 DO2 设置为运行使能
p0771[0]	模拟量输出 AO0 的信号源	21	模拟量输出 AO0（即 12、13 端子）设置为转速输出
p0771[1]	模拟量输出 AO1 的信号源	27	模拟量输出 AO1（即 26、27 端子）设置为实际电流输出

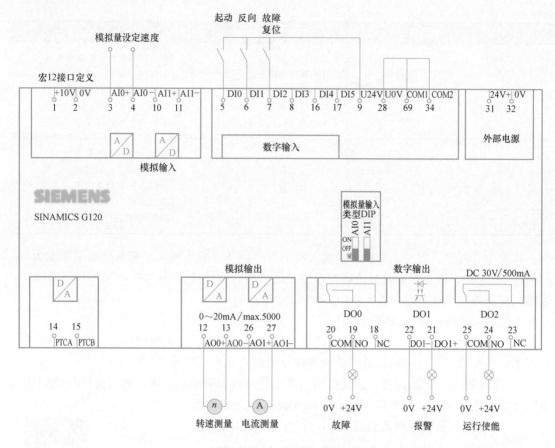

图 2-16　宏 12 的接线图

表 2-18　宏 12 变频器手动设置的参数

参数号	参数名称	设定值	说　　明
p0756[0]	模拟输入类型	4	模拟量输入 AI0:类型 -10~10V
p0757[0]	模拟量输入特性曲线值 x1	-10.0	模拟量输入 AI0:标定 x1 值
p0758[0]	模拟量输入特性曲线值 y1	-100.0	模拟量输入 AI0:标定 y1 值
p0759[0]	模拟量输入特性曲线值 x2	10.0	模拟量输入 AI0:标定 x2 值
p0760[0]	模拟量输入特性曲线值 y2	100.0	模拟量输入 AI0:标定 y2 值

任务 2.3.2　使用 Startdrive 软件调试变频器

一、任务导入

G120 变频器可以通过 BOP-2 基本操作面板和 IOP（智能操作面板）等调试工具实现简

单、快速、方便的调试，也可以采用 Starter 软件、Startdrive 软件进行直观、精确的调试。Startdrive 软件是西门子公司研发的新一代驱动产品调试软件，它可以作为西门子全集成自动化工程软件 TIA Portal（博途）的一个组件，与 TIA Portal 软件其他组件（STEP7、WinCC 等）共享统一的调试平台、统一的数据库，可大大提升工作效率。它也可以独立运行，完成变频器的硬件组态、快速调试、参数修改、虚拟控制面板调试、模拟信号调试以及监控变频器的运行状态。

本任务主要介绍采用 Startdrive 软件完成变频器外部端子控制的变频器正、反转调试的步骤。控制要求如下：现有一台三角形联结的三相异步电动机，功率为 0.18kW，额定电流为 0.92A，额定电压为 220V，额定转速为 2800r/min。采用 G120 变频器调节电动机的速度。

起停控制：端子 5 控制变频器起停，端子 6 用于电动机反向控制，端子 7 进行故障确认，斜坡上升时间和斜坡下降时间均为 5s。

速度调节：转速通过模拟量输入 AI0（即端子 3、4）在 0~2800r/min 之间进行正、反转调速运行，AI0 输入 0~10V 电压信号。

二、任务实施

【训练设备、工具、手册或标准】

控制单元 CU240E-2 PN-F1 个、功率模块 PM240-2（400V，0.55kW）1 个、三相异步电动机 1 台、安装有 TIA Portal V15 和 Startdrive V15 软件的计算机 1 台、网线 1 根、开关、按钮若干、5kΩ 3 引脚电位器 1 个、《SINAMICS G120 变频器，配备控制单元 CU240B-2 和 CU240E-2 操作说明》、通用电工工具 1 套。

1. 变频器硬件电路和网络拓扑

按图 2-16 连接变频器的电路。注意：三脚电位器（阻值≥4.7kΩ）要把中间接线柱接到变频器的端子 3 上，其他两个引脚分别接变频器的端子 1、4，变频器的端子 2、4 短接。端子 28、34、69 也必须短接。

用一根标准网线将计算机的网口和变频器控制单元 CU 240E-2 PN F 的 PROFINET 网口连接在一起，如图 2-17 所示。

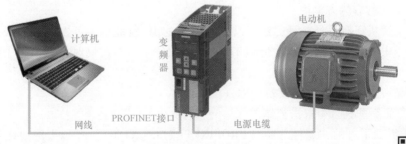

图 2-17　网络拓扑

2. 项目配置

（1）创建新项目

打开 TIA Portal V15 软件，创建一个"使用 Startdrive 调试变频器的端子正、反转控制"新项目。

使用 Startdrive
快速调试
变频器

（2）硬件组态—添加控制单元（图 2-18）

1）双击项目树下的"添加新设备"。

2）在弹出的"添加新设备"对话框中单击"驱动"图标。

3）在设备列表中选择实际用到的控制单元，例如 CU240E-2 PN-F。

4）选择控制单元的固件版本。

5）单击"确定"按钮。

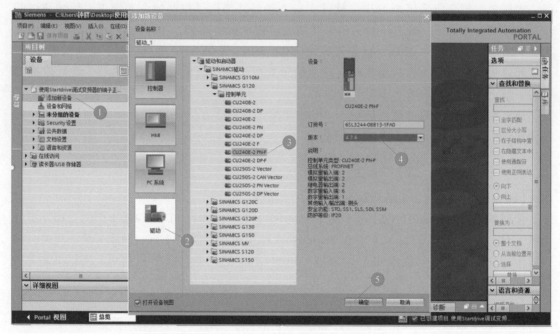

图 2-18　添加控制单元

（3）硬件组态—添加功率模块（图 2-19）

1）单击图 2-19 右侧的"硬件目录"。

2）在右侧的功率单元选项里选择实际用到的功率模块的型号，将其拖拽到"设备视图"中控制单元的右侧方框内。

添加功率模块还有另外一种方法：设置好正确的 IP 地址后，可以通过离线上传的方式将实际变频器中的功率模块配置上传到 TIA Portal 软件中，与此同时控制单元中的参数也被上传。

（4）设置变频器 IP 地址和设备名称（图 2-20）

1）在"设备视图"中双击控制单元。

2）单击界面下方的"属性"→"PROFINET 接口［X150］"→"以太网地址"。

3）在右侧界面中输入期望的 IP 地址。

4）在右侧界面中输入"设备名称"（用于 PN 通信）。注意：将"自动生成 PROFINET 设备名称"前面的"√"去掉，否则此处设备名称与常规属性中的名称不一致，且不能修改。设备名称必须用英文和数字命名。

（5）设置 PG/PC 接口（图 2-21）

1）双击左侧项目树中的"在线并诊断"。

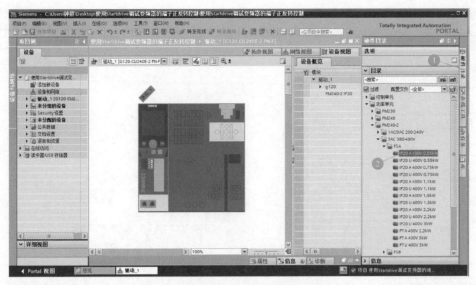

图 2-19 添加功率模块

图 2-20 设置变频器 IP 地址和设备名称

2）在"在线访问"窗口中设置 PG/PC 接口。

3）选择 PG/PC 接口的类型以及 PG/PC 接口（即计算机的网卡）。

 **注 意**

不要点击"转到在线"按钮。

（6）分配设备名称（图 2-22）

1）单击"命名"选项。

2）选择适合的 PG/PC 接口。

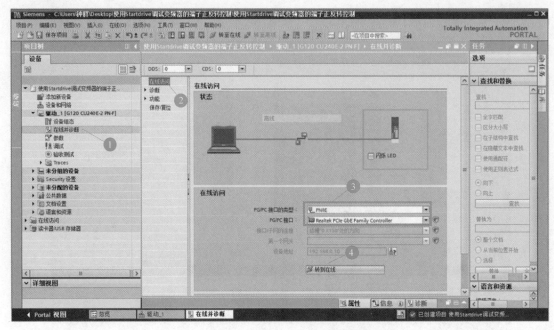

图 2-21　设置 PG/PC 接口

3）单击"更新列表"按钮，显示出网络中的节点及其设备名称等信息。

4）选中驱动设备"g120"。

5）单击"分配名称"按钮。

6）分配成功，在右下角显示"PROFINET 设备名称'g120'已成功分配"，此时设备名称更改为设置名称。

图 2-22　分配设备名称

（7）分配设备的 IP 地址

1）如图 2-23 所示，单击"功能"。

2）在"功能"中，选择"分配 IP 地址"。

3）此时"分配 IP 地址"按钮为灰色，不可用。

4）单击"可访问设备"按钮。

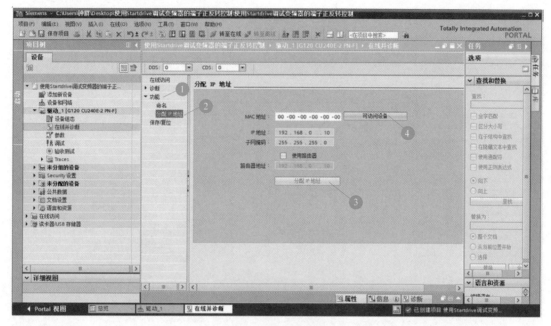

图 2-23　分配 IP 地址窗口

5）如图 2-24 所示，在弹出的"选择设备"对话框中选择适合的"PG/PC 接口"。

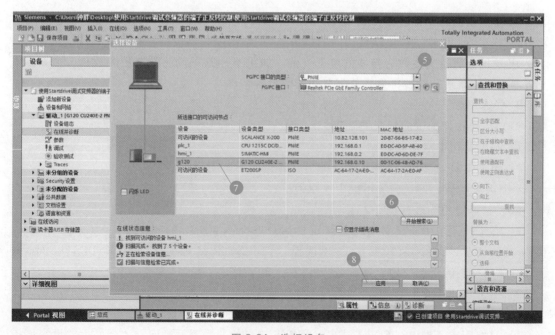

图 2-24　选择设备

6）单击"开始搜索"按钮，系统自动扫描到网络节点。

7）选中搜索到网络中的驱动"g120"。

8）单击右下角"应用"按钮。

9）如图 2-25 所示，"分配 IP 地址"对话框中显示所选驱动的 MAC 地址以及 IP 地址。

10）此时"分配 IP 地址"按钮可以操作，单击"分配 IP 地址"按钮。

11）右下角出现"参数已成功传送"，所选驱动的 IP 地址已经改变为设置的 IP 地址。

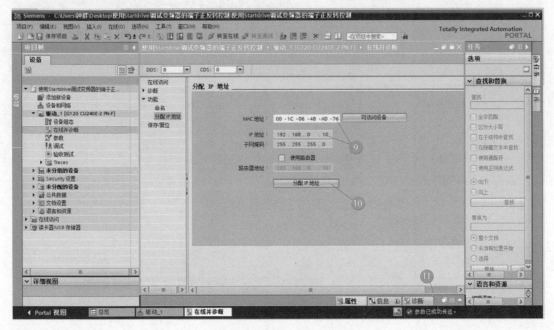

图 2-25　分配 IP 地址

G120 变频器的设备名称和 IP 地址分配之后，可以在 TIA Portal V15 项目树中选择"在线访问"→"本地网卡"→"更新可访问的设备"，搜索出变频器设备，查看变频器的设备名称以及 IP 地址是否已经更改为与硬件组态一致。如果不一致，说明没有更改成功，需要断开变频器电源，重新上电后再重新分配变频器的设备名称及 IP 地址。

3. 快速调试

（1）启动快速调试向导（图 2-26）

1）在项目树中双击"调试"。

2）单击"调试向导"，系统将会弹出"调试向导"对话框。

一旦开始配置，调试向导不能中途取消。

（2）选择应用等级（图 2-27）

1）在下拉菜单中有 3 种应用等级可供用户选择：专家、Standard Drive Control（SDC）和 Dynamic Drive Control（DDC）。这里选择"［1］Standard Drive Control（SDC）"，同时显示标准驱动控制的典型应用以及典型特性值。

2）单击"下一页"按钮。

（3）设定值指定　选择驱动是否连接 PLC 以及在何处创建设定值，如图 2-28 所示。

1）只有配置了带 PROFINET 或 PROFIBUS 接口的变频器后，向导才会显示"设定值指

图 2-26　启动快速调试向导

图 2-27　选择应用等级

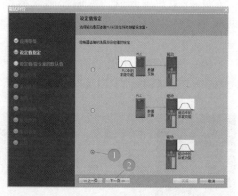

图 2-28　设定值指定

定"。第 1 个和第 2 个选项是选择变频器通过现场总线连接至上级控制器 PLC，第 3 个选项是变频器不与 PLC 连接。第 1 个选项选择用于转速设定值的斜坡函数发生器是否在 PLC 中生效；第 2 个和第 3 个选项用于转速设定值的斜坡函数发生器是否在变频器中生效。这里选择第 3 个选项，变频器单机控制。

2）单击"下一页"按钮。

（4）选择用于变频器接口预设的 I/O 配置　如图 2-29 所示，这里选择宏 12，宏 12 对应的端子参数设置显示在对话框中。单击"下一页"按钮。

（5）驱动设置　如图 2-30 所示，选择电动机标准是"[0]IEC 电机（50Hz，SI 单位）"，变频器"设备输入电压"是 400V。单击"下一页"按钮。

（6）驱动选件　可选制动电阻和驱动滤波器的配置。如果在变频器和电动机之间安装了选件，则必须进行相应的设置。如果安装了制动电阻，设置制动电阻最大可接收的制动功率。

图 2-29　设定值/指令源配置窗口

图 2-30　驱动设置窗口

这里不选择制动电阻，也没有配置输出滤波器，因此按照图 2-31 设置。单击"下一页"按钮。

（7）选择电动机　如图 2-32 所示，根据电动机的铭牌输入电动机数据。选择了电动机的产品编号后，电动机数据自动录入。选择用于监控电动机温度的温度传感器，这里选"［0］无传感器"。单击"下一页"按钮。

（8）电动机抱闸　确定变频器是否控制电动机抱闸。如图 2-33 所示，选择"［0］无电机抱闸"。单击"下一页"按钮。

（9）设置重要参数　根据控制要求，设置最小转速为 0r/min、最大转速为 2800r/min、斜坡函数发生器斜坡上升时间和下降时间均为 5s 等参数，如图 2-34 所示。单击"下一页"按钮。

（10）设置驱动功能　选择工艺应用为"恒定负载"，并进行"电动机数据检测"，如图 2-35 所示。单击"下一页"按钮。

图 2-31　驱动选件窗口

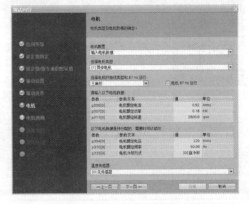

图 2-32　电动机参数设置窗口

（11）总结　可以在如图 2-36 所示的窗口中查看总结信息，单击"完成"按钮，完成配置。

（12）将设置好的配置和参数下载到变频器中（图 2-37）

1）选择项目树中的驱动。

2）单击"下载到设备"按钮，系统弹出"下载预览"对话框。

3）选中"将参数设置保存在 EEPROM 中"，将数据掉电保存在变频器中。

图 2-33 电动机抱闸选择窗口

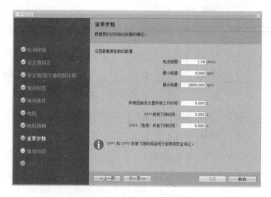

图 2-34 重要参数设置窗口

图 2-35 设置驱动功能窗口

图 2-36 总结窗口

4）单击"装载"按钮，将设置好的配置和参数下载到变频器中，下载完成后右下角会显示"下载完成"。

5）单击"转至在线"按钮，准备对变频器进行在线调试。

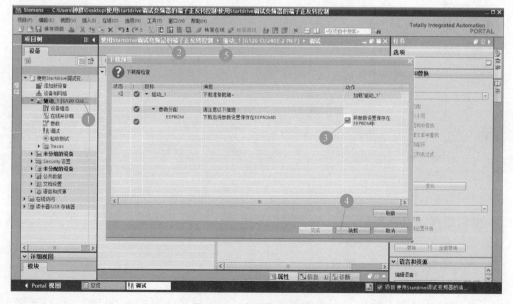

图 2-37 变频器下载画面

4. 控制面板调试

Startdrive 有虚拟调试控制面板，用户可以方便地对电动机进行调试。

1）如图 2-38 所示，双击项目树中的"调试"。

2）单击"控制面板"选项，打开控制面板调试窗口。

3）单击"激活"按钮，获取对变频器的主控权。

4）此时驱动使能的"设置"按钮不可用。

5）单击"向前"或"向后"按钮导通电动机。变频器起动电动机数据检测。电动机发出"吱吱"的电磁噪声。检测过程可能持续数分钟。

6）在电动机进行数据检测时，标记⑥处显示"正在进行静态测量"。在电动机数据检测结束后，变频器会关闭电动机。

7）电动机静态识别结束后，标记④处的驱动使能的"设置"按钮恢复可用，此时在标记⑦处输入变频器的运行速度，例如 300r/min，单击标记④处的驱动使能的"设置"按钮，标记⑤处的"向前"或"向后"按钮变为可用，单击"向前"或"向后"按钮，变频器按照 p1120 设置的时间加速到 300r/min 并稳定运行。

8）单击"Off"按钮，变频器停止运行。

9）单击"取消激活"按钮，重新交还控制权，否则模拟调试时变频器不能运行。

10）单击"保存/复位"，可以保存变频器中的设置（RAM→EEPROM）。

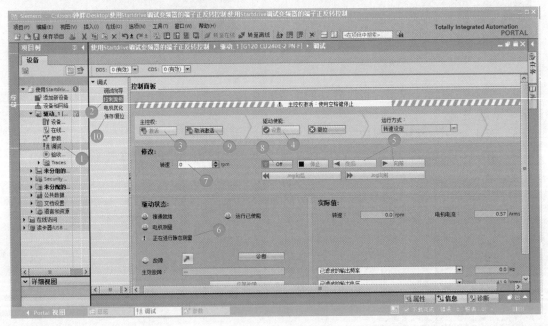

图 2-38　控制面板调试

5. 参数修改（图 2-39）

1）在项目树下双击"参数"。

2）在右侧窗口单击"参数视图"。

3）选中"所有参数"，在参数列表中显示所有参数列表。

4）在参数列表的"编号"列找到斜坡函数发生器斜坡上升时间 p1120、斜坡下降时间

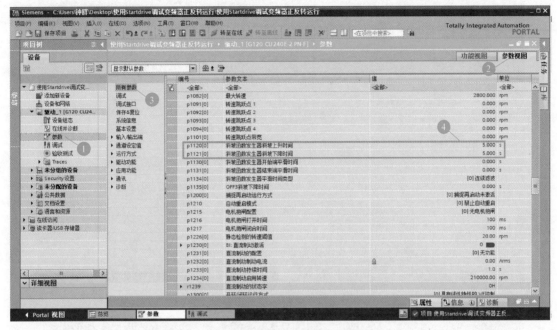

图 2-39　参数修改

p1121，在参数的"值"一列中输入5，至此，参数修改成功。

6. 变频器 I/O 端子功能预设置和模拟控制

使用 Startdrive 软件模拟外部开关和电压或电流信号可以对变频器进行控制。

（1）模拟量输入端功能预设置和模拟控制

1）双击图 2-40 所示的项目树下的"参数"，在弹出的窗口左侧选择 I/O 端子。

2）选择模拟量输入端，弹出模拟量输入端对话框。

3）设置模拟量输入的属性为"[0] 单极电压输入（0V…+10V）"。

4）选择"[1] 模拟输入端 x 的模拟"。

5）单击"标定"，可以设置 p0757、p0758、p0759 和 p0760 的参数值。

6）在标记⑥处输入模拟给定电压 3V，此时变频器的 BOP-2 操作面板上显示给定速度 SP 是 840r/min。

7）当在标记⑥处输入 3V 电压时，标记⑦处显示 30%，即 3V/10V = 30%。

8）如果标记④处选择的是"[0] 模拟输入端 x 的端子信号处理"，标记⑧处显示的将是通过端子 3、4 给定的外部电位器的实际电压值。

9）单击标记⑨，弹出标记⑩处的模拟量输入 CI 的参数列表，选择修改端子 3、4 即 AI0 的端子功能参数 p1070 [0]。

（2）数字量输入端功能预设置和模拟控制

1）选择如图 2-41a 所示的"数字量输入端"，系统弹出数字量输入端对话框。可以看到端子 5、6、7 对应的参数分别为 p0840 [0]（起动）、p1113 [0]（设定值取反）、p2103 [0]（应答故障）。

使用 Startdrive
模拟调试宏 12

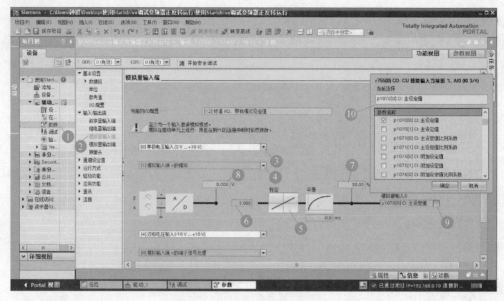

图 2-40　模拟量输入端窗口

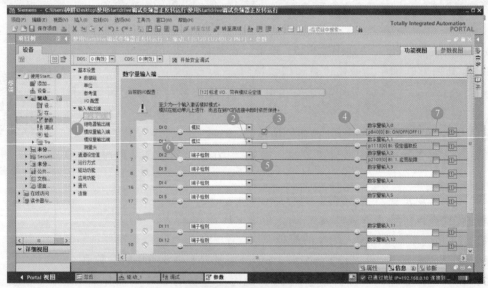

a) 数字量输入端窗口

b) 数字量输入端子功能修改窗口

图 2-41　数字量输入端子功能修改及模拟控制

2）将端子5、6设置为"模拟"，即模拟外部的开关。

3）单击方框，出现"√"时，表示端子5闭合，变频器起动，经过5s，变频器以840r/min稳定运行。再次单击方框，"√"消失，表示端子5断开，变频器停止运行。如果同时闭合端子5和端子6，变频器会以840r/min反向运行。

4）如果端子5模拟开关闭合，标记❹处的圆点变为绿色。

5）如果需要监控数字量输入端子外接实际开关的闭合情况，只需要在标记❺处选择"端子检测"即可。

6）此时如果端子7连接的实际开关闭合，则标记❻处的圆点变为绿色，表示端子7接通。

7）单击标记❼处的方框，系统弹出如图2-41b所示的端子功能修改窗口，在所需参数前的方框打"√"即可。

模拟端子完成模拟调试任务之后，必须将它恢复为"端子检测"功能，否则用外部开关无法控制变频器运行。

7. 变频器状态监控与显示

使用Startdrive软件可以设置变频器I/O端子的功能，还可以监控I/O端子的状态以及运行数据。图2-42a所示是数字量输出窗口，它可以在标记❶处显示数字量输出端子的功能（端子18、19、20是故障端子），标记❷处的绿色圆点表示数字量输出端子闭合（端子21、22闭合），标记❸处显示输出触点的状态，标记❹处可以修改数字量输出端子的功能。

图2-42b所示是模拟量输出窗口，在标记❶处设置端子12、13输出0~20mA的电流信号，标记❷处显示端子12、13的功能是输出已滤波的实际转速值，标记❸处对输出转速与电流信号进行标定，标记❹处显示的是840r/min转速对应的实际电流值，标记❺处修改模拟量输出端子的功能。

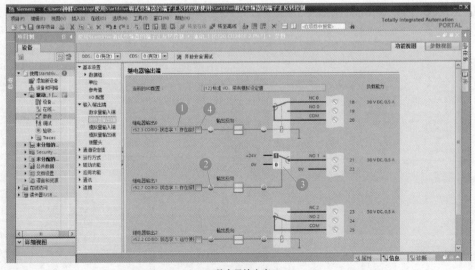

a) 数字量输出窗口

图2-42 变频器输出端子状态监控

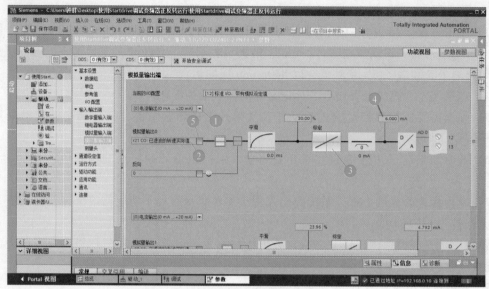

b) 模拟量输出窗口

图 2-42 变频器输出端子状态监控（续）

8. 保存参数和恢复出厂设置（图 2-43）

1）双击项目树下的"调试"。

2）单击"保存/复位"。

3）在右侧"保存/复位"对话框，可以"将 RAM 数据保存到 EEPROM 中"，在标记❸处单击"保存"按钮，否则断电后优化的参数会丢失。

4）如果变频器需要恢复出厂设置，在标记❹处选择"所有参数将会复位"。

5）单击"启动"按钮，变频器将会恢复出厂设置。

6）单击"保存项目"按钮，将该项目保存在计算机中。

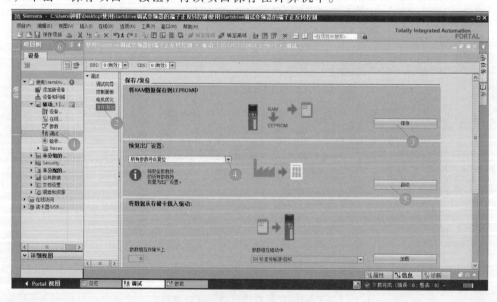

图 2-43 保存/复位

任务 2.3.3　变频器 I/O 端子功能的预设置

一、任务导入

端子控制是指变频器的起停指令和速度设定值通过控制单元上的输入端子送至变频器，变频器又把运行状态、实际转速和实际电流通过控制单元上的输出端子显示处理。CU240E-2 控制单元的输入端子和输出端子都是多功能端子，功能可以根据不同的控制要求进行预设置。端子功能的预设置可以由 BOP-2 操作面板或 Starter 软件或 Startdrive 软件进行设置。

二、任务实施

【训练设备、工具、手册或标准】

控制单元 CU240E-2 PN-F 1 个、功率模块 PM240-2（400V，0.55kW）1 个、三相异步电动机 1 台、安装有 TIA Portal V15 和 Startdrive V15 软件的计算机 1 台、网线 1 根、《SINAMICS G120 变频器，配备控制单元 CU240B-2 和 CU240E-2 操作说明》、通用电工工具 1 套。

1. BICO 功能

BICO 功能是一种把变频器内部输入和输出功能联系在一起的设置方法，它是西门子变频器特有的功能，可以方便用户根据实际工艺要求来灵活定义端子。G120 的调试过程总会大量使用 BICO 功能。

G120 变频器可以通过 BICO 参数确定功能块输入信号的来源，确定功能块是从哪个模拟量接口或二进制接口读取或者输入信号的，这样可以按照要求互连各种功能块。变频器中的输入和输出信号已通过特殊参数与特定的变频器功能互连，如图 2-44 所示。

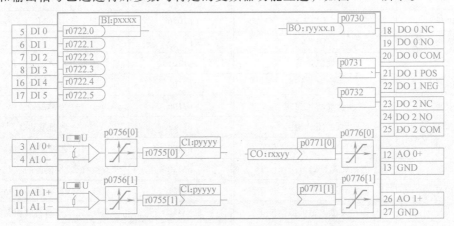

图 2-44　变频器 I/O 的内部接线

BI：二进制互连输入，该参数用来选择数字量信号源，通常与"p 参数"对应。

BO：二进制互连输出，该参数作为二进制输出信号，通常与"r 参数"对应。

CI：模拟量互连输入，该参数作为某个功能的模拟量输入接口，通常与"p 参数"对应。

CO：模拟量互连输出，即参数作为模拟量输出信号，通常与"r参数"对应。

CO/BO：模拟量/二进制互连输出，是将多个二进制信号合并成一个"字"的参数，该字中的每一位都表示一个二进制互连输出信号，16 个位合并在一起表示一个模拟量互连输出信号。

G120 变频器
输入端子功
能的预设置

2. 数字量输入端子功能的预设置

CU240E-2 提供了 6 个数字量输入端子，在必要时，模拟量输入 AI0 和 AI1 也可以作为数字量输入使用。数字量输入 DI 对应的状态位见表 2-19。数字量输入状态可以通过 BOP-2 操作面板或 Startdrive 调试软件上的参数 r722 监控。

表 2-19　数字量输入 DI 对应的状态位

数字输入编号	端子号	数字输入状态位	数字输入编号	端子号	数字输入状态位
数字输入 0, DI0	5	r722.0	数字输入 4, DI4	16	r722.4
数字输入 1, DI1	6	r722.1	数字输入 5, DI5	17	r722.5
数字输入 2, DI2	7	r722.2	数字输入 11, DI11	3、4	r722.11
数字输入 3, DI3	8	r722.3	数字输入 12, DI12	10、11	r722.12

如果需要修改数字量输入端子的功能，必须将数字量输入端子的状态参数与选中的二进制互连输入连接在一起，才可以修改端子的功能，如图 2-45 所示。变频器常用数字量输入 BI 见表 2-20。

表 2-20　变频器常用数字量输入 BI（选项）

BI	含　义	BI	含　义
p0810	指令数据组选择 CDS 位 0	p1036	电动电位器设定值降低
p0840	ON/OFF1	p1055	JOG 位 0
p0844	OFF2	p1056	JOG 位 1
p0848	OFF3	p1113	设定值取反
p0852	使能运行	p1201	捕捉再起动使能的信号源
p0855	强制打开抱闸	p2103	应答故障
p0856	使能转速控制	p2106	外部故障 1
p0858	强制闭合抱闸	p2112	外部警告 1
p1020	固定转速设定值选择位 0	p2200	工艺控制器使能
p1021	固定转速设定值选择位 1	p3330	双线/三线控制器的控制指令 1
p1022	固定转速设定值选择位 2	p3331	双线/三线控制器的控制指令 2
p1023	固定转速设定值选择位 3	p3332	双线/三线控制器的控制指令 3
p1035	电动电位器设定值升高	—	—

为了将模拟量输入用作附加的数字量输入，必须将相应的状态参数 r0722.11 和 r0722.12 的其中一个与选中的 BI 连接在一起，如图 2-46 所示。只允许在 10V 或 24V 的条件下将模拟量输入用作数字量输入，此时必须将模拟量输入开关置于"U"（电压）位置。

修改数字量输入功能的示例见表 2-21。

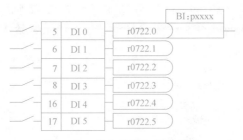

图 2-45　数字量输入的功能图

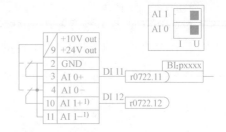

图 2-46　模拟量输入用作数字量输入的功能图

表 2-21　修改数字量输入功能示例

示　　　例	使用 BOP-2 修改	使用 Startdrive 修改
使用 DI0 应答故障： 5 DI 0 — r0722.0 — 722.0 ✔ ⚠ p2103	设置 p2103 = 722.0	单击图 2-40 中的标记❼处，在弹出的如图 2-41 所示的数字量输入端子功能修改窗口中更改输入功能
使用 DI2 起动电动机： 7 DI 2 — r0722.2 — 722.2 — ON/OFF1 p0840	设置 p0840 = 722.2	

3. 模拟量输入端子功能的预设置

模拟量给定方式即通过变频器的模拟量端子 AI0 或 AI1 从外部输入模拟量信号（电压或电流）进行给定，并通过调节模拟量的大小来改变变频器的输出速度。模拟量输入作为设定值源时，必须将主设定值的参数 p1070 和一个模拟量输入（r755.0 或 r755.1）互连在一起。

（1）模拟量输入类型的选择　CU240B-2 提供 1 路模拟量输入，CU240E-2 提供两路模拟量输入，即 AI0（端子 3、4）和 AI1（端子 10、11）。两路模拟量相关参数分别在下标［0］和［1］中设置。可以分别通过 p0756［0］（AI0）和 p0756［1］（AI1）设置两路模拟量输入信号的类型，见表 2-22。

表 2-22　p0756 参数解析

参数号	设定值	参数功能
p0756	0	单极电压输入（0~10V）
	1	带监控的单极电压输入（2~10V）
	2	单极电流输入（0~20mA）
	3	带监控的单极电流输入（4~20mA）
	4	双极电压输入（-10~10V）

p0756 的设定（模拟量输入类型）必须与 AI 对应的开关 DIP（1，2）的设定相匹配，该开关位于控制单元正面保护盖的后面，如图 2-8 中的标记❻处。

电压输入：开关位置 U（出厂设置）。

电流输入：开关位置 I。

（2）模拟量输入的定标　模拟给定电压、模拟给定电流与给定速度之间存在线性关系，线性的定标曲线由两个点 A（p0757，p0758）和 B（p0759，p0760）确定，如图 2-47 所示，这 4 个参数的含义见表 2-23。参数 p0757~p0760 的一个下标分别对应了一个模拟量输入，例如，参数 p0757[0]~p0760[0] 属于模拟量输入 0。

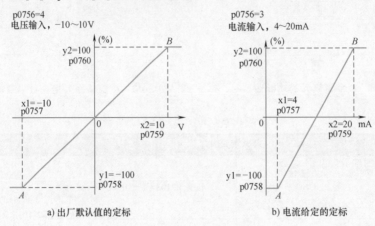

图 2-47　定标特性曲线

表 2-23　模拟量输入参数设置及监控参数表

参数号	参 数 功 能	出厂值	说　　明
p0757	模拟量输入特性曲线值 x1	0.000	曲线第 1 个点的 x 坐标（V，mA）
p0758	模拟量输入特性曲线值 y1	0.00	曲线第 1 个点的 y 坐标（p200x 的%值）p200x 是参考值参数，例如，p2000 是参考转速
p0759	模拟量输入特性曲线值 x2	10.00	曲线第 2 个点的 x 坐标（V，mA）
p0760	模拟量输入特性曲线值 y2	100.00	曲线第 2 个点对应的 y 坐标（p200x 的%值）p200x 是参考值参数，例如，p2000 是参考转速
p0761	模拟量输入断线监控动作阈值	2.00	模拟量输入的断线监控动作值
p0764	模拟量输入死区	0.000	确定模拟量输入的死区宽度
r0020	已滤波的转速设定值	—	转速控制器输入端上的当前已滤波的转速设定值
r0752	模拟输入当前输入电压/电流	—	显示特征方框前以 V（或 mA）为单位的经过平滑的模拟输入电压（或电流）值

预定义的曲线和实际应用不符时，需要自定义定标曲线。

【例 2-1】　某用户要求，通过模拟量 AI1（端子 10、11）给定信号 6~12mA 时，变频器输出的转速是 -1500~1500r/min，低于 6mA 时会触发变频器的断线监控。试确定定标曲线。

解：由题意可知，与 6mA 对应的速度为 -1500r/min，与 12mA 对应的速度为 1500r/min，做出定标曲线如图 2-48 所示。

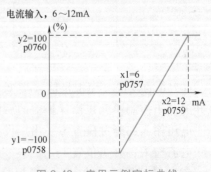

图 2-48　应用示例定标曲线

此时应设置的参数如下：

p0756[1]＝3，选择带监控的单极电流输入，同时把 DIP1 开关置于"I"位置。

第 1 个点坐标：p0757[1]＝6.000mA，p0758[1]＝-100.00%。

第 2 个点坐标：p0759[1]＝12.000mA，p0760[1]＝100.00%。

p2000＝1500r/min，参考速度。

p0761[0]＝6mA，端子 10、11 输入电流<6mA 会导致故障 F03505。

如果调节端子 10、11 上接的电流源使 r0752＝8mA，根据定标曲线计算出对应的转速为 -500r/min，这时观察 r0020 的值是-500r/min。

（3）模拟量输入端子功能预设置　确定模拟量输入的功能只需要将用户选择的 CI 与参数 r0755 相连，如图 2-49 所示。参数 r0755 的下标表示对应的模拟量输入，例如，r0755[0]表示模拟量输入 0，r0755[1]表示模拟量输入 1。变频器常用的模拟量输入 CI 见表 2-24。

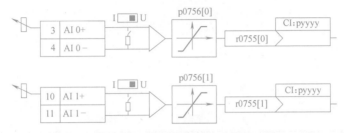

图 2-49　模拟量输入的功能图

表 2-24　变频器常用的模拟量输入 CI（选项）

CI	含　义	CI	含　义
p1070	主设定值	p1522	转矩上限
p1075	附加设定值	p2253	工艺控制器设定值 1
p1503	转矩设定值	p2264	工艺控制器实际值
p1511	附加转矩 1	—	—

修改模拟量输入功能的示例见表 2-25。

表 2-25　修改模拟量输入功能示例

示　例	使用 BOP-2 修改	使用 Startdrive 修改
模拟量输入 0 是主设定值的信号源　3 AI 0+ r0755 755[0] p1070	设置 p1070[0]＝755.0	单击图 2-40 中的标记❾处，在弹出的模拟量输入端子功能修改窗口❿中选择 p1070[0]

4. 数字量输出端子功能的预设置

可以将变频器当前的状态以数字量的形式用继电器输出，方便用户通过输出继电器的状态来监控变频器的内部状态量。数字量输出逻辑可以进行取反操作，即通过操作 p0748 的每一位更改，或者通过 Startdrive 软件在图 2-42 中单击输出反向的方框修改。3 路数字量输出端子对应的参数意义见表 2-26。

G120 变频器输出端子功能的预设置

表 2-26　继电器输出端子的参数意义及部分设定值

数字量输出编号	端子号	参数号	出厂值	说　明	输出状态
数字输出 0，DO0	18、19、20	p0730	52.3	变频器故障有效	继电器失电
数字输出 1，DO1	21、22	p0731	52.7	变频器报警有效	继电器得电
数字输出 2，DO2	23、24、25	p0732	52.2	变频器运行使能	继电器得电

　　如果需要修改数字量输出端子的功能，必须将数字量输出与选中的二进制互连输出 BO 连接在一起，才可以修改端子的功能，如图 2-50 所示。变频器常用数字量输出 BO 见表 2-27。

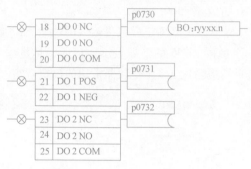

图 2-50　数字量输出功能图

表 2-27　变频器常用数字量输出 BO（选项）

BO	含　义	BO	含　义
0	禁用数字量输出	r0052.9	已请求控制
r0052.0	接通就绪	r0052.10	实际频率≥p1082（最大频率）
r0052.1	变频器运行就绪	r0052.11	报警：电动机电流/转矩限制
r0052.2	变频器运行使能	r0052.12	制动生效
r0052.3	出现变频器故障	r0052.13	电动机过载
r0052.4	OFF2 生效	r0052.14	电动机正转
r0052.5	OFF3 生效	r0052.15	变频器过载
r0052.6	"接通禁止"生效	r0053.0	直流制动生效
r0052.7	出现变频器报警	r0053.2	实际频率>p1080（最小频率）
r0052.8	"设定-实际值"偏差	r0053.6	实际频率≥设定值（设定频率）

　　修改数字量输出功能的示例见表 2-28。

表 2-28　修改数字量输出功能示例

示　例	使用 BOP-2 修改	使用 Startdrive 修改
通过数字量 DO1 报告故障 ⚠ r0052.3 — p0731 / 52.3 — 21/22 DO 1	设置 p0731 = 52.3	单击图 2-42a 中的标记❹处，在弹出的数字量输出端子功能修改窗口中更改输出功能

5. 模拟量输出端子功能的预设置

CU240E-2 提供两路模拟量输出：端子 12、13 和端子 26、27，相关参数以 [0] 和 [1] 下标区分。使用参数 p0776 确定模拟量输出的类型，模拟输出信号与所设置的物理量呈线性关系。

$p0776[x] = 0$，$0 \sim 20mA$ 电流输出（出厂设置）。

$p0776[x] = 1$，$0 \sim 10V$ 电压输出。

p0776[x] = 2，4~20mA 电流输出。

确定模拟量输出的功能只需要将用户选择的 CO 与参数 p0771 相连，如图 2-51 所示。参数 p0771 的下角表示对应的模拟量输入，例如，p0771[0]表示模拟量输出 0。变频器常用模拟量输出 CO 见表 2-29。

修改模拟量输出功能的示例见表 2-30。

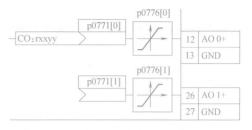

图 2-51　模拟量输出端子的功能图

表 2-29　变频器常用的模拟量输出 CO（选项）

CO	含　义	CO	含　义
r0021	转速实际值	r0026	经过滤波的直流母线电压
r0024	输出频率	r0027	已滤波的电流实际值
r0025	实际输出电压		

表 2-30　修改模拟量输出功能示例

示　例	使用 BOP-2 修改	使用 Startdrive 修改
通过模拟量输出 0 输出变频器的输出电流　|i|─ r0027 → p0771 27 → 12 AO 0+	设置 p0771[0] = 27	单击图 2-42b 中的标记⑤处，在弹出的数字量输出端子功能修改窗口中更改输出功能

任务 2.3.4　变频器的电流给定运行

一、任务导入

假设用模拟量 AI1 给定 6~12mA 电流信号，让变频器运行在 -1500~1500r/min 的输出速度范围，当给定电流信号小于 6mA 时，启动模拟输入的断线监控响应。外部端子 7 控制变频器起动，端子 8 控制应答故障，斜坡上升时间和斜坡下降时间均为 5s。输出端子显示变频器的运行状态、实际速度和电流值。

如果采用宏 12 对变频器进行控制，默认的预定义接口宏不能完全符合上述控制要求，必须根据需要通过 BICO 功能来调整变频器输入端子的功能。

二、任务实施

【训练设备、工具、手册或标准】

控制单元 CU240E-2 PN-F 1 个、功率模块 PM240-2（400V，0.55kW）1 个、三相异步电动机 1 台、安装有 TIA Portal V15 和 Startdrive V15 软件的计算机 1 台、网线 1 根、开关和按钮若干、0~20mA 电流源 1 个、《SINAMICS G120 变频器，配备控制单元 CU240B-2 和 CU240E-2 操作说明》、通用电工工具 1 套、GB/T 16895.6—2014《低压电气装置　第 5-52 部分：电气设备的选择和安装　布线系统》、GB/T 4728.2—2018《电气简图用图形符号第 2 部分：符号要素、限定符号和其他常用符号》。

1. 变频器的接线图

根据控制要求，变频器的接线图如图 2-52 所示。

电流给定
调节变频
器的速度

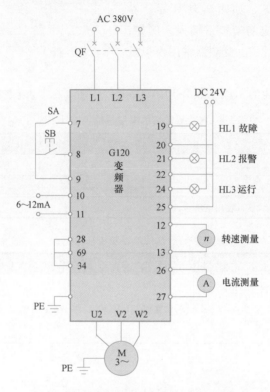

图 2-52 电流给定调节变频器速度的接线图

2. 设置变频器的参数

变频器参数设置见表 2-31。

表 2-31 电流给定调节变频器速度的参数设置

参数号	参数名称	出厂值	设定值	说　明
p0010	驱动调试参数筛选	1	1	开始快速调试
p0015	宏命令	7	12	驱动设备宏命令，这里选择宏 12
按照表 2-14，设置电动机的参数。电动机参数设置完成后，设置 p0010=0，变频器可正常运行				
p0840[0]	ON/OFF(OFF1)	2090.0	722.2	将端子 7(DI2)作为起动命令
p2103[0]	应答故障	2090.7	722.3	将端子 8(DI3)作为故障复位命令
p1070[0]	主设定值	2050.1	755.1	选择模拟量 AI1(端子 10、11)作为主设定值。同时将 DIP2 开关置于"I"位置
*p0730	端子 DO 0 的信号源	52.3	52.3	将端子 18～20 设置为故障有效
*p0731	端子 DO 1 的信号源	52.7	52.7	将端子 21、22 设置为报警有效
*p0732	端子 DO 2 的信号源	52.7	52.2	将端子 23～25 设置为运行使能
*p0771[0]	模拟量输出信号源 AO0	21	21	将端子 12、13 设置为实际转速测量
*p0771[1]	模拟量输出信号源 AO1	27	27	将端子 26、27 设置为实际电流测量

（续）

参数号	参数名称	出厂值	设定值	说　明
p1080[0]	最小转速	0.000	0.00	电动机的最小转速 0r/min
p1082[0]	最大转速	1500	1500.00	电动机的最大转速 1500r/min
p1120[0]	斜坡上升时间	10.000	5.000	斜坡加速时间（5s）
p1121[0]	斜坡下降时间	10.000	5.000	斜坡减速时间（5s）
p0756[1]	模拟量输入类型	4	3	选择带监控的单极电流输入，同时把 DIP1 开关置于"I"位置
p0757[1]	模拟量输入特性曲线值 x1	0.000	6.000	设定 AI1 通道给定电流的最小值为 6mA
p0758[1]	模拟量输入特性曲线值 y1	0.00	-100.00	设定 AI1 通道给定转速 1500r/min 对应的百分比为 100.00%
p0759[1]	模拟量输入特性曲线值 x2	10.000	12.000	设定 AI1 通道给定电流的最大值为 12mA
p0760[1]	模拟量输入特性曲线值 y2	100.00	100.00	设定 AI0 通道给定转速 1500r/min 对应的百分比为 100.00%
p0761[1]	模拟输入断线监控动作阈值	2.00	6	低于 6mA 时会触发变频器的断线监控
p2000[1]	参考转速	1500.00	1500.00	设置参考转速

注：带 * 号的参数是选择宏 12 后变频器自动设置的参数，不需要手动设置。

3. 操作运行

（1）起动　按图 2-52 所示的电路接好线，并将表 2-31 中的参数设置到变频器中。将端子 10、11 上的电流给定调节到 10mA，并将起动开关 SA 处于闭合，此时运行指示灯 HL3 点亮，变频器开始按照 p1120 设定的时间加速，最后稳定在 500r/min 的速度上，转速表和电流表显示变频器的实际转速和输出电流。

（2）调速　调节端子 10、11 上的电流给定在 9~12mA 之间，变频器在 0~1500r/min 之间运行；在 6~9mA 之间，变频器将在 -1500~0r/min 之间运行。根据变频器的模拟量给定电流与给定速度之间的线性关系，-1000r/min 对应的给定电流应该为 7mA，此时，找到监控参数 r0752[1]（显示模拟输入电流值），观察它的值是否等于 7mA，再找到监控参数 r0020（显示实际的转速设定值），观察它的值是否为 -1000r/min。

（3）断线监控　如果调节端子 10、11 上的电流源使其小于 6mA，变频器在 BOP-2 操作面板上显示 F3505 的断线故障代码，变频器输出端子 19、20 闭合，故障指示灯 HL1 点亮，变频器停止运行。这时需要将电流给定调节到 6~12mA 的范围内，然后按下端子 8 上的应答故障按钮 SB，故障代码 F3505 才会消失，HL1 熄灭，变频器才能再次运行。

（4）停止　断开起动开关 SA，电动机将停止运行。

任务 2.3.5　设置变频器的指令源和设定值源

一、任务导入

通过预定义接口宏可以定义变频器用什么信号控制起动，由什么信号来控制输出速度，在预定义接口宏不能完全符合控制要求时，必须根据需要通过 BICO 功能来调整指令源和设定值源。

二、任务实施

1. 变频器的指令源

指令源是指变频器收到控制命令的接口。在设置预定义接口宏 p0015 时，变频器会自动对指令源进行定义。在表 2-32 列出的参数设置中，r722.0、r722.2、r722.3、r2090.0 和 r2090.1 均为指令源。

修改指令源的方法有如下两种：

1）重新执行一次快速调试，另外选择一种变频器接口的分配方案。

2）调整各个数字量输入的功能，或者修改现场总线的接口。

变频器的
指令源和
设定值源

表 2-32　变频器的指令源

参数号	设定值	说　明
p0840	722.0	将数字输入 DI0 定义为起动命令
	2090.0	将现场总线控制字 1 的第 0 位定义为起动命令
p0844	722.2	将数字输入 DI2 定义为 OFF2 命令
	2090.1	将现场总线控制字 1 的第 1 位定义为 OFF2 命令
p2103	722.3	将数字输入 DI3 定义为故障复位

2. 设定值源

要调节变频器的输出转速，必须首先向变频器提供改变转速的信号，这个信号称为转速给定信号，又称为主设定值。变频器通过设定值源收到主设定值，设定值源如图 2-53 所示。当变频器有两个给定信号同时从不同的输入端输入时，其中必有一个为主设定值信号，另一个为附加设定值信号。附加设定值信号都是叠加到主设定值信号（相加或相减）上的。

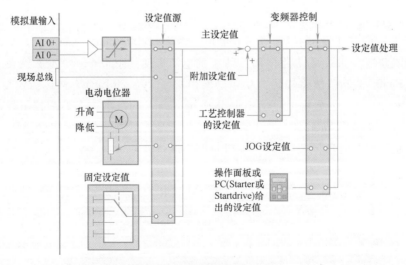

图 2-53　变频器的设定值源

主设定值的来源可以是：模拟量给定、电动电位器给定、固定转速给定和现场总线给定。上述来源也可以是附加设定值的来源。

在以下条件下，变频器控制会从主设定值切换为其他设定值：

1）相应互连的工艺控制器激活时，工艺控制器的输出会给定电动机转速。

2）JOG激活时。

3）由操作面板或PC工具Starter、Startdrive控制时。

在设置预定义接口宏p0015时，变频器会自动对设定值源进行定义。主设定值p1070的常用设定值源见表2-33。

表2-33 主设定值源

参数号	参数功能	设定值	说　明
p1070	主设定值	1050	将电动电位器作为主设定值
		755.0	将模拟量输入AI0作为主设定值
		755.1	将模拟量输入AI1作为主设定值
		1024	将固定转速作为主设定值
		2050.1	将现场总线作为主设定值

3. 设定值的处理

设定值的处理通过以下功能影响设定值：

1）取反设定值。该功能通过二进制信号取反设定值符号，以切换电动机旋转方向（反转）。只需将参数p1113和一个二进制信号互连，例如p1113 = 722.1，表示数字量输入DI1 = 0时，设定值保持不变；DI1 = 1时，则变频器对设定值取反。

2）禁止正/反旋转方向。在变频器出厂设置中，电动机的正/反旋转方向都已使能。如需禁用旋转方向，设置p1111（禁止正转）= 1，则禁用正旋转方向；设置p1110（禁止反转）= 1，则禁用反旋转方向。

例如，设置p1110 = 722.3，则当DI3 = 0时，表示反旋转方向已使能；当DI3 = 1时，表示反旋转方向已禁止。

该功能防止电动机在错误的方向上旋转，这在传送带、挤出机、泵或风扇应用中很有意义。

3）抑制带。抑制带能防止电动机在抑制带内持续运行。它是为了防止与机械系统的固有频率产生机械共振，可以使它跳过共振发生的转速点。变频器在预置跳跃转速时通常预置一个跳跃区间，G120变频器提供了4个抑制带，分别由p1091、p1092、p1093和p1094设置转速跳跃点，由p1101设置转速跳跃点带宽，如图2-54所示。如p1091 = 1220r/min，p1101 = 20r/min，则跳跃的范围是1200～1240r/min。

4）转速限制。能避免电动机及其驱动的负载出现过高或过低转速，需要设置最大转速

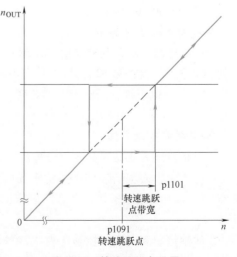

图2-54 转速跳跃点设置

p1082 和最小速度 p1080。

5）斜坡函数发生器。设定值通道中的斜坡函数发生器用于限制转速设定值的变化速率。这样电动机就可以平滑地加速、减速且生产设备也得到了保护。G120 变频器的斜坡函数发生器有两种类型：①简单斜坡函数发生器，限制加速度，但不限制加速度的变化（急动度），需要设置斜坡函数发生器的斜坡上升时间 p1120 和斜坡下降时间 p1121；②扩展斜坡函数发生器，不仅限制加速度，而且还通过设定值圆整对急动度进行限制，这样就不会突然形成电动机转矩。

除了设置 p1120 和 p1121，还需要设置斜坡函数发生器开始端平滑时间 p1130 和斜坡函数发生器结束端平滑时间 p1131。

任务 2.3.6　变频器的 2/3 线制控制

一、任务导入

变频器通过端子控制变频器起停运行有两大类控制方式：一类控制方式是通过两个控制指令对变频器进行控制，称为 2 线制控制；另一类是通过 3 个控制指令对变频器进行控制，称为 3 线制控制。

二、任务实施

【训练设备、工具、手册或标准】

控制单元 CU240E-2 PN-F 1 个、功率模块 PM240-2（400V，0.55kW）1 个、《SINAMICS G120 变频器，配备控制单元 CU240B-2 和 CU240E-2 操作说明》。

G120 变频器的 2 线制和 3 线制控制

如果选择通过数字量输入端子控制变频器起停，需要通过参数 p0015 定义数字量输入端子如何控制电动机起停、如何在正转和反转之间进行切换。有 5 种方法可用于控制电动机，其中 3 种方法通过两个控制指令进行控制（2 线制控制），2 种方法通过 3 个指令进行控制（3 线制控制）。

1. 2 线制控制方式

2 线制控制方式又叫开关信号控制方式。2 线制控制需要两个控制指令进行控制，接线图如图 2-55a 所示，宏 12、宏 17 和宏 18 属于 2 线制控制方式。如图 2-55b 所示，当端子 5 闭合时，电动机正转；当端子 6 闭合时，电动机反转。当端子 5 或端子 6 断开时，电动机停止运行。

2. 3 线制控制方式

3 线制控制方式又叫脉冲信号控制方式。3 线制需要 3 个控制指令进行控制，接线图如图 2-56a 所示，宏 19 和宏 20 都属于 3 线制控制方式。如图 2-56b 所示，当端子 5 闭合时，只需要给端子 6 或端子 7 一个脉冲信号，电动机就可以正转或反转，端子 5 断开，电动机停止运行。

2 线制控制和 3 线制控制见表 2-34。注意：宏 17 仅在电动机静止时变频器才会接收新指令，如果正转和反转指令同时接通电动机，电动机旋转方向以第一个为"1"的信号为

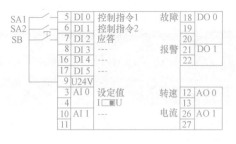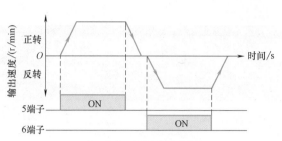

a) 宏12、宏17和宏18的接线图　　b) 宏17和宏18的控制信号状态

图 2-55　2 线制控制方式

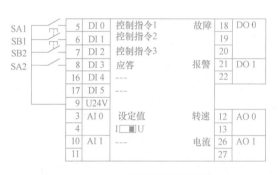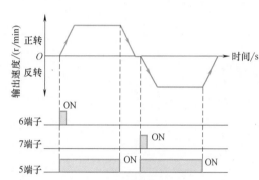

a) 宏19和宏20的接线图　　b) 宏19的控制信号状态

图 2-56　3 线制控制方式

准；宏 18 与宏 17 的不同是，在宏 18 中变频器可随时接收控制指令，与电动机是否旋转无关。如果正转和反转指令同时接通电动机，电动机停止运行。

表 2-34　2 线制和 3 线制控制

电动机动作 正转 停止 反转 停止	控制指令	对应宏
电动机ON/OFF 换向	2 线制控制，方法 1 1)接通和关闭电动机(ON/OFF1) 2)切换电动机旋转方向(反转)	宏 12
电动机ON/OFF/正转 电动机ON/OFF/反转	2 线制控制，方法 2 和方法 3 1)接通和关闭电动机(ON/OFF1)，正转 2)接通和关闭电动机(ON/OFF1)，反转	宏 17 宏 18
使能/电动机 OFF 电动机 ON/正转 电动机 ON /反转	3 线制控制，方法 1 1)使能电动机和关闭电动机(OFF1) 2)接通电动机(ON)，正转 3)接通电动机(ON)，反转	宏 19

（续）

电动机动作 正转 停止 反转 停止	控制指令	对应宏
使能/电动机 OFF 电动机通电 换向	3 线制控制,方法 2 1)使能电动机和关闭电动机(OFF1) 2)接通电动机(ON) 3)切换电动机旋转方向(反转)	宏 20

拓展链接

"知是行之始，行是知之成"，实践出真知。任务2.3涉及的知识点多，BICO 和 2、3 线制控制较难理解，只有将所学知识在变频器设备上不断实践，才能理解宏功能并熟练使用 Startdrive 软件调试变频器。学而思，思而践，践而悟，悟而学，如此循环，方能知行合一，达到灵活使用预定义接口宏，实现变频器的外部调速控制。

思考与练习

1. 填空题

（1）参数_____用来设置变频器的宏。只有在设置_____时才能更改宏参数。

（2）G120 变频器中设置起动命令的参数是_____，设置主设定值的参数是_____，设定值取反的参数是_____，应答故障的参数是_____。

（3）G120 变频器的调试工具有_____、_____、_____和_____。

（4）BICO 功能是一种把变频器内部_____和_____功能联系在一起的设置方法。

（5）BI 是二进制互连_____，通常与"_____参数"对应。BO 是二进制互连_____，通常与"_____参数"对应。CI 是_____互连输入，通常与"_____参数"对应。CO 是模拟量互连_____，通常与"_____参数"对应。

（6）端子 5 对应的状态位是_____，端子 16 对应的状态位是_____。

（7）如果将端子 8 预置为起动命令，应设置参数_____ = 722.3。如果将模拟量 AI0 作为主设定值源，应设置参数 p1070 = _____。

（8）模拟量给定方式即通过变频器的模拟量端子_____或_____从外部输入模拟量信号给定。如果选择电流给定，需要将 DIP 开关拨到_____位置。

（9）模拟量输入类型的选择参数是_____。

（10）主设定值的来源可以是_____给定、_____给定、_____给定和_____给定。

（11）某变频器需要预置跳跃区间为 1800～2200r/min，可预置的转速跳跃点 p1091 = _____（r/min），转速跳跃点带宽 p1011 = _____（r/min）。

2. 简答题

（1）模拟量给定时电压输入和电流输入的范围是多少？如何通过 DIP 开关设置电压输入和电流输入？如何标定模拟量特性曲线？

（2）什么是 2 线制控制和 3 线制控制？

（3）简述宏 17 和宏 18 的相同点和不同点。

3. 分析题

（1）变频器工作在手动操作模式，试分析在下列参数设置的情况下，变频器的实际运行速度。

1）预置最大转速参数 p1082 = 2800（r/min），最小转速参数 p1080 = 200（r/min），面板给定转速分别为 100r/min、1500r/min 和 3000r/min。

2）预置 p1082 = 2800（r/min），p1080 = 200（r/min），p1091 = 1220（r/min），p1101 = 20（r/min），面板给定速度见表 2-35，将变频器的实际输出速度填入表 2-35。

表 2-35　变频器的实际输出速度

给定速度/（r/min）	150	1200	1210	1220	1230	1240	2800	3000
输出速度/（r/min）								

（2）利用变频器外部端子实现电动机正转、反转和点动的功能，端子 5 为正转点动端子，端子 6 为反转点动端子，端子 7 为正转端子，端子 8 为反转端子，由端子 3、4 给定 2 ~ 10V 的模拟量电压信号，控制变频器在 0 ~ 2800r/min 之间调速。变频器斜坡上升时间和下降时间均为 4s，点动速度为 200r/min。试判断如何选择宏命令，画出变频器的接线图并进行参数设置。

任务 2.4　变频器的电动电位器给定运行

任务目标

1. 掌握升降速端子功能的参数设置。
2. 学会使用升降速端子功能实现水泵的恒压供水控制。

一、任务导入

恒压供水控制系统如图 2-57 所示。将水龙头关小时，出水口流量减小，管道中的水压增加；将水龙头开大时，出水口流量增加，管道中的水压减小。在管道上安装一个接点压力表，此压力表中安装有上限压力和下限压力触点。当压力表的指针达到上限触点位置时，将上限触点与端子 7 接通，水泵转速降低；压力表的指针下降到下限触点位置时，将下限触点与端子 6 接通，水泵转速升高。变频器利用接点压力表发出的上、下限压力信号调整水泵输出转速（压力高变频器降速，压力低变频器升速），使管道中的水压达到恒定（在一定压力范围）。

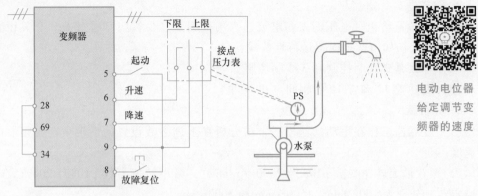

图 2-57　供水系统结构示意图

二、相关知识

1. 电动电位器（MOP）功能

变频器的电动电位器功能是指通过变频器的数字量端口的通断控制变频器速度升降的，又称为升降速端子功能。

电动电位器功能可用来模拟真实的电位器。电动电位器的输出值可通过控制信号"升高"和"降低"连续调整，如图 2-58 所示，需要设置的参数见表 2-36。

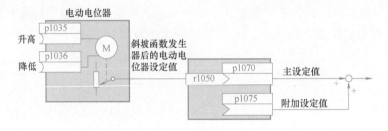

图 2-58　电动电位器设为设定值源

表 2-36　电动电位器给定时的参数设置

参数号	参数功能	设定值	说　　明
p1070	主设定值	1050	主设定值与电动电位器的输出端互连
p1035	电动电位器设定值升高	722.0～722.5	电动电位器设定值升高（出厂设置 0）。将该信号与用户选择的数字量输入互连：例如 p1035 = 722.1（DI1）
p1036	电动电位器设定值降低	722.0～722.5	电动电位器设定值降低（出厂设置 0）。将该信号与用户选择的数字量输入互连：例如 p1036 = 722.2（DI2）
p1037	电动电位器最大转速	0.000	MOP 最大转速，在调试时自动给定
p1038	电动电位器最小转速	0.000	MOP 最小转速，在调试时自动给定
p1040	电动电位器初始值	0.000	在电动机接通时生效的起始值。出厂设置：0r/min
p1047	电动电位器斜坡上升时间	10.000	MOP 加速时间，出厂设置：10s
p1048	电动电位器斜坡下降时间	10.000	MOP 减速时间，出厂设置：10s

2. 宏 9-电动电位器

宏 9 的接线图如图 2-59 所示。电动机的起停通过数字量输入 DI0 控制。转速通过电动电位器调节，数字量输入 DI1 接通，电动机正向升速（或反向减速），数字量输入 DI2 接通，电动机正向减速（或反向升速）。电动电位器给定的调速的功能图如图 2-60 所示。

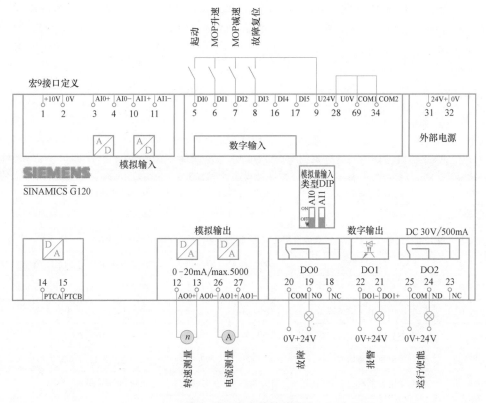

图 2-59　宏 9 的接线图

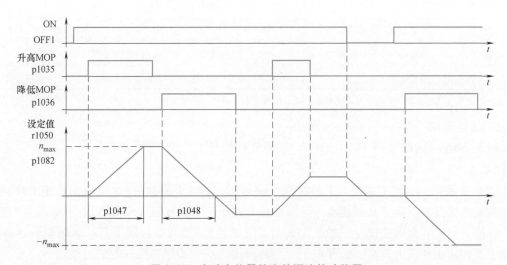

图 2-60　电动电位器给定的调速的功能图

三、任务实施

【训练设备、工具、手册或标准】

控制单元 CU240E-2 PN-F 1 个、功率模块 PM240-2（400V，0.55kW）1 个、三相异步电动机 1 台、安装有 TIA Portal V15 和 Startdrive V15 软件的计算机 1 台、网线 1 根、开关和按钮若干、《SINAMICS G120 变频器，配备控制单元 CU240B-2 和 CU240E-2 操作说明》、通用电工工具 1 套、GB/T 16895.6—2014《低压电气装置 第 5-52 部分：电气设备的选择和安装 布线系统》。

1. 接线

如图 2-57 所示，具体步骤略。

2. 参数设置（见表 2-37）

表 2-37 恒压供水的参数设置

参数号	参数名称	出厂值	设定值	说　明
p0010	驱动调试参数筛选	1	1	开始快速调试
p0015	宏命令	7	9	驱动设备宏命令，这里选择宏 9
按照表 2-14 设置电动机的参数。电动机参数设置完成后，设置 p0010＝0，变频器可正常运行				
* p0840[0]	ON/OFF（OFF1）	2090.0	722.0	将端子 5（DI0）作为起动命令
* p1035[0]	电动电位器设定值升高	2090.13	722.1	将端子 6（DI1）作为升速命令
* p1036[0]	电动电位器设定值降低	2090.13	722.2	将端子 7（DI2）作为降速命令
* p2103[0]	应答故障	2090.7	722.3	将端子 8（DI3）作为故障复位命令
p1040	电动电位器初始值	0.000	200.000	电动电位器初始值为 200r/min
p1047	电动电位器斜坡上升时间	10.000	5.000	MOP 加速时间
p1048	电动电位器斜坡下降时间	10.000	5.000	MOP 减速时间
* p1070[0]	主设定值	2050.1	1050	MOP 作为主设定值
p1037[0]	电动电位器最大转速	0.000	1500.00	电动机的最大转速 1500r/min
p1038[0]	电动电位器最小转速	0.000	200.00	电动机的最小转速 200r/min
p2000[0]	参考转速	1500.00	1500.00	设置参考转速

注：表中带 * 号的参数是选择宏 9 后变频器自动设置的参数，不需要手动设置。

3. 运行操作

（1）起动　如图 2-57 所示，闭合端子 5 上的开关，变频器以 200r/min 的初始速度运行。

（2）速度调节　按下端子 7 上的按钮（模拟压力表的上限触点），变频器转速下降，水泵的转速和流量也下降，从而使压力下降，松开端子 7 上的按钮，变频器保持松开时的速度运行；按下端子 6 上的按钮（模拟压力表的下限触点），变频器转速上升，水泵的转速和流量也上升，从而使压力升高，松开端子 6 上的按钮，变频器保持松开时的速度运行。

（3）停止　断开端子 5 上的开关，变频器停止运行。

思考与练习

1. 填空题

（1）如果将端子8设置为升速命令，应设置参数 p1035 = _____。如果将端子16设置为降速命令，应设置参数 p1036 = _____。

（2）电动电位器给定的调速范围假设为 −1000 ~ 1000r/min，需要应设置参数 _____ = −1000（r/min），_____ = 1000（r/min）。

（3）电动电位器给定时，应设置参数 p1070 = _____。

2. 简答题

模拟量输入电压给定与电动电位器给定中，哪一种给定方法最好？为什么？

任务2.5　变频器的多段速运行

任务目标

1. 了解 G120 变频器多段速控制的两种方法。
2. 学会变频器多段速控制宏命令的接线图。
3. 能进行变频器多段速控制的参数设置。
4. 培养学生严谨细致、耐心专注的工匠精神。

任务 2.5.1　多段速功能预置

一、任务导入

在工业生产中，由于工艺的要求，很多生产机械在不同的阶段需要电动机在不同的转速下运行，例如车床主轴变频、龙门刨床主运动、高炉加料料斗的提升等。针对这种情况，所有的变频器都提供了多段速控制功能，通过变频器数字量输入端子的通断组合可以实现多段速控制。

二、任务实施

【训练设备、工具、手册或标准】

控制单元 CU240E-2 PN-F 1 个、功率模块 PM240-2（400V，0.55kW）1 个、《SINAMICS G120 变频器，配备控制单元 CU240B-2 和 CU240E-2 操作说明》。

多段速功能也称作固定转速，就是在设置参数 p1000 = 3 的条件下，用数字量端子选择固定设定值的组合，实现电动机多段速度运行，与固定转速相关的宏有宏1、宏2和宏3。

1. 固定转速给定

固定转速给定调节变频器的速度时，只需要将主设定值与固定转速互连，即设置参数

p1070 = 1024，如果设置 p1075 = 1024，则附加设定值与固定转速互连，如图 2-61 所示。通过变频器输入端子所接开关的不同组合方式选择已经设置好的固定转速设定值，需要将转速固定设定值选择位参数 p1020~p1023 与数字量输入端子的状态参数 r722.0~r722.5 互连。

图 2-61　固定转速设为设定值源

　　G120 变频器提供了两种选择固定设定值的方法：一种是直接选择，另一种是二进制选择。

2. 直接选择

　　在这种操作方式下，一个数字量输入选择一个固定设定值，如图 2-62 所示。端子与参数设置对应表见表 2-38。多个数字输入量同时激活时，选定的设定值是对应固定设定值的叠加。通过设置 1~4 个数字量输入信号，可得到最多 15 个不同的设定值，采用直接选择模式需要设置 p1016 = 1。

直接选择的多段速控制

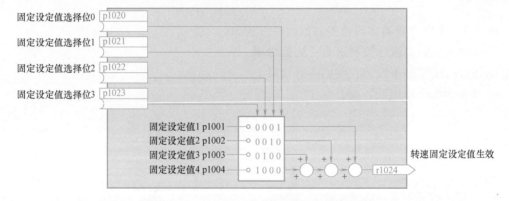

图 2-62　直接选择固定设定值的简易功能图

表 2-38　直接选择方式端子与参数设置对应表

参　　数	参数名称	对应速度设定值参数	说　　明
p1020	转速固定设定值选择位 0	p1001	固定设定值 1
p1021	转速固定设定值选择位 1	p1002	固定设定值 2
p1022	转速固定设定值选择位 2	p1003	固定设定值 3
p1023	转速固定设定值选择位 3	p1004	固定设定值 4

　　【例 2-2】　两个转速固定值的直接选择电动机应以如下方式采用两种不同的转速运行：通过 DI0 接通电动机，选择 DI1 将电动机加速到 300r/min，选择 DI2 将电动机加速到 2000r/min，选择 DI3 使电动机反转。

　　解：根据控制要求，变频器的接线图如图 2-63 所示，参数设置见表 2-39。端子 5 闭合，如果端子6同时闭合，电动机将以300r/min运行；端子5、7同时闭合，电动机将以2000r/min运行；如果端子5~7同时闭合，电动机将以2300r/min运行。

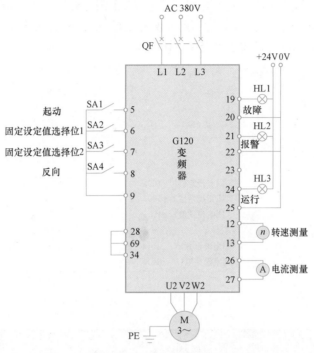

图2-63　直接选择示例

表2-39　直接选择示例的参数设置

参数号	参数名称	出厂值	设定值	说　明
p0010	驱动调试参数筛选	1	1	开始快速调试
p0015	宏命令	7	2	驱动设备宏命令，这里选择宏2
电动机参数设置完成后，设p0010=0，变频器可正常运行				
p840	ON/OFF(OFF1)	2090.0	722.0	将端子5(DI0)作为起动命令
p1020	转速固定设定值选择位0	0	722.1	将端子6(DI1)与固定设定值1互连
p1021	转速固定设定值选择位1	0	722.2	将端子7(DI2)与固定设定值2互连
p1113	设定值取反	2090.11	722.4	将端子8(DI3)作为电动机反向命令
p1070	主设定值	2050.1	1024	转速固定设定值作为主设定值
p1001	转速固定设定值1	0.000	300.000	设置转速固定设定值1(r/min)
p1002	转速固定设定值2	0.000	2000.000	设置转速固定设定值2(r/min)
p1016	转速固定设定值选择模式	1	1	转速固定设定值模式(出厂设置:1)。该参数值为1时，对应直接选择方式;该参数值为2时，对应二进制选择方式
p1000	转速设定值选择	2	3	选择转速固定设定值
p1080[0]	最小转速	0.000	0.000	电动机的最小转速0r/min
p1082[0]	最大转速	1500	3000.000	电动机的最大转速3000r/min
p1120[0]	斜坡上升时间	10.000	5.000	斜坡上升时间(5s)
p1121[0]	斜坡下降时间	10.000	4.000	斜坡下降时间(5s)

3. 二进制选择

4 个数字量输入通过二进制编码方式选择固定设定值，这 4 个选择位的不同组合（p1020、p1021、p1022 和 p1023）最多可以选择 15 个固定转速，由 p1001~p1015 指定多段速中的某个固定设定值，如图 2-64 所示。数字量输入不同的状态对应的固定设定值见表 2-40。采用二进制选择模式需要设置 p1016 = 2。

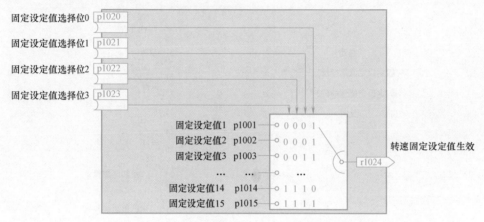

图 2-64 二进制选择固定设定值的简易功能图

表 2-40 15 段固定转速控制状态表

序号	P1023 选择的 DI 状态	P1022 选择的 DI 状态	P1021 选择的 DI 状态	P1020 选择的 DI 状态	对应转速参数	参数功能
1	0	0	0	1	p1001	设置固定转速 1
2	0	0	1	0	p1002	设置固定转速 2
3	0	0	1	1	p1003	设置固定转速 3
4	0	1	0	0	p1004	设置固定转速 4
5	0	1	0	1	p1005	设置固定转速 5
6	0	1	1	0	p1006	设置固定转速 6
7	0	1	1	1	p1007	设置固定转速 7
8	1	0	0	0	p1008	设置固定转速 8
9	1	0	0	1	p1009	设置固定转速 9
10	1	0	1	0	p1010	设置固定转速 10
11	1	0	1	1	p1011	设置固定转速 11
12	1	1	0	0	p1012	设置固定转速 12
13	1	1	0	1	p1013	设置固定转速 13
14	1	1	1	0	p1014	设置固定转速 14
15	1	1	1	1	p1015	设置固定转速 15

任务 2.5.2 变频器的 7 段速运行

一、任务导入

现有某变频器控制系统，要求用 3 个端子实现 7 段速控制，运行速度分别为 200r/min、

500r/min、600r/min、800r/min、900r/min、1200r/min 和 1500r/min。变频器的最大速度和最小速度分别为 1500r/min 和 0r/min，斜坡加、减速时间为 5s。试判断使用哪个宏命令，画出变频器的接线图并进行参数设置。

二、任务实施

【训练设备、工具、手册或标准】

控制单元 CU240E-2 PN-F 1 个、功率模块 PM240-2（400V，0.55kW）1 个、三相异步电动机 1 台、安装有 TIA Portal V15 和 Startdrive V15 软件的计算机 1 台、网线 1 根、开关和按钮若干、《SINAMICS G120 变频器，配备控制单元 CU240B-2 和 CU240E-2 操作说明》、通用电工工具 1 套、GB/T 16895.6—2014《低压电气装置 第 5-52 部分：电气设备的选择和安装 布线系统》、GB/T 4728.2—2018《电气简图用图形符号 第 2 部分：符号要素、限定符号和其他常用符号》。

1. 变频器接线图

根据任务要求，变频器需要 7 段速运行，因此，用 6~8 这 3 个端子就可以实现 7 段速组合运行，变频器的接线图如图 2-65 所示。

二进制选择的多段速功能

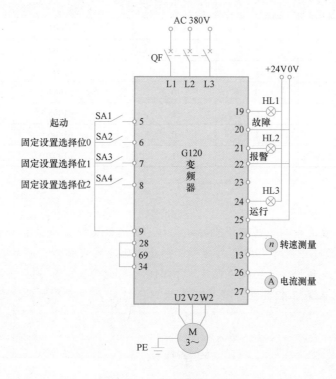

图 2-65 7 段速控制接线图

2. 参数设置（表 2-41）

3. 运行操作

SA1 一直闭合，按照表 2-42 对变频器端子 6~8 上的开关 SA2~SA4 进行操作，将对应的转速填入表 2-42 中。

表 2-41　7 段速控制参数设置

参数号	参数名称	出厂值	设定值	说　明
p0015	宏命令	7	3	驱动设备宏命令，这里选择宏 3
p0840	ON/OFF(OFF1)	2090.0	722.0	将端子 5(DI0)作为起动命令
p1020	转速固定设定值选择位 0	0	722.1	将端子 6(DI1)与固定设定值 1 互连
p1021	转速固定设定值选择位 1	0	722.2	将端子 7(DI2)与固定设定值 2 互连
p1022	转速固定设定值选择位 2	0	722.3	将端子 8(DI3)与固定设定值 3 互连
p1070	主设定值	2050.1	1024	转速固定设定值作为主设定值
p1001 ~ p1007	转速固定设定值 1~7	0.000	200、500、600、800、900、1200、1500	设置 p1001 ~ p1007 分别等于 200r/min、500r/min、600r/min、800r/min、900r/min、1200r/min 和 1500r/min
p1016	转速固定设定值选择模式	1	2	选择二进制选择模式
p1000	转速设定值选择	2	3	选择转速固定设定值

表 2-42　7 段速固定转速控制状态表

序号	端子 8 (SA4)	端子 7 (SA3)	端子 6 (SA2)	对应转速所设置的参数	固定转速 /(r/min)
1	0	0	1	p1001	
2	0	1	0	p1002	
3	0	1	1	p1003	
4	1	0	0	p1004	
5	1	0	1	p1005	
6	1	1	0	p1006	
7	1	1	1	p1007	

拓展链接

　　直接选择控制方式和二进制选择控制方式都可以通过变频器的 3 个数字量输入端子实现 7 段速，但前者 7 段速中的 4 个段速是其中 3 个独立速度的代数和，而后者的 7 个速度是独立的。变频器多段速的控制方式主要取决于 p1016 参数的设置，其速度与数字量输入端子的对应关系见表 2-38 和表 2-42，在设置参数和操作运行时要准确、细致、专注、耐心，否则有可能出现"失之毫厘，差之千里"的情况。

思考与练习

1. 填空题

（1）固定转速给定调节变频器的速度时，只需要将主设定值与固定转速互连，即设置参数 p1070 = _____。

（2）G120 变频器提供了两种选择固定设定值的方法：一种是 _____；另一种是 _____。

（3）G120变频器多段速控制采用直接选择模式需要设置_____，采用二进制选择模式需要设置_____。

2. 简答题

某一变频器由外端子控制起停，由变频器外端子（3个）实现3段速控制，运行速度分别为100r/min、200r/min和350r/min，最大转速和最小转速分别为1000r/min和0r/min，斜坡加减速时间为5s。试判断使用哪个宏命令，画出变频器的接线图并设置参数。

3. 分析题

用4个开关控制变频器实现电动机12段速运转。12段速设置分别为500r/min、1000r/min、1500r/min、−1500/min、−500r/min、−2000r/min、2500r/min、400r/min、450r/min、300r/min、−300r/min、600r/min。试判断使用哪个宏命令，画出变频器的接线图并设置参数。

任务 2.6　变频器的 PID 功能运行

任务目标

1. 了解 PID 闭环控制系统的组成。
2. 学会变频器 PID 控制时的接线方法。
3. 能进行变频器 PID 控制功能的调试。
4. 培养学生的大局意识、爱岗敬业精神和团结协作精神。

任务 2.6.1　认识变频器的 PID 工艺控制器

一、任务导入

在自动控制系统中常采用的 P（比例）、I（积分）和 D（微分）控制方式，称为 PID 控制。PID 控制是连续控制系统中技术最成熟、应用最广泛的控制方式，具有理论成熟、算法简单、控制效果好以及容易掌握等优点。在过程工业、建筑技术以及供水与处理环节中，要求系统的被控量（例如容器中的液位、室内或冷却回路中的温度、供水系统中的压力和流量、停车场和隧道中的空气质量等）恒定，而负载在运行过程中不可避免受到一些不可预见的干扰，系统的被控量易失去平衡而出现振荡，和目标值（也叫设定值）存在偏差。对于该偏差，经过 PID 调节，可以迅速、准确地消除系统的偏差，恢复到设定值。

二、任务实施

1. PID 控制原理

（1）PID 控制系统的构成　如图 2-66 所示，负反馈闭环控制系统由控制器（见图 2-66 中的点画线框）、执行器（电动机）和检测元件组成。控制系统随时将被控量的实际值检测信号（即反馈值 X_F）通过检测元件反馈到输入端，与被控量的设定值 X_T（即目标信号）进行比较，如果有偏差 ΔX 存在，则 PID 调节器会及时调整，使控制系统的被控量在任何干扰情况下都能够迅速而准确地达到预定的控制目标，最终使控制系统稳定运行。PID 控制器就是根据系统的偏差，利用比例（P）、积分（I）和微分（D）的调节功能减小直至消除偏差的控制，适用于流量、压力和温度控制等过程控制。

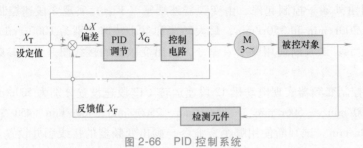

图 2-66   PID 控制系统

拓展链接

　　负反馈控制系统是按偏差进行控制的，它的特点是不论什么原因使被控量偏离目标值出现偏差时，必定会产生一个相应的控制作用去降低或消除这个偏差，使被控量与目标值趋于一致。控制系统如此，立德树人的教育更是如此。坚持四个自信，培养学生正确的价值观是教育的根本目标，要多渠道建立精度较高的反馈环节，不断将学生的人生观、价值观与社会主义核心价值观进行比较，利用好课堂教学这个主渠道，高校、教师承担好育人责任，及时调整学生的思想偏差，守好一段渠、种好责任田，使价值塑造、知识传授和能力培养同向同行，最终达到立德树人的目标。

　　（2）PID 控制的作用

　　1）比例（P）控制。比例控制是一种最简单的控制方式，如放大器、减速器和弹簧等。比例控制按比例反映系统的偏差，系统一旦出现了偏差，比例控制立即产生调节作用以减少偏差。当仅有比例控制时，系统输出存在稳态误差 ε（又叫静差）。

　　比例增益 K_P 的大小决定了实际值接近目标值的快慢和偏差的大小，K_P 越大，比例作用越强，稳态误差越小，系统响应越快；反之，稳态误差越大。K_P 过大会使系统产生较大的超调和振荡，导致系统的稳定性能变差。

　　2）积分（I）控制。积分控制主要用于消除稳态误差提高系统的无差度。积分控制作用的存在与偏差的存在时间有关，只要系统存在偏差，积分环节就会不断起作用，对输入偏差进行积分，使控制器的输出不断变化，产生控制作用以减小偏差。在积分时间足够的情况下，积分控制可以完全消除稳态误差，这时积分控制作用将维持不变。

　　积分作用的强弱取决于积分时间常数 T_I，T_I 越大，系统稳定性增加，但是调节速度变慢；T_I 越小，系统稳定性降低，甚至振荡发散。积分作用常与另两种调节规律结合，组成 PI 调节器或 PID 调节器。

　　3）微分（D）控制。微分作用反映系统偏差信号的变化率，具有预见性，能预见偏差变化的趋势，因此能产生超前的控制作用，在偏差还没有形成之前，已被微分调节作用消除。因此，微分控制可以改善系统的动态性能。在微分时间选择合适的情况下，可以减少超调，减少调节时间。微分作用对噪声干扰有放大作用，因此过强地加微分调节，对系统抗干扰不利。此外，微分反映的是变化率，而当输入没有变化时，微分作用输出为零。微分时间

常数 T_D 越大，微分作用越强，响应速度越快，系统越稳定。微分作用不能单独使用，需要与另外两种调节规律相结合，组成 PD 或 PID 控制器。

对于 PID 控制，在控制偏差输入为阶跃信号时，立即产生比例和微分控制作用。由于在偏差输入的瞬时，变化率非常大，微分控制作用很强，此后微分控制作用迅速衰减，但积分作用越来越大，直至最终消除静差。PID 控制综合了比例、积分和微分 3 种作用，既能加快系统响应速度、减小振荡、克服超调，又能有效消除稳态误差，系统的静态和动态品质得到很大改善，因而 PID 控制器在工业控制中得到了最广泛的应用。

拓展链接

PID 调节中，比例控制可以快速消除误差，但容易产生稳态误差；积分控制可以消除稳态误差，但容易产生积分饱和；微分作用可以快速克服干扰的影响，但容易引起振荡。比例控制、积分控制和微分控制，必须相结合才能发挥作用。每个人在做一件事情时，单凭一己之力难以做好，要以己之长克彼之短，各司其职、爱岗敬业、团结协作才能做成大事。

2. G120 变频器的 PID 工艺控制器

G120 变频器内部有 PID 工艺控制器。利用 G120 变频器可以很方便地构成 PID 闭环控制系统，PID 控制原理简图如图 2-67 所示。在系统要求不高的控制中，可以不用微分功能，因为反馈信号的每一点变化都会被控制器的微分作用放大，从而可能引起控制器输出不稳定。

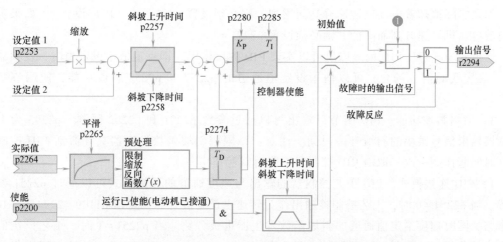

图 2-67　工艺控制器的 PID 控制原理简图

同时满足以下条件时，变频器会采用初始值：

1）工艺控制器提供主设定值（p2251＝0）。

2）工艺控制器的斜坡函数发生器输出端还没有到达初始值。

（1）PID 控制器的设置要点

1）使能 PID 控制功能。设置 p2200＝1 时，激活 PID 工艺控制器。这时如果将数字量输入端子，比如端子 5（p0840＝722.0）闭合，当前变频器为 PID 控制运行。此时，p1120 和 p1121 中设定的常规斜坡时间及常规的主设定值即自动被禁止。

2）设定值（目标值）和反馈值（实际值）的设置。PID 调节的依据是反馈值和设定值之间进行比较的结果。因此准确地预置设定值和反馈值是十分重要的。在图 2-67 中，p2253 为设定值通道，通过参数 p2255 和 p2256 可以缩放设定值，通过参数 p2257 和 p2258 可以规定设定值的加速和减速时间。p2264 为实际值反馈通道，当模拟量波动较大时，可适当加大滤波时间 p2265，确保系统稳定。在实际应用中，设定值和实际值主要通过以下 4 种方式提供：

① 模拟量输入端 r755.0 和 r755.1。通过模拟量通道 0 和模拟量通道 1 设定 PID 控制的设定值或实际值，应设置参数 p2253 = 755.0 或 755.1，p2264 = 755.0 或 755.1。

② 电动电位器 r2250。通过 p2235 和 p2236 使工艺控制 MOP 设定值或实际值升高或降低，应设置参数 p2253 = 2250，p2264 = 2250。

③ 自有的固定值 r2224。工艺控制器固定值 p2201 ~ p2215 与工艺控制器的设定值或实际值互连，应设置参数 p2253 = 2224，p2264 = 2224。工艺控制器固定值选择位 p2220 ~ p2223 = 1 时，选择 p2201 ~ p2215 的值作为固定设定值或实际值。固定值有两种方法：当 p2216 = 1 时，为直接选择方法；当 p2216 = 2 时，为二进制选择方法。

④ 现场总线 r2050 和 r2051。变频器的设定值和实际值都可以通过现场总线接收和发送。当 p2253 = 2050 时，工艺控制器的设定值为用于连接现场总线控制器接收到的字格式 PZD（设定值）；当 p2264 = 2051 时，工艺控制器的实际值为选择将要发送给现场总线控制器的字格式 PZD（实际值）。

通过 p2271 = 1 可以将工艺控制器实际值取反，是否取反取决于实际值信号的传感器类型。如果实际值随着电动机转速升高而增加，则必须设置 p2271 = 0（出厂设置）；如果实际值随着电动机转速升高而降低，则必须设置 p2271 = 1。

通过 p2306 = 1，PID 偏差取反可以实现 PID 的反作用（即反馈低于设定值时，变频器减速）。在突变的信号场合，可以使用设定值通道的 p2257 和 p2258 斜坡功能，使调节变化缓慢。

3）限幅斜坡功能。PID 调节后输出可以通过参数 p2291 和 p2292 限制。p2293 为工艺控制器输出信号限幅的斜坡升降时间。注意：该限幅斜坡函数发生器只在激活 PID 控制时上升时间起作用一次，取消 PID 控制时下降时间起作用一次。

4）PID 连接模式。PID 工艺控制器的输出与速度通道的连接模式可以通过 p2251 参数设置。当 p2251 = 0 时，工艺控制器输出作为转速主设定值（总设定值 p1109 = 2294），p1070 被旁路，同时速度给定值通道的斜坡函数发生器也被旁路。当 p2251 = 1 时，工艺设定值输出作为转速附加值（转速控制器转速设定值 p1155 = 2294），同时 p1070 的给定通道仍然起作用。

（2）PID 控制器的主要参数　PID 控制器的主要参数包括设定值通道、反馈值通道、比例、积分和微分的参数，具体见表 2-43。

表 2-43　PID 工艺控制器的主要参数

参数号	参 数 名 称	说　　明
p2200	工艺控制器使能	当 p2200 = 1 时，使能 PID 工艺控制器；当 p2200 = 0 时，禁用 PID 工艺控制器。出厂设置：0
p1070	主设定值	p1070 = 2294，转速主设定值与工艺控制器的输出 r2294 互连

（续）

参数号	参数名称	说　明
p2251	工艺控制器模式	设置工艺控制器输出的应用模式,p2200>0,p2251＝0或1才生效 0:工艺控制器作为转速主设定值 1:工艺控制器作为转速附加设定值
p2253	工艺控制器设定值1	确定工艺控制器的设定值 示例:p2253＝2224,固定设定值p2201与工艺控制器的设定值互连。 p2220＝1:固定设定值p2201被选中 出厂设置:0
p2264	工艺控制器实际值	确定工艺控制器的实际值。出厂设置:0
p2257	工艺控制器上升时间	确定设定值通道的斜坡上升时间和斜坡下降时间
p2258	工艺控制器下降时间	出厂设置:0.0s
p2274	工艺控制器的 微分时间常数	设定工艺控制器的微分时间常数 T_D,出厂设置:0.0s,微分功能关闭 微分可改善反应比较迟缓的控制数据的控制性能,如温度控制
p2280	工艺控制器的比例增益	设定工艺控制器的比例增益 K_P,出厂设置:1.0
p2285	工艺控制器的积分时间	设定工艺控制器的积分时间 T_I,出厂设置:30s 当p2285＝0时,积分时间关闭,控制器无法实现设定值与实际值之间的 无差控制

（3）PID控制器参数的调节方法

1）比例增益 K_P。比例增益 K_P（p2280）的作用是使控制器的输入、输出成比例关系，一旦有偏差立即会产生控制作用，当偏差为0时，控制作用也就为0。因此，比例控制是基于偏差进行调节的，是有差调节，为了尽量减少偏差，同时也为了加快响应速度，缩短调节时间，需要增大 K_P；但是 K_P 又受到系统稳定性的限制，不能随意增大，如果系统容易遭受突然跳变的反馈信号，一般情况下应将比例项设定为较小的数值（0.5），同时积分项 T_I 应设定得较快，才能得到优化的控制特性。

2）积分时间 T_I。PID的积分作用（p2285）是为了消除稳态误差而引入的，然而积分的引入使响应的快速性下降，稳定性变差，尤其在大偏差阶段的积分往往使系统的响应出现过大的超调，调节时间变长，因此可以通过增大积分时间 T_I 来减少积分作用，从而增加系统的稳定性。

3）微分时间参数 T_D。微分作用（p2274）能够根据偏差变化趋势做出反应，加快了对偏差变化的反应速度，能够有效地减少超调，缩小最大动态偏差；但同时又使系统容易受到高频干扰的影响。通常情况下，并不投入微分项（即 p2274＝0）。

因此，只有合理地整定这3个参数，才能获得比较满意的控制性能。

任务2.6.2　变频器的单泵恒压供水控制

一、任务导入

图2-68所示为G120变频器构成的恒压供水控制系统，为了保证出水口压力恒定，采用

压力传感器装在水泵附近的出水管，压力传感器的量程为 0~1MPa，测得的压力转化为 4~20mA 的电流信号作为反馈信号的实际值。利用变频器内置 PID 工艺控制器，将来自压力传感器的实际值与压力设定值（为 0.6MPa）比较运算，它的结果作为速度指令输送给变频器，调节水泵的转速使供水管道压力保持恒定。

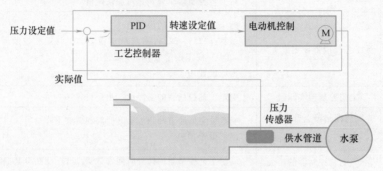

图 2-68　变频器的恒压供水系统示意图

二、任务实施

【训练设备、工具、手册或标准】

控制单元 CU240E-2 PN-F 1 个、功率模块 PM240-2（400V，0.55kW）1 个、三相异步电动机 1 台、安装有 TIA Portal V15 和 Startdrive V15 软件的计算机 1 台、网线 1 根、压力传感器（4~20mA）1 个、开关和按钮若干、《SINAMICS G120 变频器，配备控制单元 CU240B-2 和 CU240E-2 操作说明》、通用电工工具 1 套、GB/T 13466—2006《交流电气传动风机（泵类、空气压缩机）系统经济运行通则》。

1. 硬件电路

图 2-69 所示为变频器恒压供水的接线图，模拟量端子 3、4（AI0）接入 PID 工艺控制器的设定值 0~10V 的电压信号，对应 0~1MPa 的压力给定信号，同时将 AI0 通道上的拨码开关 DIP 置于"U"位置。模拟量端子 10、11（AI1）接入反馈信号 4~20mA 的电流信号，对应的压力为 0~1MPa，同时将 AI1 通道上的 DIP 拨码开关置于"I"位置；端子 5 控制变频器起停，端子 6 控制变频器进行故障复位。

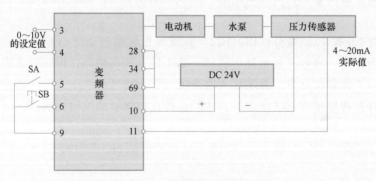

图 2-69　变频器恒压供水接线图

2. 参数设置

1）参数复位。恢复变频器工厂默认值。设置 p0010 = 30 和 p0970 = 1，保证变频器的参数恢复到工厂设置。

2）设置电动机参数。根据实际电动机的铭牌，参考表2-14设置电动机参数。

3）设置PID工艺控制器参数，见表2-44。通过Startdrive软件进行PID工艺控制器参数设置并监控PID运行时的状态，如图2-70所示。

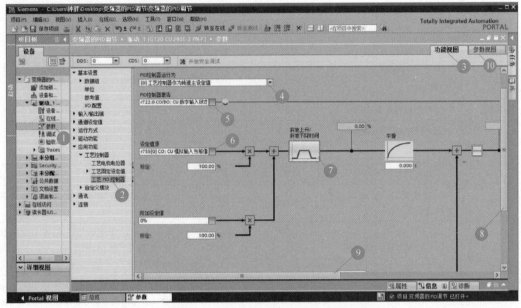

图2-70　PID工艺控制器参数设置画面

① 在项目树下单击标记❶处的"参数"。

② 单击画面右侧"应用功能"下的"工艺PID控制器"。

③ 单击"功能视图"。

④ 在参数设置界面标记❹~❼处分别设置p2251、p2200、p2253、p2257和p2258等参数。

表2-44中其他参数的设置需要拖拽标记❽和❾处的垂直滚动条以及水平滚动条或单击标记❿处的"参数视图"在相应位置处进行设置。

表 2-44　恒压供水控制系统的参数设置

参数号	参数名称	出厂值	设定值	说明
控制参数				
p0015	宏文件驱动设备	7	12	选择宏12
p0756[0]	模拟输入类型	4	0	0~10V 电压设定信号接入 AI0，DIP 开关置于"U"位置
p0756[1]	模拟输入类型	4	3	4~20mA 电流反馈信号接入 AI1，DIP 开关置于"I"位置
p0840	ON/OFF1	2090.1	722.0	端子5作为起动信号
p2103	应答故障	2090.7	722.1	端子6作为故障复位信号
p1070	主设定值	2050.1	2294	转速主设定值与工艺控制器的输出 r2294 互连

（续）

参数号	参数名称	出厂值	设定值	说明
控制参数				
p2200	工艺控制器使能	0	1	使能 PID 工艺控制器
p2251	工艺控制器模式	0	0	工艺控制器作为转速主设定值
设定值参数				
p2253	工艺控制器设定值 1	0	755.0	AI0 作为 PID 设定值
p2255	工艺控制器设定值 1 比例系数	100.00	100.00	设定值缩放比例系数为 100%
p2257	工艺控制器上升时间	1.0	1.0	PID 设定值的斜坡上升时间为 0.1s
p2258	工艺控制器下降时间	1.0	1.0	PID 设定值的斜坡下降时间为 0.1s
实际值参数				
p2264	工艺控制器实际值	0	755.1	AI1 作为 PID 实际值
p2265	工艺控制器实际值滤波器时间常数	0.000	0.1	工艺控制器实际值滤波器的时间常数为 0.1s
p2267	工艺控制器实际值上限	100.00	100.00	工艺控制器实际值上限为 100%，如果实际值超出该上限，则导致故障 F07426
p2268	工艺控制器实际值下限	-100.00	0.00	工艺控制器实际值下限为 0%，如果实际值超出该下限，则导致故障 F07426
p2271	工艺控制器实际值取反	0	0	选择工艺控制器的实际值信号不取反
限制工艺控制器的输出参数：出厂时工艺控制器的输出被限制在正反转最大转速之内				
p2297	工艺控制器的最大限制信号源	1084[0]	2291	将上限与 p2291 互连
p2298	工艺控制器的最小限制信号源	1087[0]	2292	将下限与 p2292 互连
p2291	工艺控制器的最大极限	100.00	100.00	设置工艺控制器输出的上限为 100%
p2292	工艺控制器的最小极限	0.00	0.00	设置工艺控制器输出的下限为 0%
PID 参数				
p2274	工艺控制器的微分时间常数	0.000	0.000	微分不起作用
p2280	工艺控制器的比例增益	1.000	0.5（推荐）	设定工艺控制器的比例增益 K_P
p2285	工艺控制器的积分时间	30.000	10（推荐）	设定工艺控制器的积分时间 T_I

3. 运行操作

1）闭合开关 SA 时，端子 5 为 ON，变频器起动电动机，当反馈的电流信号发生改变时，将会引起电动机转速的变化。

当用水量增加、压力下降时，反馈的电流信号就会小于目标值 60%，PID 调节器使变频器输出转速增加，电动机拖动水泵加速，水压增大；反之，当用水量减少时，水压上升，反馈的电流信号就会大于目标值 60%，PID 调节器使变频器输出转速减小，电动机拖动水泵减速，水压减小。如此反复，可使变频器达到一种动态平衡状态，从而保证供水管道的压力恒定。

2）在变频器运行操作中，分别按以下两组参数值修改变频器的参数。

① 目标值 p2253＝50%（5V），比例增益 p2280＝10，积分时间 p2285＝30。

② 目标值 p2253＝50%（5V），比例增益 p2280＝30，积分时间 p2285＝10。

重新运行变频器，观察变频器调节过程的变化。

总之，在系统反应太慢时，应调大比例增益 p2280，或减小积分时间 p2285；在发生振荡时，应调小比例增益 p2280，或加大积分时间 p2285。

3）断开开关 SA，端子 5 为 OFF，电动机停止运行。

思考与练习

1. 填空题

（1）固定转速给定调节变频器的速度时，只需要将主设定值与固定转速互连，即设置参数 p1070＝_____。

（2）在 PID 控制功能中，P 是_____调节，I 是_____调节，D 是_____调节。

（3）PID 工艺控制器设定值 1 的参数是_____，PID 工艺控制器实际值的参数是_____，它们主要通过_____、_____、_____和_____ 4 种方式提供。

（4）在 PID 控制中，如果设定值和实际值都采用模拟量输入通道给定，设定值应该送到变频器的端子_____，实际值应该送到变频器的端子_____。

（5）在变频器恒压供水系统中，压力传感器的作用是_____。

（6）如果实际值随着电动机转速升高而增加，则必须设置 p2271＝_____；如果实际值随着电动机转速升高而降低，则必须设置 p2271＝_____。

（7）在 PID 调节中，比例增益 K_P 越大，比例作用越强，稳态误差_____，系统响应_____；反之，稳态误差_____。K_P 过大会使系统产生较大的_____和_____，导致系统的稳定性能变差。

（8）积分控制主要用于消除_____，微分作用反映系统偏差信号的_____，具有预见性，能预见偏差变化的趋势，因此能产生_____的控制作用。

（9）设置_____时，激活 PID 工艺控制器。

2. 简答题

（1）PID 工艺控制器模式选择参数 p2251 设置为 0 和 1 的主要区别是什么？

（2）恒压变频供水控制系统在运行时，压力时高时低，是什么原因引起的？如何解决？在运行过程中，压力发生变化后，恢复过程较慢，如何解决？

项目3
PROJECT 3

PLC控制变频器的典型应用

任务3.1　离心机的多段速变频控制

任务目标

1. 掌握变频器与 PLC 的连接方式。
2. 掌握离心机的硬件电路和软件编程。
3. 学会离心机多段速变频控制的安装与调试方法。
4. 培养学生严谨认真、注重细节的工匠精神。

一、任务导入

某化工厂的工业离心机如图 3-1 所示。工业离心机主要是通过离心力的作用将固体和液体分离，离心机的离心釜是实现固液分离的主要部件，由一台三相异步电动机通过传动带传动。根据工艺要求，离心机一般分为几段不同的转速运行，以达到分离效果。在开始阶段，物料主要是固液混合物，起动负载较大，转速较低，随后逐步提高转速，当达到一定转速时，液体在离心力的作用下由离心机外侧流出。具体控制要求如下：按下起动按钮，电动机以 500r/min 运行，20s 后以 550r/min 运行，以后每隔 20s，增加 50r/min，直到 800r/min 运行；按下停止按钮，电动机停止运行。

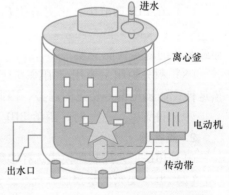

图 3-1　工业离心机的结构示意图

离心机的多
段速控制

二、相关知识

一个 PLC 变频控制系统通常由 3 个部分组成，即变频器本体、PLC、变

— 100 —

频器与 PLC 的接口电路。

PLC 变频控制系统硬件结构中最重要的是接口电路。根据不同的信号连接，接口分为数字量连接、模拟量连接和通信连接 3 种方式，其中通信连接方式将在任务 3.4 的相关知识中介绍。

1. S7-1200 PLC 与 G120 变频器的数字量连接方式

PLC 的数字量输出端子一般可以与变频器的开关量输入端子直接相连，通过 PLC 控制变频器正反转、点动、多段速及升降速运行。西门子 S7-1200 PLC 一般有继电器输出型和晶体管输出型两种，它们和变频器输入端子的连接方式有所不同。

（1）S7-1200 继电器输出型 PLC 与变频器的连接方式　对于继电器输出型的 PLC，输出端子可以和变频器的输入端子直接相连，如图 3-2 所示。S7-1200 继电器输出型 PLC 与 G120 变频器的数字量输入端子相连，需要将 PLC 的输出端子 Q 与变频器的输入端子 5~7 相连接，PLC 输出的公共端 1L 与变频器的 24V 电源端子 9 相连，同时将端子 28、69、34 短接。

（2）S7-1200 晶体管输出型 PLC 与变频器的连接方式　S7-1200 晶体管输出型 PLC 的输出为 PNP 方式，G120 变频器的默认输入为 PNP 方式，因此电平是可以兼容的。由于 Q0.0（或者其他输出点输出时）输出的其实就是 24V 信号，又因为 PLC 与变频器有共同的 0V，所以当 Q0.0（或者其他输出点）输出时，就等同于端子 5（或者其他开关量输入）与变频器的端子 9（24V）连通。硬件接线图如图 3-3 所示。

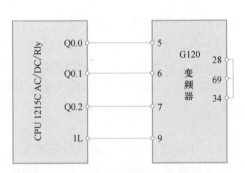

图 3-2　S7-1200 继电器输出型 PLC 与
G120 变频器的数字量接线方式

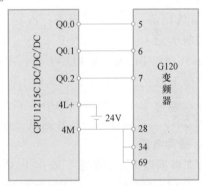

图 3-3　S7-1200 晶体管输出型 PLC
与变频器的数字量接线方式

⚠ 注　意

PLC 为晶体管输出时，其端子 4M（0V）必须与西门子变频器的端子 28、34、69（0V）短接；否则，PLC 的输出不能形成回路。

2. S7-1200 PLC 与变频器的模拟量连接方式

变频器中也存在一些数值型（转速、电压和电流）指令信号的模拟量输入（如给定设定、反馈信号等），这些模拟量输入通过西门子变频器的接线端子（端子 3 和 4、端子 10 和 11）由外部给定，通常采用 PLC 的模拟量输出模块 SM1232 给变频器提供输入信号，如图 3-4 所示，由西门子 SM1232 模拟量输出模块输出 0~10V 的电压信号（端子 0、0M）或 0~20mA 的电流信号（端子 1、1M）送入西门子变频器的端子 3、4 或端子 10、11 之间，从而实现 PLC 的模拟量输出模块与变频器的模拟量输入端子的连接。

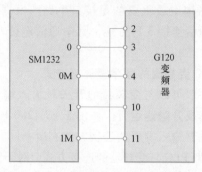

图 3-4　西门子 SM1232 模拟量输出模块与变频器模拟输入端的连接方式

⚡ **注　意**

　　接线时一定要把变频器的端子 2（模拟 0V）和端子 4、11 短接，同时设置参数 p0756 [0] 和 p0756 [1] 选择端子 3、4 为电压输入，端子 10、11 为电流输入。

三、任务实施

【训练设备、工具、手册或标准】

控制单元 CU240E-2 PN-F 1 个、功率模块 PM240-2（400V，0.55kW）1 个、西门子 CPU1215C AC/DC/Rly 的 PLC 1 台、三相异步电动机 1 台、安装有 TIA Portal V15 和 Start-drive V15 软件的计算机 1 台、网线 1 根、接触器 1 个、开关和按钮若干、《SINAMICS G120 变频器，配备控制单元 CU240B-2 和 CU240E-2 操作说明》、通用电工工具 1 套、GB/T 37391—2019《可编程序控制器的成套控制设备规范》。

1. 硬件电路

首先根据以上控制要求，确定 PLC 的输入、输出，并给这些输入、输出分配地址。采用西门子 CPU1215C AC/DC/Rly 继电器输出型 PLC，变频器采用西门子 CU240E-2 PN-F 的控制单元，多段速控制的 I/O 分配见表 3-1。

表 3-1　离心机多段速控制的 I/O 分配

输　　入			输　　出		
输入继电器	输入元件	作　　用	输出继电器	输出元件	作　　用
I0.0	SB1	变频器上电	Q0.0	5	速度选择 1
I0.1	SB2	变频器失电	Q0.1	6	速度选择 2
I0.2	SB3	起动	Q0.2	7	速度选择 3
I0.3	SB4	停止	Q0.3	8	起停
I0.4	19、20	故障信号	Q1.0	KM	接通 KM

根据 I/O 分配表，画出离心机多段速控制电路如图 3-5 所示。在图 3-5 中，将变频器的故障输出端子 19、20 分别接到 PLC 的 I0.4 端子和 +24V 电源端子上，故障复位按钮 SB 接变频器的端子 16，用来给变频器复位。

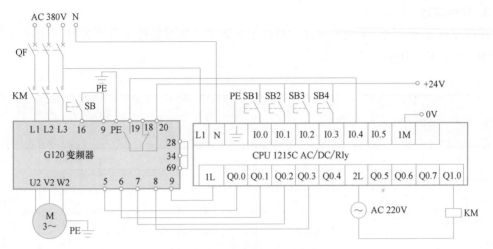

图 3-5　离心机多段速控制电路图

拓展链接

在图 3-5 中，PLC 的 Q0.0～Q0.3 这组输出用的是 DC 24V 电源，将端子 1L 接到变频器的端子 9 上，并且要将端子 28、34、69 短接，否则 PLC 与变频器之间形成不了闭合回路，无法实现变频器的多段速控制。PLC 与变频器联机控制的接线图较为复杂，要认真核对 PLC和变频器设备上的端子标号，注重细节，在接线过程中严格按照 GB/T 37391—2019 规范进行操作。

2. 参数设置

变频器需要实现多段速运行，因此需要设置表 3-2 的参数。

表 3-2　离心机多段速控制参数设置

参数号	参数名称	出厂值	设定值	说　明
p0015	宏命令	7	3	驱动设备宏命令,这里选择宏 3
p1020	转速固定设定值选择位 0	0	722.0	将端子 5 作为固定设定值选择位 0
p1021	转速固定设定值选择位 1	0	722.1	将端子 6 作为固定设定值选择位 1
p1022	转速固定设定值选择位 2	0	722.2	将端子 7 作为固定设定值选择位 2
p0840	ON/OFF（OFF1）	2090.0	722.3	将端子 8 作为起动命令
p1070	主设定值	2050.1	1024	转速固定设定值作为主设定值
p1001～p1007	转速固定设定值 1～7	0.000	500、550、600、650、700、750、800	设置转速固定设定值 1～7 分别为 500r/min、550r/min、600r/min、650r/min、700r/min、750r/min 和 800r/min
p1016	转速固定设定值选择模式	1	2	选择二进制选择模式
p1000	转速设定值选择	2	3	选择转速固定设定值
p1080	最小转速	0.000	0.000	设置电动机的最小转速 0r/min
p1082	最大转速	1500.000	1500.000	设置电动机的最大转速 1500r/min
p1120	斜坡上升时间	10.000	5.000	斜坡上升时间 5s
p1121	斜坡下降时间	10.000	5.000	斜坡下降时间 5s
p2000	参考转速	1500.00	1500.00	设置参考转速 1500r/min

3. 程序设计

根据控制要求可知，不同时间段对应的变频器端子状态和转速见表 3-3。利用触点比较指令编写的控制程序如图 3-6 所示。

表 3-3　不同时间段对应的变频器端子状态以及转速

时　间	ON/OFF1 选择的端子 8 状态（Q0.3）	p1022 选择的端子 7 状态（Q0.2）	p1021 选择的端子 6 状态（Q0.1）	p1020 选择的端子 5 状态（Q0.0）	对应转速参数	对应速度/(r/min)
T1<20s	1	0	0	1	p1001	500
20s≤T1<40s	1	0	1	0	p1002	550
40s≤T1<60s	1	0	1	1	p1003	600
60s≤T1<80s	1	1	0	0	p1004	650
80s≤T1<100s	1	1	0	1	p1005	700
100s≤T1<120s	1	1	1	0	p1006	750
120s≤T1≤140s	1	1	1	1	p1007	800

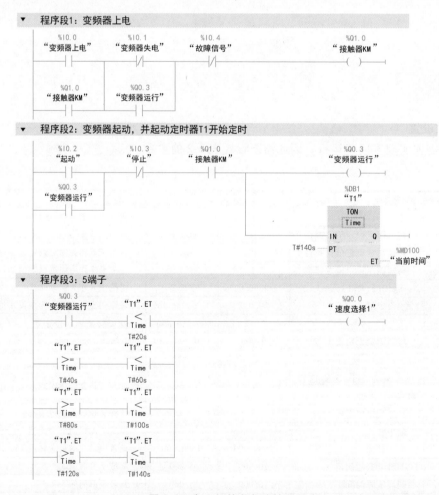

图 3-6　离心机的多段速控制程序

图 3-6　离心机的多段速控制程序（续）

4. 运行操作

1）合上 QF，给 PLC 上电，把图 3-6 所示的程序下载到 PLC 中。

2）单击 TIA Portal V15 编程软件工具栏中的"启动 CPU"图标，使 PLC 处于"RUN"状态，PLC 上的 RUN 指示灯点亮。此时按下 SB1（I0.0），Q1.0 为"1"，接触器 KM 线圈得电，3 对主触点闭合，变频器上电。

3）将 G120 变频器恢复出厂设置，然后将表 3-2 中的参数写入变频器中。

4）变频器运行。当按下按钮 SB3（I0.2）时，Q0.3 得电并自锁，端子 8 接通，变频器起动，同时 Q0.0 为"1"，接通变频器的端子 5，变频器以 500r/min 运行，以后每隔 20s，输出继电器 Q0.0、Q0.1、Q0.2 都会按照表 3-3 的组合规律接通变频器的端子 5~7，速度会依次按照 550r/min、600r/min、650r/min、700r/min、750r/min 和 800r/min 运行，最后稳定在 800r/min 上。

5）变频器停止运行。按下停止按钮 SB4（I0.3）或变频器发生故障（I0.4），变频器停止运行。

思考与练习

1. 填空题

（1）一个 PLC 变频控制系统通常由 3 个部分组成，即_____、_____和_____。

（2）PLC 与变频器的接线方式有_____、_____和_____。

2. 简答题

如果将离心机的控制要求变为：按下起动按钮，电动机以 500r/min 运行，20s 后以 550r/min 运行，30s 后以 800r/min 运行，然后再以 500r/min 重复上述过程；按下停止按钮，离心机停止运行。如何修改程序？硬件电路和参数设置需要改变吗？

3. 分析题

用 PLC、变频器设计一个刨床的控制系统。控制要求如下：刨床工作台由一台电动机拖动，当刨床在原点位置（原点为左限与上限位置，车刀在原点位置时，原点指示灯亮）时，按下起动按钮，刨床工作台按照图 3-7 所示的速度曲线运行。试画出 PLC 与变频器的原理图，设置变频器的参数并编写 PLC 程序。

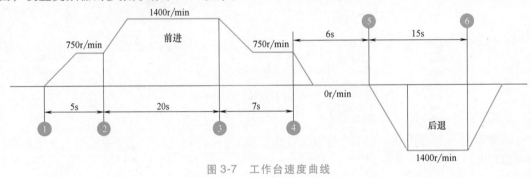

图 3-7　工作台速度曲线

任务 3.2　风机的变频/工频自动切换控制

任务目标

1. 掌握变频器输出端子转速到达功能的设置。

2. 学会利用变频器转速到达功能控制变频/工频切换的方法。

3. 能完成风机变频/工频切换硬件电路的安装并能调试程序。

4. 培养学生的节能意识，践行绿色发展观。

一、任务导入

风机是依靠输入的机械能提高气体压力并排送气体的机械。在风机的传统控制方式中，风量一般采用风门挡板控制，拖动风机的电动机是定速运行的。随着变频器的广泛应用，现在很多风机的电动机都采用变频器控制，通过变频器调节风机的运行速度，从而调节风量的大小。风机是二次方律负载，转矩与转速的二次方成正比，轴功率与转速的三次方成正比。当所需风量减小、风机的转速下降时，功率按转速的三次方下降，因此风机采用变频调速后节能效果非常可观。

拓展链接

风机的工频和变频切换控制

变频器在风机、水泵等负载中的节能极为有效，特别是 SINAMICS 家族，节能最高可达 50%，是各种节能改造的最佳选择。它独特的节能计算设计软件 SinaSave 可通过互联网免费计算出电气传动系统的节能潜力，使节能一目了然。具有再生能量回馈功能的 SINAMICS G120D 变频器能够把电动机的制动能量回馈到电网中，而不是在制动电阻中消耗，可节约电能多达 50%。随着"十四五"规划的落地，碳达峰、碳中和将成为新时代的焦点话题，全面节能降耗、绿色可持续发展的理念被提升到新的高度。而变频器作为电动机驱动和节能的装置，不仅在传统工业中有大量的需求，同时在新能源和电气化方面更是有着广阔的可探索空间。

现有一台风机，采用变频器控制风机的运行，由模拟量输入端子 3、4 控制变频器的输出转速。当变频器风机的运行速度达到 1400r/min 时，则变频器停止运行，将风机自动切换到工频运行。另外，当风机运行在工频状态时，如果工作环境要求它进行无级调速，此时必须将风机由工频自动切换到变频状态运行。

二、任务实施

【训练设备、工具、手册或标准】

控制单元 CU240E-2 PN-F 1 个、功率模块 PM240-2（400V，0.55kW）1 个、西门子 CPU1215C AC/DC/Rly 的 PLC 1 台、三相异步电动机 1 台、安装有 TIA Portal V15 和 Start-drive V15 软件的计算机 1 台、网线 1 根、接触器 1 个、开关和按钮若干、《SINAMICS G120 变频器，配备控制单元 CU240B-2 和 CU240E-2 操作说明》、通用电工工具 1 套、GB/T 13466—2006《交流电气传动风机（泵类、空气压缩机）系统经济运行通则》。

1. 硬件电路

根据控制要求，工频/变频自动切换控制的 I/O 分配见表 3-4。

表 3-4 风机工频/变频自动切换控制的 I/O 分配

输　　入			输　　出		
输入继电器	输入元件	作　用	输出继电器	输出元件	作　用
I0.0	SB1	起动	Q0.0	5	变频器起动
I0.1	SB2	停止	Q0.1	HL1	工频运行指示
I0.2	SA	工频	Q0.2	HL2	变频运行指示
I0.3	SA	变频	Q0.5	KM1	控制变频器接电源
I0.4	19	转速到达设定值	Q0.6	KM2	控制电动机工频运行
I0.5	FR	电动机过载保护	Q0.7	KM3	控制电动机变频运行

根据 I/O 分配表，风机工频/变频自动切换控制电路如图 3-8 所示。SB1 和 SB2 控制系

统起停，变频器通过电位器 RP 进行调速，SA 进行工频和变频选择，接触器 KM2 控制电动机在工频情况下运行；KM1、KM3 控制电动机在变频情况下运行。风机的工频/变频切换信号来自连接到 PLC 的 I0.4 输入端子上的变频器输出端子 19，需要将端子 19 对应的参数 p0730 预置为 53.4，当变频器的实际转速大于转速阈值 p2155 = 1400（r/min）时，变频器的转速到达端子 19、20 闭合，将电动机由变频运行自动切换到工频运行。

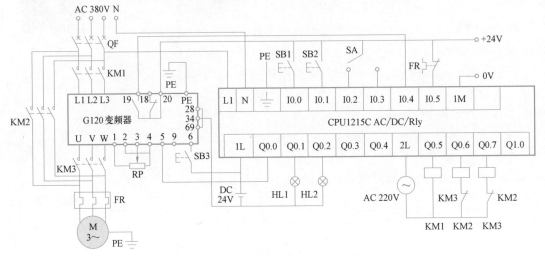

图 3-8　风机工频/变频自动切换电路图

2. 参数设置

参数设置见表 3-5。

表 3-5　风机的工频/变频自动切换参数设置

参数号	参数名称	出厂值	设定值	说　明
p0015	宏命令	7	12	驱动设备宏命令，这里选择宏 12
p0840[0]	ON/OFF（OFF1）	2090.0	722.0	将端子 5 作为起动命令
p2103[0]	应答故障	2090.7	722.1	将端子 6 作为故障复位命令
p1070[0]	主设定值	2050.1	755.0	选择模拟量 AI0（端子 3、4）作为主设定值
p1080[0]	最小转速	0.000	0.00	设置允许的电动机最小转速，电动机的最小转速 0r/min
p1082[0]	最大转速	1500.00	1500.00	设置允许的电动机最大转速，电动机的最大转速 1500r/min
p1120[0]	斜坡上升时间	10.000	5.000	斜坡上升时间 5s
p1121[0]	斜坡下降时间	10.000	5.000	斜坡下降时间 5s
p0756[0]	模拟输入类型	4	0	AI0 通道选择 0~10V 电压输入，同时将 DIP 开关 AI0/1 调节到位置 "U" 上
p0757[0]	模拟量输入特性曲线值 x1	0.000	0.000	设定 AI0 通道给定电压的最小值 0V
p0758[0]	模拟量输入特性曲线值 y1	0.00	0.00	设定 AI0 通道给定转速的最小值 0r/min 对应的百分比 0%
p0759[0]	模拟量输入特性曲线值 x2	10.000	10.000	设定 AI0 通道给定电压的最大值 10V

（续）

参数号	参数名称	出厂值	设定值	说　明
p0760[0]	模拟量输入特性曲线值 y2	100.00	100.00	设定 AI0 通道给定转速的最大值 1500r/min 对应的百分比 100%
p0730[0]	选择数字输出 1 的功能	52.3	53.4	将 DO0 输出端子设置为转速实际值>转速阈值 p2155 的功能
p2140	转速回差 2	90.00	100.00	设置转速实际值>转速阈值 p2155 的转速回差 H（带宽）。转速实际值>p2155 = 1400r/min 时，DO0 = 1；转速实际值 ≤ 1400r/min − 100r/min = 1300r/min 时，则 DO0 = 0
p2155	转速阈值 2	900.00	1400.00	变频器运行在 1400r/min 时，进行工频切换，因此将转速阈值 2 设定为 1400r/min
p2000[0]	参考转速	1500.00	1500.00	设置参考转速

3. 程序设计

风机工频/变频自动切换控制程序如图 3-9 所示。

图 3-9　风机控制程序

4. 运行操作

1）合上 QF，给 PLC 上电，把图 3-9 所示的程序下载到 PLC 中。

2）工频运行。将选择开关 SA 置于工频位置（即 I0.2 闭合）。如图 3-9 中的程序段 1 所示，此时按下 SB1（I0.0），Q0.6 为 "1"，接触器 KM2 线圈得电，其 3 对主触点闭合，电动机工频运行。同时 Q0.1 为 "1"，工频指示灯点亮。按下停止按钮 I0.1 或电动机过载（I0.5 断开），Q0.6 为 "0"，停止工频运行。

3）变频运行。如图 3-9 中的程序段 2 所示，将选择开关 SA 置于变频位置（即 I0.3 闭合），Q0.5、Q0.7 同时为 "1"，接触器 KM1 和 KM3 得电，给变频器上电，将表 3-5 中的参数输入到变频器中。图 3-9 的程序段 3 中，按下起动按钮 SB1（I0.0），Q0.0 为 "1"，接通变频器的端子 5，变频器开始运行，同时 Q0.2 为 "1"，变频器运行指示灯 HL2 点亮。调节电位器 RP 就可以调节变频器的运行速度，当变频器的实际运行速度达到 1400r/min 时，实际转速与转速阈值相等，变频器的输出端子 19、20 闭合（即 I0.4 为 "1"）。如图 3-9 中的程序段 4 所示，辅助继电器 M10.0 为 "1"，程序段 2 中的 M10.0 常闭触点断开，Q0.5 和 Q0.7 为 "0"，接触器 KM1 和 KM3 失电，将变频器从电动机上切除；同时接通定时器 T1，延时 10s 后，在程序段 1 中的常开触点闭合，Q0.6 为 "1"，将电动机切换为工频运行。

当电动机切换为工频运行时，由操作工将控制系统的选择开关置于工频位置。

4）变频器停止。电动机变频运行时，不能通过程序段 2 中的 I0.3 停止变频器的供电电源，因为此时 Q0.0 常开触点处于闭合状态。只有在程序段 3 中按下停止按钮 I0.1，让 Q0.0 变为 "0"，常开触点断开，才能停止变频器的供电电源。

5）变频运行与工频运行时的互锁。控制电动机工频运行的 Q0.6（控制接触器 KM3）与变频运行的 Q0.7（控制接触器 KM2）在程序段 1 和程序段 2 中通过 Q0.6 和 Q0.7 的常闭触点实现软件互锁，在硬件电路中，通过 KM2 和 KM3 的常闭触点实现电气互锁。

思考与练习

简答题

（1）变频与工频切换中，当变频器的输出频率达到 1400r/min，使用输出继电器 DO1（端子 21、22）或输出继电器 DO2（端子 23~25），如何设置变频器的参数？实际设置并调试。

（2）变频和工频切换中，一旦变频器发生故障，需要将电动机由变频运行自动切换到工频运行，如何设置变频器的参数？如何修改图 3-8 和图 3-9 所示的硬件电路及程序？

任务 3.3　验布机本地/远程无级调速切换控制

任务目标

1. 了解 S7-1200 PLC 模拟量模块的特点及接线。
2. 掌握 PLC 模拟量模块控制变频器的程序编写方法。
3. 能完成验布机硬件电路的安装并能调试程序。

一、任务导入

验布机是服装行业生产前对棉、毛、麻、丝绸、化纤等特大幅面、双幅和单幅布进行瑕疵检测的一套必备的专用设备。根据检验人员的熟练程度、布匹的种类不同，验布机对速度的要求不同。

1）验布机采用变频器控制，起动和停止分别通过与PLC连接的按钮实现。

2）变频器的速度控制分为本地和远程两种，通过选择开关进行切换。

3）当选择开关置于"本地"时，端子5控制变频器起停，转速通过电动电位器调节，端子15控制变频器升速，端子16控制变频器减速。

4）当选择开关置于"远程"时，端子5控制变频器起停，转速通过PLC的模拟量输出模块给变频器的端子3、4电压信号进行调节，整个验布机分为3个工作速度：1速为450r/min、2速为900r/min、3速为1200r/min。

二、相关知识

在工业控制中，某些输入量（如压力、温度、流量和转速等）是连续变化的模拟量，某些执行机构（如伺服电动机、调节阀和变频器等）要求PLC输出模拟量信号。而PLC的CPU只能处理数字量。模拟量首先被传感器和变换器转换为标准的电压或电流信号，例如0~20mA、0~10V、4~20mA，PLC用A/D转换器将它们转换为数字量；D/A转换器将PLC的数字量转换为模拟电压或电流信号，再去控制执行机构。

模拟量模块的主要任务就是完成A/D转换（模拟量输入）和D/A转换（模拟量输出）。

1. S7-1200 PLC 模拟量 I/O 模块的类型

（1）模拟量I/O模块的功能

1）模拟量输入（A/D转换）模块：将现场仪表输出的（标准）模拟量信号0~20mA、4~20mA、±2.5V、±5V和±10V等转化为PLC可以处理的一定位数的数字信号，如图3-10a

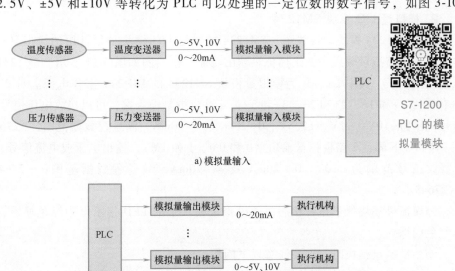

a）模拟量输入

b）模拟量输出

图 3-10　模拟量 I/O 示意图

所示，S7-1200 PLC 可以通过 MOVE 指令读取 A/D 转换的结果。

2）模拟量输出（D/A）模块：将 PLC 处理后的数字信号转换为现场仪表可以接收的标准信号 0~20mA、4~20mA 和 ±10V 模拟信号输出，如图 3-10b 所示，S7-1200 PLC 可以通过 MOVE 指令向模拟量输出模块中写入模拟量的数值。

（2）模拟量 I/O 模块的类型　S7-1200 PLC 的模拟量模块包括模拟量输入模块 AI（SM1231）、模拟量输出模块 AO（SM1232）和模拟量 I/O 模块 AI/AO（SM1234）。各模块的型号、I/O 点数及量程范围见表 3-6。

表 3-6　S7-1200 PLC 的模拟量模块总览表

功能	模块类型	通道数	类型范围	满量程范围（数据字）
AI	SM1231 AI4×13 位	4AI	电压或电流：可 2 个选为 1 组 范围：±10V、±5V、±2.5V、0~ 20mA、4~20mA	电压：-27648~27648 电流：0~27648
	SM1231 AI8×13 位	8AI		
	SM1231 AI4×16 位	4AI	电压或电流：可 2 个选为 1 组 范围：±10V、±5V、±2.5V、 ±1.25V、0~20mA 或 4~20mA	电压：-27648~27648 电流：0~27648
AO	SM1232 AO2×14 位	2AO	电压或电流：±10V 或 0~20mA 电压：14 位；电流：13 位	电压：-27648~27648 电流：0~27648
	SM1232 AO4×14 位	4AO		
AI/AO	SM1234 AI4×13 位/ AO2×14 位	4AI	±10V、±5V、±2.5V、0~20mA、 4~20mA	电压：-27648~27648 电流：0~27648
		2AO	电压或电流：±10V 或 0~20mA	电压：-27648~27648 电流：0~27648

2. 模拟量 I/O 模块 SM1234

（1）SM1234 模块的接线图　SM1234 模拟量 I/O 模块是最常用的模拟量扩展模块，它实现了 4 路模拟量输入和 2 路模拟量输出功能，接线图如图 3-11 所示。SM1234 的上部为模拟量输入端子，其中 L+、M 为模拟量模块 SM1234 的 DC 24V 工作电源。每 2 个点为一组，0+ 和 0-、1+ 和 1-、2+ 和 2-、3+ 和 3- 为 4 路模拟量输入端，可以接收电压信号或电流信号，信号范围为 ±10V、±5V、±2.5V、0~20mA、4~20mA，满量程数据范围：-27648~27648 或 0~27648。下部是 2 路模拟量输出（0 和 0M、1 和 1M），输出电压或电流信号，可以按需要选择，信号范围为 ±10V、0~20mA 及 4~20mA，满量程数据范围：-27648~27648 或 0~27648。

当模拟量模块处于正常状态时，模拟量模块上的 LED 指示灯为绿色显示，供电状态时为红色闪烁。

使用模拟量模块时，需要注意以下问题：

1）模拟量模块有专用的插针接头与 CPU 通信，并通过此电缆由 CPU 向模拟量模块提供 DC 5V 电源。此外，模拟量模块必须外接 DC 24V 电源。

2）对于模拟量输入，传感器电缆应尽可能短，而且使用屏蔽双绞线，导线应避免弯成锐角。靠近信号源屏蔽线的屏蔽层应单端接地。

3）一般电压信号比电流信号容易受干扰，应优先选用电流信号。

4）模拟量I/O模块的电源地和传感器的信号地必须连接（工作接地），否则将会产生一个很高的上下振动的共模电压，影响模拟量输入值。

（2）SM1234模块的组态　模块量I/O模块能同时I/O电压或电流信号，需要通过TIA Portal V15编程软件对它进行组态。在CPU 1215C AC/DC/Rly的基础上，从硬件目录标记❶处选择SM1234模块，将它拖拽到标记❷处，如图3-12所示，双击标记❷处的SM1234模块，系统弹出如图3-13所示的窗口，用户选中左侧的I/O地址，可以在右侧的硬件组态设置中定义SM1234模拟量模块的输入地址和输出地址，这里输入和输出的起始地址均为96，地址的范围为0~1023。

1）模拟量输入的组态，如图3-14a所示。

① 选择模拟量输入。

② 由于现场电磁干扰的影响，模拟量输入信号会出现数据失真或漂移，这时可以在标记❷处选择积分时间对输入信号进行滤波，可以选择10Hz、50Hz、60Hz、400Hz以消除或抑制现场的噪声。这里选择50Hz。

③ 通道地址：它是图3-13定义后系统自动分配的，通道0~通道3的地址分别是IW96、

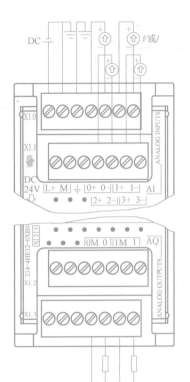

图 3-11　SM1234 模拟量
I/O 模块的接线图

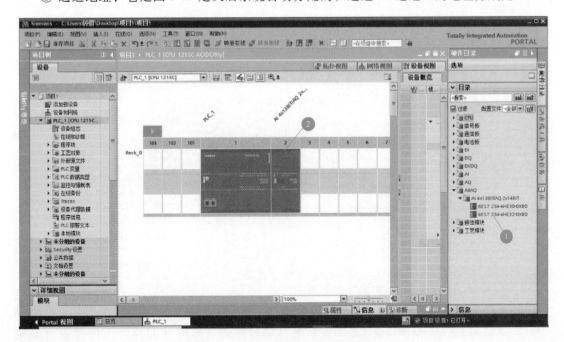

图 3-12　添加 SM1234 模拟量模块

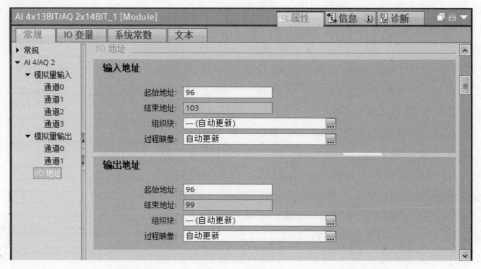

图 3-13　定义 SM1234 模拟量模块的 I/O 地址

IW98、IW100 和 IW102，用户不可以更改。

④ 测量类型：选择模拟量输入信号类型是电压还是电流信号，这里选择电流。

需要注意的是，通道 0 和通道 1 的输入信号必须组态为同一种类型，通道 2 和通道 3 必须组态为同一种类型。

⑤ 范围：选择模拟量输入信号范围。电压：±10V、±5V、±2.5V；电流：0～20mA、4～20mA。这里选择 0～20mA。

⑥ 滤波：根据输入动态响应的高低选择输入平滑的无、弱、中、强。这里选择弱（4个周期），表示 4 次采样算一次平均值。

⑦ 设置模拟量输入超出范围报警。由于输入选择的是电流，这里启用溢出诊断和下溢诊断。

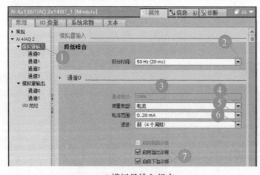
a) 模拟量输入组态

b) 模拟量输出组态

图 3-14　SM1234 模拟量模块的组态

2）模拟量输出的组态，如图 3-14b 所示。

① 选择模拟量输出的通道 0。

② 通道地址：它是图 3-13 定义后系统自动分配的，通道 0 和通道 1 的地址分别是 QW96 和 QW98，用户不可以更改。

③ 模拟量输出的类型：选择模拟量输出信号类型是电压还是电流信号，这里选择电压。

④ 范围：选择模拟量输出信号范围。电压：±10V；电流：0~20mA；这里选择±10V。

⑤ 从 RUN 模式切换到 STOP 模式时，通道的替代值：只要 CPU 处于 STOP 模式，模拟量输出就可组态为使用替代值。这里选择 0.000，即 PLC 处于 STOP 时，模拟量模块输出为 0。

⑥ 设置模拟量输出超出范围报警。由于选择的是电压输出信号，这里启用短路诊断。

三、任务实施

【训练设备、工具、手册或标准】

控制单元 CU240E-2 PN-F 1 个、功率模块 PM240-2（400V，0.55kW）1 个、西门子 CPU1215C AC/DC/Rly 的 PLC 1 台、SM1234 模拟量模块 1 块、三相异步电动机 1 台、安装有 TIA Portal V15 和 Startdrive V15 软件的计算机 1 台、网线 1 根、接触器 1 个、开关和按钮若干、《SINAMICS G120 变频器，配备控制单元 CU240B-2 和 CU240E-2 操作说明》、通用电工工具 1 套、GB/T 37391—2019《可编程序控制器的成套控制设备规范》。

1. 硬件电路

根据控制要求，验布机控制的 I/O 分配见表 3-7，其接线图如图 3-15 所示。

表 3-7　验布机控制的 I/O 分配

输 入			输 出		
输入继电器	输入元件	作　用	输出继电器	输出元件	作　用
I0.0	SA1	本地/远程选择	Q0.0	5	变频器起动
I0.1	SA2	速度 1 选择	Q0.1	8	本地/远程切换
I0.2	SA2	速度 2 选择	Q0.2	16	MOP 升速
I0.3	SA2	速度 3 选择	Q0.3	17	MOP 降速
I0.4	SB1	起动	Q0.5	HL1	变频器运行指示
I0.5	SB2	停止	Q0.6	HL2	变频器故障指示
I0.6	SB3	加速	Q0.7	KM	变频器上电
I0.7	SB4	减速	QW96	3、4	远程速度信号
I1.0	19、20	故障信号			
IW96	12、13	变频器转速测量			

注　意

接线时一定要把变频器的端子 2 和端子 4 短接，否则速度给定不准确。

1）变频器提供两种控制方式，通过 Q0.1 控制端子 8 切换控制方式，Q0.1=0 为远程控制，Q0.1=1 为本地控制。变频器将输出端子 12、13 的实际速度接到 SM1234 的模拟量输入端 0+、0-上，通过上位机显示变频器的实际速度。

2）远程控制：验布机通过 PLC 将 0~27648 的数字量信号送到 SM1234 模拟量模块中，该模块把数字量信号转换成 0~10V 的电压信号，该电压信号送到变频器的模拟量输入端子

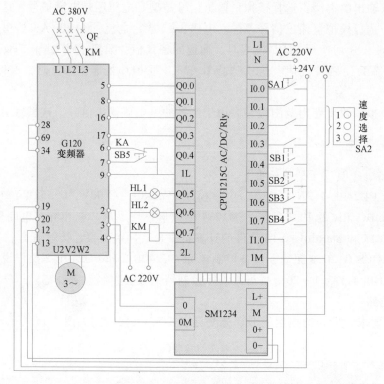

图 3-15　验布机的接线图

3、4，调节变频器的输出转速在 0～1500r/min 之间变化，从而控制电动机的速度，它的控制原理如图 3-16 所示。

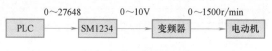

图 3-16　验布机的控制原理图

在图 3-15 中，将 SM1234 的输出端子 0、0M 分别接到变频器的端子 3、4 上，从而调节验布机的速度。Q0.0 接变频器的端子 5，控制变频器起停，用指示灯 HL1 和 HL2 指示验布机的运行和故障情况。

3）本地控制：变频器的起停通过 Q0.0 控制端子 5 实现。Q0.2（端子 16）= 1 控制变频器升速，Q0.3（端子 17）= 1 控制变频器减速。

4）无论是远程控制还是本地控制，变频器端子 6 接的 KA 断开时都会触发变频器外部故障 F7860，让变频器停止运行。将变频器的故障端子 19 接到 PLC 的 I1.0 输入端子上，一旦变频器发生故障，将变频器的上电接触器 KM 切除；把按钮 SB5 接到变频器的端子 7 上，用来给变频器复位。

2. 参数设置

由于验布机具有本地和远程两种控制方式，因此选择宏 15——模拟量给定和电动电位器（MOP）给定切换，通过端子 8 进行本地/远程切换，端子功能和模拟量输入类型的选择及定标设置见表 3-8。

表 3-8　验布机的参数设置

参数号	参数名称	出厂值	设定值	说　明
p0015	宏命令	7	15	驱动设备宏命令,这里选择宏 15
* p0840[0]	ON/OFF(OFF1)	2090.0	722.0	远程控制:将端子 5 作为起动命令
* p0840[1]	ON/OFF(OFF1)	0	722.0	本地控制:将端子 5 作为起动命令
* p2106[0]	外部故障 1	1	722.1	远程控制:设置外部故障 1 的信号源,端子 6 断开,触发外部故障
* p2106[1]	外部故障 1	1	722.1	本地控制:设置外部故障 1 的信号源,端子 6 断开,触发外部故障
* p2103[0]	应答故障	2090.7	722.2	远程控制:将端子 7 作为故障复位命令
* p2103[1]	应答故障	722.2	722.2	本地控制:将端子 7 作为故障复位命令
* p0810	指令数据组选择 CDS 位 0	722.3	722.3	将端子 8 作为本地/远程切换命令
* p1035[0]	提高电动机电位器设定值	0	0	远程控制:未定义
* p1035[1]	提高电动机电位器设定值	0	722.4	本地控制:将端子 16 作为 MOP 升速命令
* p1036[0]	降低电动机电位器设定值	0	0	远程控制:未定义
* p1036[1]	降低电动机电位器设定值	0	722.5	本地控制:将端子 17 作为 MOP 减速命令
* p0730	端子 DO0 的信号源	52.3	52.3	将数字量输出端子 19、20 设置为故障有效
* p0771[0]	模拟量输出信号源	21	21	将模拟量输出端子 12、13 设置为输出实际转速
* p1070[0]	主设定值	2050.1	755.0	远程控制:模拟量 AI0(端子 3、4)作为主设定值
* p1070[1]	主设定值	0	1050	本地控制:电动电位器(MOP)设定值作为主设定值
p1037	电动电位器最大转速	0.000	1500.000	设置电动电位器的最大转速为 1500r/min
p1038	电动电位器最小转速	0.000	0.000	设置电动电位器的最小转速为 0r/min
p1040	电动电位器初始值	0.000	20.000	设置电动电位器的起始值为 20r/min
p1080	最小转速	0.000	0.000	电动机的最小转速 0r/min
p1082	最大转速	1500.000	1500.000	电动机的最大转速 1500r/min
p1120	斜坡上升时间	10.000	5.000	斜坡上升时间 5s
p1121	斜坡下降时间	10.000	5.000	斜坡下降时间 5s
p0756[0]	模拟输入类型	4	0	AI0 通道选择 0~10V 电压输入,同时将 DIP 开关调节到位置"U"上
p0757[0]	模拟量输入特性曲线值 x1	0.000	0.000	设定 AI0 通道给定电压的最小值 0V
p0758[0]	模拟量输入特性曲线值 y1	0.00	0.00	设定 AI0 通道给定转速的最小值 0r/min 对应的百分比 0%
p0759[0]	模拟量输入特性曲线值 x2	10.000	10.000	设定 AI0 通道给定电压的最大值 10V
p0760[0]	模拟量输入特性曲线值 y2	100.000	100.000	设定 AI0 通道给定转速的最大值 1500r/min 对应的百分比 100%
p2000[0]	参考转速	1500.00	1500.00	设置参考转速为 1500r/min

注:带 * 号的参数为设置宏 15 后变频器自动设置的参数。

3. 程序设计

（1）硬件配置　参考本任务相关知识中"SM1234 模块的组态"，在 TIA Portal 软件中将 SM1234 模拟量模块的模拟量输入 0 通道的地址组态为 IW96，输入信号组态为电流信号，模拟量输出 0 通道的地址组态为 QW96，输出信号组态为电压信号。

（2）添加本地控制 FC1 块　在验布机的变频控制系统中，本地控制使用了 FC1 块，接口参数定义如图 3-17 所示。图 3-18 所示为本地控制 FC1 块的梯形图，按下加速按钮，形参"MOP 升速输出"为 1；按下减速按钮，形参"MOP 减速输出"为 1。

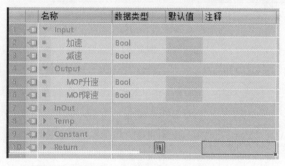

图 3-17　定义本地控制的 FC1 块接口参数

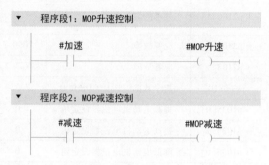

图 3-18　本地控制 FC1 块的梯形图

（3）添加远程控制 FB1 块　在验布机的变频控制系统中，远程控制使用了 FB1 块，接口参数定义如图 3-19 所示。图 3-20 所示为 FB1 块远程控制的梯形图，程序段 1～3 通过速度选择开关将 3 个速度传送到速度给定的形参"#速度给定"中。程序段 4 的标准化指令 NORM_X 将速度给定值 0.0～1500.0r/min 归一化为 0.0～1.0 的浮点数，然后用缩放指令 SCALE_X 将它转换成 QW96 中对应的数字量（远程速度信号）0～27648，通过 SM1234 模块再将 0～27648 转换成 0～10V 的电压信号对变频器调速，其中验布机的 3 种速度与模拟量电压及数字量之间的对应关系见表 3-9。程序段 5 用"标准化"指令 NORM_X 将变频器的转速测量值对应的 SM1234 模拟量模块中 IW96 的数字量 0～27648 归一化为 0.0～1.0 的浮点数，然后用缩放指令 SCALE_X 将它转换成对应的 0.0～1500.0r/min 的实际转速保存在形参"#实际速度"中。

（4）变量分配　变量定义如图 3-21 所示，注意变量的数据类型和地址要匹配。

（5）主程序编程　主程序 OB1 梯形图如图 3-22 所示。程序段 1 是初始化程序，用于对 QW96 和 MD100 清零；程序段 2 用于变频器的起停控制；程序段 3 用于变频器本地/远程切换控制，当 Q0.1=1 时，调用程序段 4 的本地控制功能块 FC1，当 Q0.1=0 时，调用程序段 5 的远程控制功能块 FB1；程序段 6 用于变频器的报警显示。

图 3-19　定义远程控制的 FB1 块接口参数

表 3-9　验布机的模拟量信号与数字量信号之间的对应关系

速度给定/(r/min)	450	900	1200
模拟电压/V	3	6	8
数字量(QW96)	8294	16589	22118

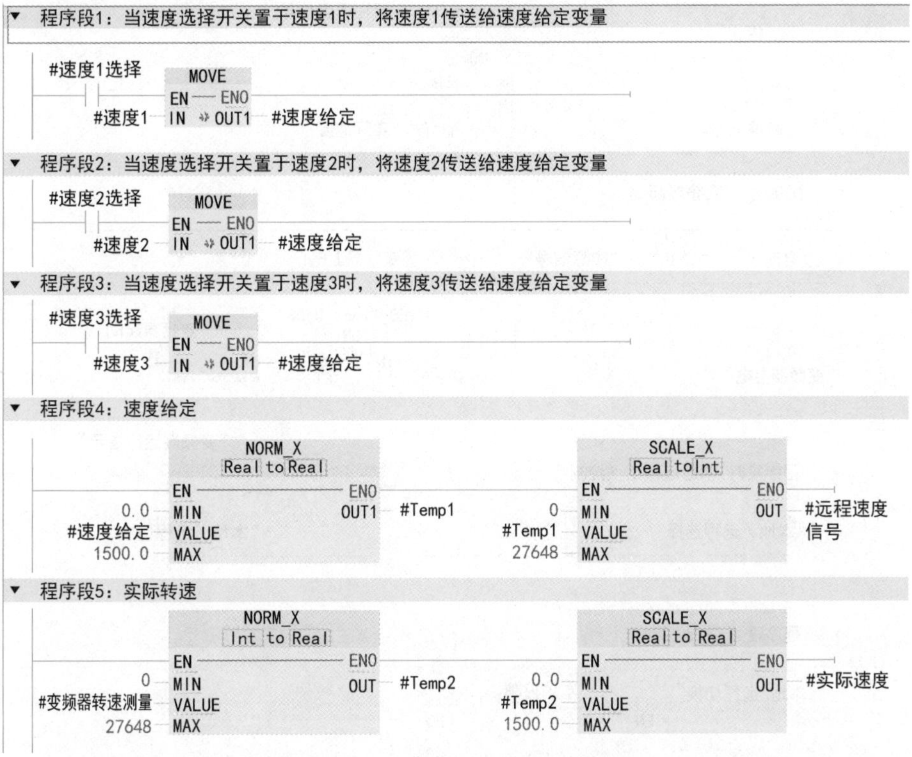

▼ 程序段1：当速度选择开关置于速度1时，将速度1传送给速度给定变量

```
#速度1选择        MOVE
  ─┤├─        EN ── ENO
       #速度1─ IN ✦ OUT1 ─#速度给定
```

▼ 程序段2：当速度选择开关置于速度2时，将速度2传送给速度给定变量

```
#速度2选择        MOVE
  ─┤├─        EN ── ENO
       #速度2─ IN ✦ OUT1 ─#速度给定
```

▼ 程序段3：当速度选择开关置于速度3时，将速度3传送给速度给定变量

```
#速度3选择        MOVE
  ─┤├─        EN ── ENO
       #速度3─ IN ✦ OUT1 ─#速度给定
```

▼ 程序段4：速度给定

```
              NORM_X                           SCALE_X
            Real to Real                      Real to Int
        EN          ENO                    EN          ENO
   0.0─ MIN         OUT1 ─#Temp1        0─ MIN         OUT ─#远程速度
#速度给定─ VALUE                     #Temp1─ VALUE              信号
1500.0─ MAX                        27648─ MAX
```

▼ 程序段5：实际转速

```
              NORM_X                           SCALE_X
             Int to Real                      Real to Real
        EN          ENO                    EN          ENO
      0─ MIN        OUT ─#Temp2        0.0─ MIN         OUT ─#实际速度
#变频器转速测量─ VALUE                #Temp2─ VALUE
  27648─ MAX                       1500.0─ MAX
```

图 3-20　远程控制 FB1 块的梯形图

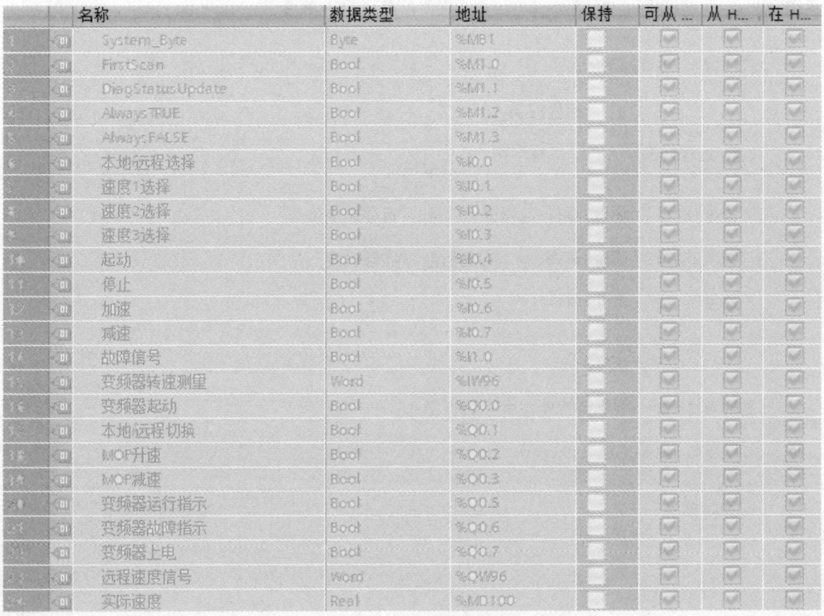

	名称	数据类型	地址	保持	可从…	从 H…	在 H…
1	System_Byte	Byte	%MB1		☑	☑	☑
2	FirstScan	Bool	%M1.0		☑	☑	☑
3	DiagStatusUpdate	Bool	%M1.1		☑	☑	☑
4	AlwaysTRUE	Bool	%M1.2		☑	☑	☑
5	AlwaysFALSE	Bool	%M1.3		☑	☑	☑
6	本地远程选择	Bool	%I0.0		☑	☑	☑
7	速度1选择	Bool	%I0.1		☑	☑	☑
8	速度2选择	Bool	%I0.2		☑	☑	☑
9	速度3选择	Bool	%I0.3		☑	☑	☑
10	起动	Bool	%I0.4		☑	☑	☑
11	停止	Bool	%I0.5		☑	☑	☑
12	加速	Bool	%I0.6		☑	☑	☑
13	减速	Bool	%I0.7		☑	☑	☑
14	故障信号	Bool	%I1.0		☑	☑	☑
15	变频器转速测量	Word	%IW96		☑	☑	☑
16	变频器起动	Bool	%Q0.0		☑	☑	☑
17	本地远程切换	Bool	%Q0.1		☑	☑	☑
18	MOP升速	Bool	%Q0.2		☑	☑	☑
19	MOP减速	Bool	%Q0.3		☑	☑	☑
20	变频器运行指示	Bool	%Q0.5		☑	☑	☑
21	变频器故障指示	Bool	%Q0.6		☑	☑	☑
22	变频器上电	Bool	%Q0.7		☑	☑	☑
23	远程速度信号	Word	%QW96		☑	☑	☑
24	实际速度	Real	%MD100		☑	☑	☑

图 3-21　定义 OB1 主程序的变量

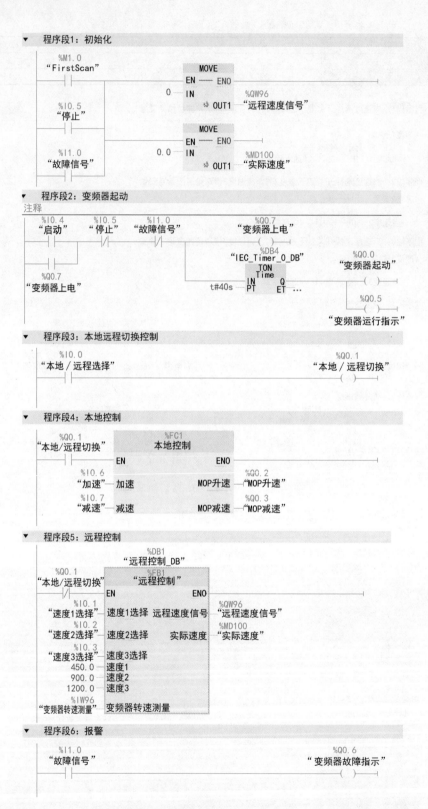

图 3-22 主程序 OB1 的梯形图

4. 运行操作

图 3-15 中变频器端子 6 上的 KA 必须处于闭合状态，否则变频器报 F7860 故障，变频器不能正常运行。

1）将图 3-18、图 3-20 和图 3-22 所示的程序下载到 PLC 中。

2）单击 V15 编程软件工具栏中的运行图标，使 PLC 处于"RUN"状态，PLC 上的 RUN 指示灯点亮。

3）变频器本地运行。将表 3-8 中的参数输入到变频器中。根据图 3-22，闭合本地/远程选择开关 I0.0，Q0.1 = 1，调用程序段 4 本地控制功能块，此时按下程序段 2 中的起动按钮 I0.4，变频器起动，按住加速按钮 I0.6，变频器开始升速；按住减速按钮 I0.7，变频器开始减速。

4）变频器远程运行。将图 3-22 中的本地/远程选择开关 I0.0 断开，Q0.1 = 0，调用程序段 5 远程控制功能块。将速度选择开关 SA2 置于某个速度，比如闭合 I0.1，QW96（选择十进制显示格式）显示数字量 8294。按下程序段 2 中的起动按钮 I0.4，变频器以 450r/min 的速度运行，同时变频器运行指示灯 HL1 点亮。程序段 5 中的 MD100 显示变频器的实际速度约为 450r/min。其他 2 段速度的运行过程与此类似。

5）变频器停止。程序段 2 中，当按下停止按钮 I0.5 或变频器发生故障 I1.0 闭合时，Q0.0、Q0.5 和 Q0.7 变为 0，变频器停止运行，同时在程序段 1 中，对 QW96、MD100 清零，便于变频器下一次运行。

思考与练习

1. 填空题

（1）模拟量模块的主要任务就是完成_____转换和_____转换。

（2）S7-1200 PLC 可以通过_____指令读取 A/D 转换的结果，通过_____指令向模拟量输出模块中写入模拟量的数值。

（3）模拟量电压输入信号 ±10V 对应的满量程数字量范围是_____，模拟量电流输入信号 0~20mA 对应的满量程数字量范围是_____。

（4）当模拟量模块处于正常状态时，模拟量模块上的 LED 指示灯为_____显示，而当为供电时，为_____闪烁。

2. 简答题

如何对模拟量模块进行组态？

3. 分析题

如果速度给定范围是 0~1500r/min，通过 SM1234 模拟量模块输出对应的 0~10V 电压信号控制变频器的输出转速。当按下加速按钮时，变频器的速度每按一次增加 10r/min；当按下减速按钮时，变频器的速度每按一次减少 10r/min。试画出控制系统的硬件接线图，设置变频器的参数，编写控制程序。

任务3.4 G120变频器的通信

任务目标

1. 了解 G120 变频器通信接口的特点及接线。

2. 掌握 G120 变频器的报文类型及结构。

3. 学会 S7-1200 PLC 与 G120 变频器的 PROFIBUS DP 和 PROFINET 通信系统的构建与调试。

4. 培养学生的规则意识和契约精神。

任务 3.4.1 S7-1200 PLC 与 G120 变频器的 PROFIBUS 通信

一、任务导入

SINAMICS G120 变频器的控制单元 CU230P-2 DP、CU240B-2 DP、CU240E-2 DP、CU240E-2 DP-F 和 CU250S-2 DP 支持 PROFIBUS 的周期过程数据交换和变频器参数访问。

S7-1200 PLC 作为 PROFIBUS 主站可将控制字和主设定值等过程数据周期性地发送至变频器，并从变频器周期性地读取状态字和实际转速等过程数据。G120 变频器最多可以接收和发送 8 个过程数据。该通信使用周期性通信的 PZD 通道（过程数据区），变频器不同的报文类型定义了不同数量的过程数据（PZD）。

用 1 台 S7-1200 PLC 对 1 台 CU240E-2 DP-F 的变频器进行 PROFIBUS DP 通信。已知电动机是星形联结，额定功率为 0.18kW，额定转速为 2720r/min，额定电压为 380V，额定电流为 0.53A，控制要求如下：

1) S7-1200 PLC 通过 PROFIBUS 通信控制 G120 变频器起停和调速。

2) S7-1200 PLC 通过 PROFIBUS 通信的 PZD 过程通道读取 G120 的状态及电动机实际转速。

二、相关知识

通过现场总线接口，SINAMICS G120 变频器可以和上位控制器进行 RS485 通信（USS 通信和 MODBUS RTU 通信）、PROFIBUS 通信以及 PROFINET 通信。上位机 PLC（或触摸屏）通过通信模块或本体的 PN 接口与 G120 变频器本体上的现场总线接口连接构成现场总线控制系统。采用现场总线控制的变频器有以下优点：①大大减少布线的数量；②无需重新布线，即可更改控制功能；③可以通过接口设置和修改变频器的参数；④可以连续对变频器的特性进行监测和控制。

本书只介绍 PROFIBUS 和 PROFINET 通信。

1. 现场总线设为设定值源

现场总线给定是指上位机通过现场总线接口按照特定的通信协议、特定的通信介质将数据传输到变频器，以改变变频器给定速度的方式。

上位机一般指计算机（或工控机）、PLC、DCS（分布式控制系统）、人机界面等主控制设备。该给定属于数字量给定。

将现场总线设为设定值源时，必须将变频器连接至上位控制器。根据预设置的选择，接收字 PZD2 可在快速调试之后就与主设定值互连。大多数标准报文将转速设定值作为第二个过程数据 PZD2 来接收，如图 3-23 所示，参数设置见表 3-10。

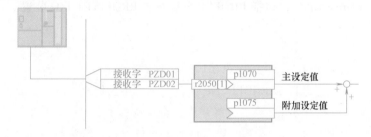

图 3-23 现场总线设为设定值源

表 3-10 现场总线作为设定值源的参数设置

参数号	参数功能	设定值	说　　明
p1070	主设定值	2050.1	主设定值与现场总线的过程数据 PZD2 互连
p1075	附加设定值	2050.1	附加设定值与现场总线的过程数据 PZD2 互连

2. G120 变频器的通信接口

不同型号的控制单元具有不同的与上位控制器通信的现场总线接口，G120 变频器控制单元常见的通信接口有 RS485 接口、SUB-D 接口和 RJ45 接口，见表 3-11。

表 3-11 不同型号控制单元的现场总线接口

控制单元	现场总线	协　　议	接　　口
CU230P-2 DP CU240B-2 DP CU240E-2 DP CU240E-2 DP-F CU250S-2 DP	PROFIBUS DP	PROFIdrive	SUB-D 接口
CU230P-2 PN CU240E-2 PN CU240E-2 PN-F CU250S-2 PN	PROFINET		两个 RJ45 插头
CU230P-2 HVAC CU240B-2 CU240E-2 CU240E-2 F CU250S-2	USS, MODBUS RTU		RS485 插头

3. PROFIdrive 通信

PROFIdrive 是 PI 国际（PROFIBUS 和 PROFINET 国际）组织推出的一种标准驱动控制协议，用于控制器与驱动器之间的数据交换，底层可以使用 PROFIBUS 总线或者 PROFINET 网络。PROFIdrive 主要由如下 3 个部分组成：

1）控制器（Controller），包括一类 PROFIBUS 主站与 PROFINET I/O 控制器。例如 S7-1200 PLC 可以作为一类主站。

2）监控器（Supervisor），包括二类 PROFIBUS 主站与 PROFINET I/O 管理器。例如触摸屏为二类主站。

3）执行器（Drive Unit），包括 PROFIBUS 从站与 PROFINET I/O 装置。

拓展链接

PROFIdrive 协议是 PLC 控制器与 V90 PN 伺服驱动器通信时双方必须遵循的规则和约定。PLC 与 V90 PN 只有遵循了 PROFIdrive 规则，两者才能协同工作，实现信息交换和资源共享。"不以规矩，不能成方圆""木受绳则直，金就砺则利"，大学生无论做人还是做事都要养成知悉规则、相信规则、遵守规则的意识和契约精神，不断反思总结、提高修养、养成习惯，最终达到"从心所欲不逾矩"的境界。

（1）周期通信 周期通信使用确定长度的 I/O 数据（控制器组态时确定 IO 数据长度）在保留的总线周期内进行数据传输。这些典型数据包含设定值和实际值、控制信息和状态信息。周期通信提供了如下 3 种功能：

1）过程值通信-PZD 通道：使用该通道可以控制变频器的起停、调速、读取实际值和状态信息等功能，PZD 通道的数据长度由上位控制器组态的报文类型决定。

2）参数访问-PKW 通道：使用该通道主站可以读写 SINAMICS G120 变频器参数、每次只能读或写一个参数，PKW 通道的长度固定为 4 个字。

3）从站之间直接交换数据：也称为 Slave-to-Slave 通信或直接数据交换（Direct date exchange，DX 通信）。可以在主站不直接参与的情况下，在变频器之间进行快速的数据交换。

周期通信必须在主站中组态通信报文才能使用，根据控制单元型号，有多种类型的报文用于 PROFIBUS DP 或 PROFINET IO 通信。

（2）报文类型 SINAMICS G120 系列变频器定义了多种报文类型供用户使用。

1）标准报文 20，PZD-2/6（Standard telegram20）。

2）西门子报文 354，PZD-6/6，PKW-4/4（SIEMENS telegram354）。

报文标识的含义如下：

1）标准报文：PROFIdrive 协议中定义的报文。

2）西门子报文：西门子产品特有的报文。

3）PZD-X/Y：表明 I/O 数据长度（过程数据数量）：

① X：上位控制器向 SINAMICS G120 变频器发送控制字的数据，单位为字。

② Y：SINAMICS G120 变频器向上位控制器反馈状态字的数据，单位为字。

4）PKW-4/4：表示该报文包含 PKW 通道，PKW 通道长度永远为 4 个字。

CU240B-2、CU240E-2 和 CU250S-2 都支持图 3-24 中所列举的报文类型。报文类型可根据所需的过程值数量和是否包含 PKW 通道进行选择，如果所提供的标准报文或西门子报文

图 3-24　用于转速控制的报文结构

均无法满足要求，可使用 999 报文自由定义 PZD 数据长度。报文说明见表 3-12。

（3）控制字和状态字　PZD 通道用于控制变频器起停、调速、读取实际值和状态信息等功能。主站通过 PZD 通信方式将控制字 1（STW1）和主设定值（NSOLL_A）周期性地发送至变频器，变频器将状态字 1（ZSW1）和实际转速（NIST_A）返回到主站。

表 3-12 报文说明

缩 写	说 明	缩 写	说 明
STW	控制字	PIST_GLATT	经过平滑的有功功率实际值
ZSW	状态字	M_LIM	转矩限值
NSOLL_A	转速设定值 16 位	FAULT_CODE	故障号
NSOLL_B	转速设定值 32 位	WARN_CODE	报警号
NIST_A	转速实际值 16 位	MELD_NAMUR	故障字,依据 VIK-NAMUR 定义
NIST_B	转速实际值 32 位	G1_STW/G2_STW	编码器 1 或编码器 2 的控制字
IAIST	电流实际值	G1_ZSW/G2_ZSW	编码器 1 或编码器 2 的状态字
IAIST_GLATT	经过平滑的电流实际值	G1_XIST1/G2_XIST1	编码器 1 或编码器 2 的位置实际值 1
NIST_A GLATT	经过平滑的转速实际值		
MIST_GLATT	经过平滑的转矩实际值	G1_XIST2/G2_XIST2	编码器 1 或编码器 2 的位置实际值 2

控制字和状态字的定义有时依据 PROFIdrive 协议版本 4.1 中关于"转速控制"的规定,有时也可由制造商预定义。控制字(STW1)各位的含义见表 3-13。

表 3-13 控制字

控制字位	含 义	说 明	关联参数
0	ON/OFF1	0=OFF1:电动机按斜坡函数发生器的减速时间 p1121 制动。达到静态后变频器会关闭电动机 0→1=ON,变频器进入"运行就绪"状态。另外位 3 = 1 时,变频器接通电动机	p0840[0]=r2090.0
1	OFF2 停车	0=OFF2:电动机立即关闭,惯性停车 1=OFF2 不生效:可以接通电动机(ON 指令)	p0844[0]=r2090.1
2	OFF3 停车	0=快速停机(OFF3):电动机按 OFF3 减速时间 p1135 制动,直到达到静态 1=快速停机无效(OFF3):可以接通电动机(ON 指令)	p0848[0]=r2090.2
3	脉冲使能	0=禁止运行:立即关闭电动机(脉冲封锁) 1=运行使能:接通电动机(脉冲使能)	p0852[0]=r2090.3
4	使能斜坡函数发生器	0=封锁斜坡函数发生器:变频器将斜坡函数发生器的输出设为 0 1=不封锁斜坡函数发生器:允许斜坡函数发生器使能	p1140[0]=r2090.4
5	继续斜坡函数发生器	0=停止斜坡函数发生器:斜坡函数发生器的输出保持在当前值 1=使能斜坡函数发生器:斜坡函数发生器的输出跟踪设定值	p1141[0]=r2090.5
6	使能转速设定值	0=封锁设定值:电动机按斜坡函数发生器减速时间 p1121 制动 1=使能设定值:电动机按加速时间 p1120 升高到速度设定值	p1142[0]=r2090.6

（续）

控制字位	含　义	说　明	关联参数
7	故障应答	0→1＝应答故障：如果仍存在 ON 指令，变频器进入"接通禁止"状态	p2103[0]＝r2090.7
8 和 9	预留	—	—
10	通过 PLC 控制	0＝不由 PLC 控制：变频器忽略来自现场总线的过程数据 1＝由 PLC 控制：由现场总线控制，变频器会采用来自现场总线的过程数据	p0854[0]＝r2090.10
11	反向	1＝换向：取反变频器内的设定值	p1113[0]＝r2090.11
12	未使用	—	—
13	电动电位计升速	1＝电动电位器升高：提高保存在电动电位器中的设定值	p1035[0]＝r2090.13
14	电动电位计减速	1＝电动电位器降低：降低保存在电动电位器中的设定值	p1036[0]＝r2090.14
15	CDS 位 0	在不同的操作接口设置（指令数据组）之间切换	p0810＝r2090.15

在表 3-13 中，控制字的第 0 位 STW1.0 与起停参数 p0840 关联，且为上升沿有效，这点要特别注意。常用的控制字如下：

16#047E：OFF1 停车/运行准备就绪（上电时首次发送）。

16#047C：OFF2 停车。

16#047A：OFF3 停车。

16#047F：正转。

16#0C7F：反转。

16#04FE：故障复位。

状态字（ZSW1）各位的含义见表 3-14。

表 3-14　状态字

状态字位	含　义	说　明	关联参数
0	接通就绪	1＝接通就绪：电源已接通，电子部件已经初始化，脉冲禁止	p2080[0]＝r0899.0
1	运行就绪	1＝运行准备：电动机已经接通（ON/OFF1＝1），当前没有故障。收到"运行使能"指令（STW1.3），变频器会接通电动机	p2080[1]＝r0899.1
2	运行使能	1＝运行已使能：电动机跟踪设定值，见表 3-13"控制字 1 位 3"	p2080[2]＝r0899.2
3	故障	1＝出现故障：在变频器中存在故障。通过 STW1.7 应答故障	p2080[3]＝r2139.3
4	OFF2 激活	0＝OFF2 激活：惯性停车功能激活	p2080[4]＝r0899.4
5	OFF3 激活	0＝OFF3 激活：快速停止激活	p2080[5]＝r0899.5
6	禁止合闸	1＝接通禁止有效：只有在给出 OFF1 指令并重新给出 ON 指令后，才能接通电动机	p2080[6]＝r0899.6

状态字位	含　义	说　明	关联参数
7	报警	1＝出现报警：电动机保持接通状态，无需应答	p2080[7]＝r2139.7
8	转速差在公差范围内	1＝转速差在公差范围内："设定/实际值"差在公差范围内	p2080[8]＝r2197.7
9	控制请求	1＝已请求控制：请求自动化系统控制变频器	p2080[9]＝r0899.9
10	达到或超出比较速度	1＝达到或超出比较转速：转速大于或等于最大转速	p2080[10]＝r2199.1
11	I、P、M 比较	1＝达到电流限值或转矩限值：达到或超出电流或转矩的比较值	p2080[11]＝r0056.13/r1407.7
12	打开抱闸装置	1＝抱闸打开：用于打开/闭合电动机抱闸的信号	p2080[12]＝r0899.12
13	电动机超温报警	0＝报警"电动机过热"	p2080[13]＝r2135.14
14	电动机正向旋转	1＝电动机正转：变频器内部实际值>0 0＝电动机反转：变频器内部实际值<0	p2080[14]＝r2197.3
15	CDS	1＝显示 CDS 0＝"变频器热过载"报警	p2080[15]＝r0836.0/r2135.15

（4）设定值 NSOLL_A　主设定值是一个字，用十进制有符号整数 16384（或 16#4000H）表示，它对应于 100%的变频器转速。变频器能接收的最大速度为 32767（200%），在参数 p2000 中设置 100%对应的参考速度。

当变频器通信时，需要对转速设定值进行标准化。设定值 M 与实际值 N 之间的关系为 $N=\text{p2000}\times M/16384$。例如参考速度 p2000 = 1500（r/min），如果想达到转速 $N=750\text{r/min}$，那么需要主设定值为 $M=750\text{r/min}\times16384/1500\text{r/min}=8192$。

（5）实际转速 NIST_A　实际转速也是一个字，用十进制有符号整数 16384 表示，需要经过标准化显示实际转速，方法同主设定值。

三、任务实施

【训练设备、工具、手册或标准】

控制单元 CU240E-2 DP-F 1 个、功率模块 PM240-2（400V，0.55kW）1 个、西门子 CPU1215C DC/DC/DC 的 PLC 1 台、PROFIBUS 主站模块 CM1243-5 1 块、三相异步电动机 1 台、安装有 TIA Portal V15 和 Startdrive V15 软件的计算机 1 台、带有 PROFIBUS 连接器的电缆 1 根、开关和按钮若干、《SINAMICS G120、G120P、G120C、G120D、G110M 现场总线功能手册》、通用电工工具 1 套、GB/T 25740.1—2013《PROFIBUS & PROFINET 技术行规 PROFIdrive　第 1 部分：行规规范》。

1. 将变频器与 PLC 进行 PROFIBUS 连接

变频器底部的 PROFIBUS 通信接口如图 3-25a 所示，共有 9 个接线端子，其中端子 3（B）和端子 8（A）为接收和发送数据端。PLC 配置的主站通信模块 CM1243-5 与 G120 变频器之间要用专用的 PROFIBUS DP 电缆和 PROFIBUS DP 连接器（图 3-25b）连接。如图 3-25c 所示，将 CM1243-5 的 RS485 通信接口的引脚 3、8 与变频器的 SUB-D 孔式接口的引脚 3、8 连接在一起。PLC 输入端的按钮 SB1～SB4 分别控制变频器起动、反向、停止和复位。

引脚
1—屏蔽层、接地
2—未占用
3—RxD/TxD-P,接收和发送(B/B′)
4—CNTR-P,控制信号
5—DGND,数据的参考电位(C/C′)
6—VP,电源
7—未占用
8—RxD/TxD-N,接收和发送(A/A′)
9—未占用

a) SUB-D孔式接口

西门子公司RS485
PROFIBUS连接器
Part No:6GK 1 500 0EA02

b) PROFIBUS DP连接器

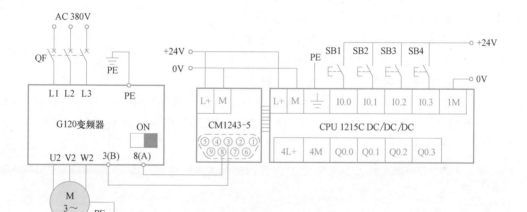

c) 原理图

图 3-25　S7-1200 PLC 与 G120 变频器的 PROFIBUS 通信接线图

2. 安装 GSD 文件以便通过 TIA Portal 软件配置通信

为了将不同厂家生产的 PROFIBUS 产品集成在一起,生产厂家必须以 GSD 文件(电子设备数据库文件)方式将这些产品的功能参数(如 I/O 点数、诊断信息、波特率和时间监视等)存储起来。使用根据 GSD 所做的组态工具可将不同厂商的设备集成在同一总线系统中。

1)如果 TIA Portal 网络视图的硬件目录的硬件库中包含变频器,则可在 SIMATIC 控制系统中配置通信。

2)如果硬件库中不包含变频器,则应安装最新版本的 Startdrive 或 Starter 或通过"安装 Extras/GSD 文件"将变频器的 GSD 安装到 TIA Portal 的硬件库中。

3. 设置变频器

（1）设置变频器的 PROFIBUS 地址　有如下两种方式设置变频器的 PROFIBUS 地址：

1）通过控制单元上的 DIP 开关设置 PROFIBUS 地址，有效的地址范围为 1~125，如图 3-26 所示，本示例设置地址为 10。

2）当所有 DIP 开关都被设置为 On 或 Off 状态时，通过 p0918 或在 Startdrive 或 Starter 中设置 PROFIBUS 地址。

① 如果已经通过 DIP 开关设置了一个有效的地址，该地址会一直保持有效，不能通过 p0918 修改。

② 每次 PROFIBUS 地址的更改只有在重新上电之后才生效。

（2）设置 p0015 和 p0922　设置 p0015 = 7，即变频器通过现场总线控制；设置 p0922 = 1，即选择"［1］Standard telegram 1，PZD-2/2"，通过标准报文 1 方式与 PLC 通信。

重新起动变频器，使设置的通信参数生效。

4. 硬件组态

（1）添加 PROFIBUS 主站模块 CM1243-5　在 TIA Portal V15 中新建项目"S7-1200 PLC VS G120 变频器通信"，如图 3-27 所示，在标记❶处双击"添加新设备"，选择 CPU 1215C DC/DC/DC 并将它添加到标记❷处。双击标记❸处的"设备组态"，选择标记❹处的"设备视图"，在标记❺处的"硬件目录"中，选择通信模块→PRO-FIBUS→CM1243-5 中标记❻处的"6GK7243-5DX30-0XE0"模块，将它拖拽到 CPU 左侧第一个槽位中的标记❼处。

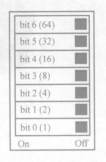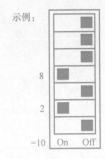

图 3-26　通过 DIP 开关设置变频器通信的地址

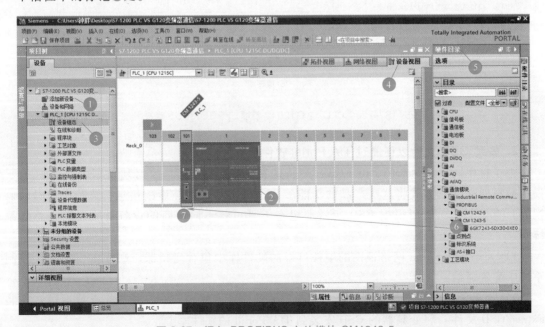

图 3-27　添加 PROFIBUS 主站模块 CM1243-5

（2）创建 PROFIBUS 网络并设置地址（图 3-28）

1）单击 CM1243-5 PROFIBUS 接口图标。

2）在设备属性对话框下单击"PROFIBUS 地址"选项。

3）单击"添加新子网"按钮，创建 PROFIBUS_1 网络。

4）使用默认 PROFIBUS 地址 2。

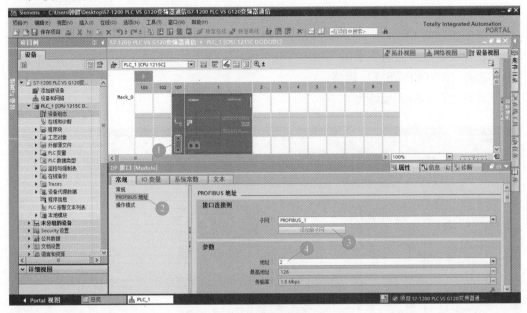

图 3-28 设置 PROFIBUS 地址

（3）添加 CU240E-2 DP-F 从站（图 3-29）

1）单击"网络视图"按钮，进入网络视图页面。

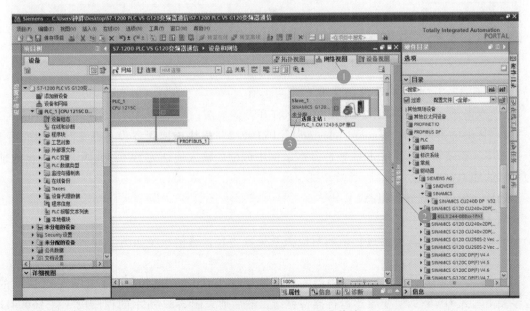

图 3-29 添加 CU240E-2 DP-F 从站

2）将硬件目录中"其他现场设备→PROFIBUS DP→驱动器→SIEMENS AG→SINAMICS→ SINAMICS G120 CU240x-2 DP（F）V4.5→6SL3 244-0BBxx-1PA1"模块拖拽到网络视图空白处。

3）单击以插入站点蓝色"未分配"提示，选择主站"PLC_1.CM1243-5.DP接口"，完成与主站网络的连接。

（4）分配 CU240E-2 DP-F 从站地址（图 3-30）

1）单击添加的 CU240E-2 DP-F 从站。

2）在设备属性对话框下单击"PROFIBUS 地址"项。

3）选择"PROFIBUS_1"网络。

4）设置 PROFIBUS 地址为 10。

图 3-30　分配 CU240E-2 DP-F 从站地址

（5）组态 CU240E-2 DP-F 通信报文（图 3-31）

1）双击添加的 CU240E-2 DP-F 从站，打开设备视图。

2）将硬件目录中"Standard telegram1，PZD-2/2"模块拖拽到"设备概览"视图的第 1 个插槽中，系统自动分配了 I/O 地址，本示例中分配的输入地址为 IW68 和 IW70，输出地址为 QW68 和 QW70。

最后，编译下载硬件组态。

5. 程序设计

PLC I/O 地址与变频器过程值的对应关系见表 3-15，通信程序如图 3-32 所示。

6. 运行操作

1）变频器正转。首次起动变频器需将控制字 1（STW1）16#047E 通过图 3-32 所示的程序段 1 写入 QW68，使变频器运行准备就绪。然后通过图 3-32 所示的程序段 3 将 16#047F 写入 QW68，使变频器正转。

图 3-31　组态 CU240E-2 DP-F 通信报文

表 3-15　PLC I/O 地址与变频器过程值的对应关系

数据方向	PLC I/O 地址	变频器过程数据	数据类型
PLC→变频器	QW68	PZD1-控制字 1（SIW1）	十六进制
	QW70	PZD2-主设定值（NSOLL_A）	有符号整数
变频器→PLC	IW68	PZD1-状态字 1（ZSW1）	十六进制
	IW70	PZD2-实际转速（NIST_A）	有符号整数

2）变频器反转。通过图 3-32 的程序段 4 将 16#0C7F 写入 QW68，使变频器反转。

3）变频器停止。通过图 3-32 的程序段 1 将 16#047E 写入 QW68 使变频器停止。

4）调整电动机转速。将速度给定值通过图 3-32 所示的程序段 5 的 MD100 经过标准化指令和缩放指令写入 QW70，例如在 MD100 中设定电动机转速为 750r/min。

5）监视变频器。图 3-32 所示的程序段 6 和程序段 7 读取 IW68 和 IW70，分别可以监视变频器状态字和电动机实际转速。

6）变频器复位。如果变频器发生故障，将通过图 3-32 所示的程序段 2 将 16#04FE 写入 QW68，使变频器复位。

▼　程序段1：停止/运行准备就绪

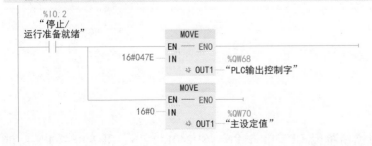

图 3-32　G120 变频器的 PROFIBUS 通信程序

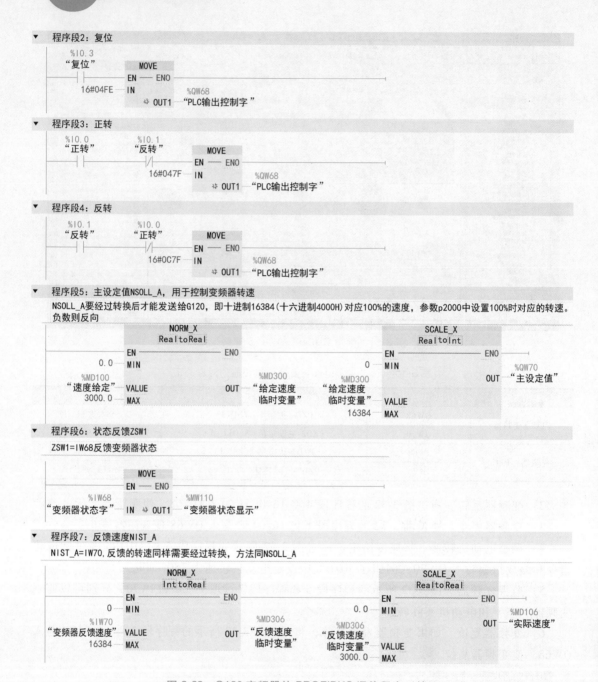

图 3-32　G120 变频器的 PROFIBUS 通信程序（续）

任务 3.4.2　S7-1200 PLC 与 G120 变频器的 PROFINET 通信

一、任务导入

　　SINAMICS G120 变频器的控制单元 CU230P-2 PN、CU240E-2 PN、CU240E-2 PN-F 和 CU250S-2 PN 支持 PROFINET 的周期过程数据交换和变频器参数访问。

PLC 通过 PROFINET PZD 通信方式将控制字 1 和主设定值周期性地发送至变频器，变频器状态字 1 和实际速度发送到 PLC。

用 1 台 S7-1200 PLC 对 1 台 CU240E-2 PN-F 变频器进行 PROFINET 通信。已知电动机是星形联结，额定功率为 0.18kW，额定转速为 2720r/min，额定电压为 380V，额定电流为 0.53A，控制要求如下：

1）S7-1200 PLC 通过 PROFINET 通信控制 G120 变频器起停和调速。

2）S7-1200 PLC 通过 PROFINET 通信的 PZD 过程通道读取 G120 的状态及电动机实际转速。

二、任务实施

【训练设备、工具、手册或标准】

控制单元 CU240E-2 PN-F 1 个、功率模块 PM240-2（400V，0.55kW）1 个、西门子 CPU 1215C DC/DC/DC 的 PLC 1 台、三相异步电动机 1 台、安装有 TIA Portal V15 和 Startdrive V15 软件的计算机 1 台、网线 2 根、开关和按钮若干、《SINAMICS G120、G120P、G120C、G120D、G110M 现场总线功能手册》、通用电工工具 1 套、GB/T 25105.3—2014《工业通信网络 现场总线规范类型 10：PROFINET IO 规范 第 3 部分：PROFINET IO 通信行规》。

1. 将变频器与 PLC 进行 PROFINET 连接

根据控制要求，PROFINET 通信控制系统的接线图如图 3-33a 所示。PLC 输入端的按钮 SB1~SB4 分别控制变频器起动、反向、停止和复位。使用 1 根 PN 网线将计算机连接至变频器的一个 PN1 接口（图 3-33a 没有画计算机），用来编写程序和调试变频器；使用第 2 根 PN 网线将其一端连接 S7-1200 PLC 的 CPU1215C 的 PN 接口，另外一端连接 G120 变频器的 PN2 接口，正确连接后 G120 变频器上的 LNK1 绿灯点亮。G120 变频器的 PN 接口在 CU240E-2 PN-F 底部，如图 3-33b 所示，共有 8 个接线端子，其中端子 1、2 为接收数据端，端子 3、6 为发送数据端。用普通网线将 S7-1200 PLC 本体的 PN 通信接口和变频器的 PN 通信接口连接在一起，如图 3-33b 所示。

G120 变频器
PROFINET
通信的
硬件配置

2. 硬件组态

（1）添加 S7-1200 PLC 并组态设备名称和分配 IP 地址（图 3-34）。

1）双击"添加新设备"，选择 CPU 1215C DC/DC/DC，并将它添加到右侧设备视图中的插槽 1 中。

2）双击 CPU 的"PROFINET 接口"。

3）单击界面下方的"属性"→"常规"→"以太网地址"。

4）在右侧"IP 地址"输入 PLC 的 IP 地址"192.168.0.1"。

5）取消勾选"自动生成 PROFINET 设备名称"项。

6）在右侧界面中输入"PROFINET 设备名称"为"1200plc"。

（2）添加 G120 变频器并组态设备名称和分配 IP 地址　添加 G120 变频器有两种方法：一种是在网络视图右侧的硬件目录中选择"其他现场设备→PROFINET IO→Drives→SIEMENS AG→SINAMICS→SINAMICS G120 CU240E-2 PN（-F）V4.7"模块并将它拖动到网络视图空白处，如图 3-35a 所示；另一种方法是通过在 TIA Portal V15 项目树下双击"添加新设备"添加 G120 变频器，添加方法请参考任务 2.3.2。这里采用后一种方法，如图 3-35b 所示：

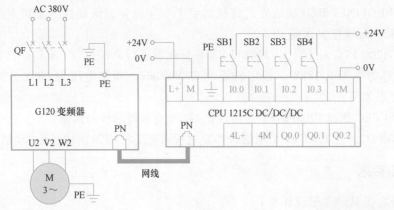

a) 原理图

引脚
1— RX+，接收数据+
2— RX-，接收数据-
3— TX+，发送数据+
4— 未占用
5— 未占用
6— TX-，发送数据-
7— 未占用
8— 未占用

CU240E-2 PN-F
的RJ45接口

S7-1200 PLC本体
上的RJ45接口

b) G120变频器的PROFINET通信接线

图 3-33   S7-1200 PLC 与 G120 变频器的 PROFINET 通信接线图

图 3-34   组态 S7-1200 的设备名称和分配 IP 地址

1) 在"设备视图"中双击控制单元。

2) 单击界面下方的"属性"→"PROFINET接口[X150]"→"以太网地址"。

3) 在右侧界面中输入期望的IP地址：192.168.0.10。

4) 取消勾选"自动生成PROFINET设备名称"项。

5) 在右侧界面中输入"PROFINET设备名称"（用于PN通信）为"g120"。

S7-1200 PLC与G120变频器的设备名称必须用英文和数字命名。

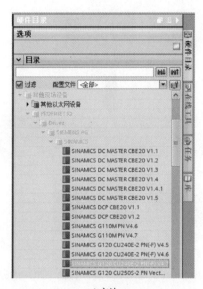

a) 方法一

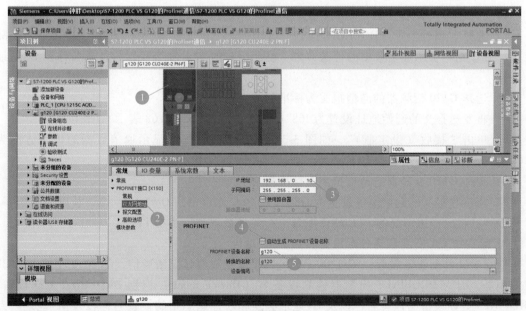

b) 方法二

图3-35 组态G120变频器的设备名称和分配IP地址

（3）构建 G120 变频器和 PLC 的 PN 网络

在网络视图中，单击 g120 上的蓝色提示"未分配"，选择 IO 控制器"PLC_1.PROFINET 接口_1"，完成与 IO 控制器的 PROFINET 网络连接，如图 3-36 所示。

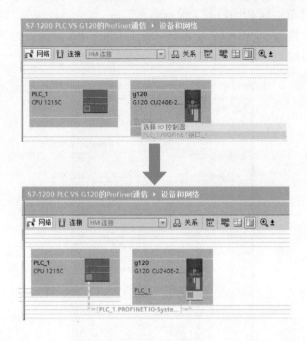

图 3-36　S7-1200 PLC 与 G120 变频器的 PROFINET 网络连接

（4）组态 G120 变频器的报文即 I/O 地址

1）在 G120 的设备视图界面双击控制单元，系统弹出如图 3-37a 所示的窗口。

2）选择"属性"→"PROFINET 接口［X150］"→"报文配置"→"g120"→"发送（实际值）"，在该窗口显示通信数据的传送方向、已经组态的 PLC 和变频器的设备名称和 IP 地址等信息。

3）选择 G120 变频器的通信报文为标准报文 1。

4）将发送报文的起始地址设置为 I68（在 PLC 编程中用 IW68 表示），长度为 2 个字。

5）单击"接收（设定值）"，如图 3-37b 所示，在该窗口显示通信数据的传送方向为 1200plc→g120、已经组态的 PLC 和变频器的设备名称及 IP 地址等信息。

6）选择 G120 变频器的通信报文为标准报文 1。

7）将接收报文的起始地址设置为 Q68（在 PLC 编程中用 QW68 表示），长度为 2 个字。

最后，将已经组态好的 PLC 硬件配置进行编译后下载到实物 PLC。

3. 给实物 G120 变频器分配设备名称及 IP 地址

在完成硬件配置下载后，S7-1200 PLC 与 G120 变频器还无法通信，G120 变频器上的 BF 红灯闪烁。因为 PROFINET 控制器依靠设备名（Device name）识别 PROFINET I/O 设备，PROFINET I/O 设备的设备名称以及 IP 地址必须和硬件组态中的设备名称以及 IP 地址一致才能建立通信，因此还要为实物变频器分配设备名称和 IP 地址，请参考项目 2 中的图 2-22~图 2-25。正确分配设备名称和 IP 地址后，BF 灯熄灭，说明 S7-1200 PLC 和 G120 变频器已经建立 PROFINET 通信。

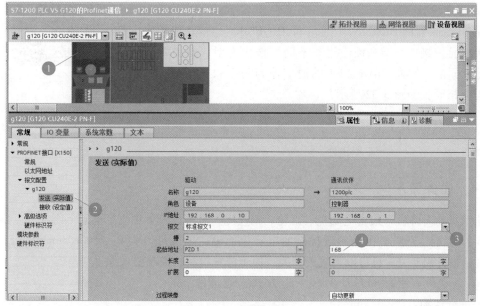

a) 发送

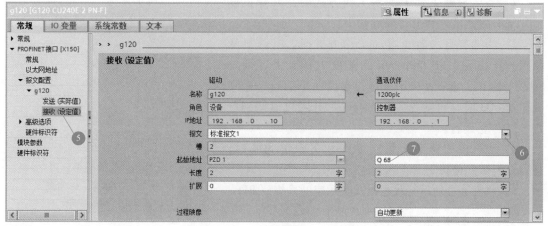

b) 接收

图 3-37　G120 变频器的报文配置

4. 设置变频器通信参数

单击 Startdrive 软件 "所有参数"→"通讯"→"配置"，设置 G120 变频器的通信参数如图 3-38 所示，还需要设置参考速度 p2000 = 3000r/min。

图 3-38　G120 变频器 PROFINET 通信参数

5. 程序设计

G120 变频器的 PROFINET 通信和 PROFIBUS 通信功能相同，除了两者的通信接口类型和硬件组态不同，报文类型、控制字和状态字都是相同的，因此 PROFINET 的通信控制程序和 PROFIBUS 通信控制程序相同，如图 3-32 所示。

G120 变频器 PROFINET
通信程序调试

任务 3.4.3　货物升降机的 PROFINET 通信

一、任务导入

小型货物升降机一般由电动机、滑轮、钢丝绳、吊笼以及各种主令电器等组成，基本结构如图 3-39 所示。升降机由变频器控制的电动机驱动，速度可以在 0~1500r/min 调节，SQ1~SQ5 可以是行程开关，也可以是接近开关，用于位置检测。控制要求如下：

1）升降机有手动和自动两种工作方式，通过选择开关进行切换。

2）当选择开关置于手动工作方式时，升降机以 350r/min 的速度点动上行或点动下行。

3）当选择开关置于自动工作方式时，升降机从原点 SQ1 出发，以 750r/min 的速度上行至上行限位 SQ2，停 10s，再以 1200r/min 的速度向下运行，碰到变速位 SQ3 时，速度变为 350r/min，升降机返回到原点 SQ1 停止运行。

4）当升降机碰到上限位 SQ5 和下限位 SQ4 时，报警灯闪烁并停机。

5）将变频器的运行状态以及实际速度采集到 PLC。

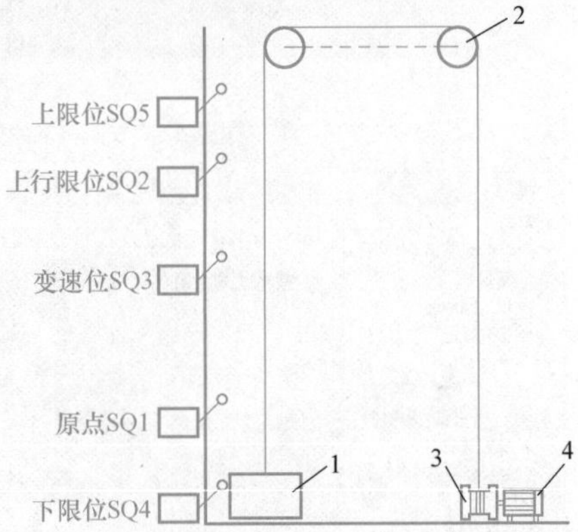

图 3-39　升降机结构图

1—吊笼　2—滑轮　3—卷筒
4—电动机　SQ1~SQ5—限位开关

二、任务实施

【训练设备、工具、手册或标准】

控制单元 CU240E-2 PN-F 1 个，功率模块 PM240-2（400V，0.55kW）1 个，西门子公司的 CPU 1215C DC/DC/DC 的 PLC 1 台，三相异步电动机 1 台，安装有 TIA Portal V15 和 Startdrive V15 软件的计算机 1 台，网线 2 根，开关、按钮和接触器若干，《SINAMICS G120、G120P、G120C、G120D、G110M 现场总线功能手册》，通用电工工具 1 套，GB/T 25105.3—2014《工业通信网络 现场总线规范 类型 10：PROFINET IO 规范 第 3 部分：PROFINET IO 通信行规》。

1. 硬件电路

根据控制要求，货物升降机控制的 I/O 分配见表 3-16，接线图如图 3-40 所示。

2. 硬件组态

参考任务 3.4.2，添加 CPU 1215C DC/DC/DC 和 CU240E-2 PN-F，PM240-2，创建 PLC 与 G120 变频器的连接，设置 CPU 1215C DC/C/DC 的设备名称为"1200plc"，IP 地址为 192.168.0.1；G120 变频器的设备名称为"g120"，IP 地址为 192.168.0.10。选择标准报文

1，设置发送报文的起始地址为 IW256，接收报文的起始地址为 QW256，最后为实物变频器分配设备名称和 IP 地址。

表 3-16　货物升降机控制的 I/O 分配

输　入			输　出		
输入继电器	输入元器件	作　用	输出继电器	输出元器件	作　用
I0.0	SA	手动/自动选择	Q0.0	KA	变频器上电
I0.1	SB1	起动	Q0.1	HL	报警指示
I0.2	SB2	停止	QW256	—	控制字
I0.3	SB3	上行点动	QW258	—	主设定值
I0.4	SB4	下行点动			
I0.5	SQ1	原点			
I0.6	SQ2	上行限位			
I0.7	SQ3	变速位			
I1.0	SQ4	下限位			
I1.1	SQ5	上限位			
IW256	—	状态字			
IW258	—	变频器反馈速度			

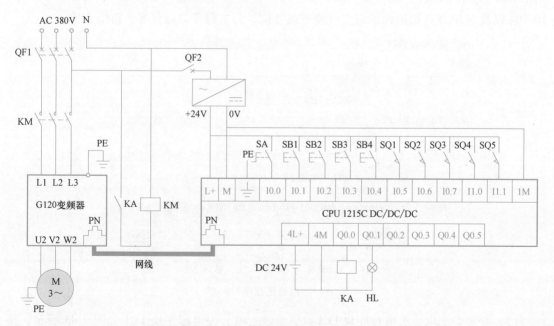

图 3-40　货物升降机的接线图

3. 设置变频器的通信参数

设置 p0015 = 7，即变频器通过现场总线控制；设置参数 p0922 = 1，即选择"[1] Standard telegram 1，PZD-2/2"，通过标准报文 1 方式与 PLC 通信，参考速度 p2000 = 1500r/min。

4. 程序设计

（1）程序所用的变量定义（图 3-41）。

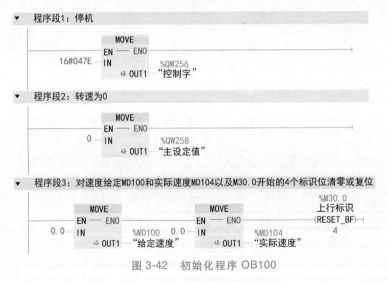

	名称	数据类型	地址	保持	可从…	从 H…	在 H…	注释
1	手动自动选择	Bool	%I0.0		✓	✓	✓	
2	起动	Bool	%I0.1		✓	✓	✓	
3	停止	Bool	%I0.2		✓	✓	✓	
4	上行点动	Bool	%I0.3		✓	✓	✓	
5	下行点动	Bool	%I0.4		✓	✓	✓	
6	原点	Bool	%I0.5		✓	✓	✓	
7	上行限位	Bool	%I0.6		✓	✓	✓	
8	变速位	Bool	%I0.7		✓	✓	✓	
9	下限位	Bool	%I1.0		✓	✓	✓	
10	上限位	Bool	%I1.1		✓	✓	✓	
11	状态字	Word	%IW256		✓	✓	✓	
12	变频反馈速度	Int	%IW258		✓	✓	✓	
13	控制字	Word	%QW256		✓	✓	✓	
14	主设定值	Int	%QW258		✓	✓	✓	
15	给定速度	Real	%MD100		✓	✓	✓	
16	实时速度	Real	%MD104		✓	✓	✓	
17	变频状态显示	Word	%MW108		✓	✓	✓	
18	KA	Bool	%Q0.0		✓	✓	✓	
19	报警指示	Bool	%Q0.1		✓	✓	✓	
20	Tag_1	Bool	%M20.0		✓	✓	✓	
21	Tag_2	Bool	%M20.1		✓	✓	✓	
22	停10s标识	Bool	%M30.1		✓	✓	✓	
23	上行标识	Bool	%M30.0		✓	✓	✓	
24	速度1下行标识	Bool	%M30.2		✓	✓	✓	
25	速度2下行标识	Bool	%M30.3		✓	✓	✓	
26	Tag_3	Bool	%M20.2		✓	✓	✓	

图 3-41　定义程序的变量

（2）初始化程序 OB100　OB100 是起动组织块，即 CPU 在重新上电或 STOP 到 RUN 时，先运行 OB100 一次，再循环执行 OB1。初始化程序 OB100 如图 3-42 所示，利用 OB100 先于 OB1 执行的特性，在 PLC 开机运行时，首先使变频器停机并对 QW258、MD100、MD104 以及 M30.0 开始的标识位进行清零或复位，为主程序的运行准备初始变量。

程序段1：停机

```
            MOVE
          EN ── ENO
16#047E ─ IN
          ⁑ OUT1    %QW256
                     "控制字"
```

程序段2：转速为0

```
            MOVE
          EN ── ENO
      0 ─ IN
          ⁑ OUT1    %QW258
                     "主设定值"
```

程序段3：对速度给定MD100和实际速度MD104以及M30.0开始的4个标识位清零或复位

```
                                              %M30.0
      MOVE                 MOVE                上行标识
   EN ── ENO            EN ── ENO            ─(RESET_BF)─
0.0 ─ IN           0.0 ─ IN                      4
   ⁑ OUT1  %MD100      ⁑ OUT1  %MD104
           "给定速度"          "实际速度"
```

图 3-42　初始化程序 OB100

（3）变频器上电、失电程序块 FC1　变频器上电、失电程序块 FC1 如图 3-43 所示，按起动按钮 I0.1 或上行点动按钮 I0.3 或下行点动按钮 I0.4 时，Q0.0 得电并自锁。在图 3-40 中，KA 线圈得电，其常开触点闭合，接触器 KM 线圈得电，其 3 对主触点闭合，接通 G120 变频器的电源 L1、L2、L3。按下停止按钮 I0.2 或系统处于报警状态 Q0.1 断开时，Q0.0 失电，接触器 KM 的 3 对主触点断开，变频器失电。

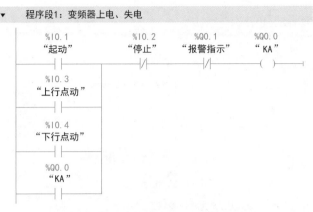

图 3-43　变频器上电、失电程序块 FC1

（4）速度给定和实际速度规格化程序块 FC2　给定速度 0.0～1500.0r/min 对应于主设定值 QW258 中的 0～16384 的数字量，变频器的反馈速度 IW258 中的 0～16384 的数字量对应于实际速度 0.0～1500.0r/min，因此设定变频器的给定速度或采集变频器实际速度时需要规格化，规格化程序块的接口参数定义如图 3-44 所示，程序如图 3-45 所示。

（5）手动程序块 FC3　如图 3-46 所示，G120 变频器进行 PROFINET 通信时，

		名称	数据类型	默认值	注释
1		▼ Input			
2		■ 给定速度	Real		
3		■ 变频器反馈速度	Int		
4		■ 变频器方向控制	Word		
5		▼ Output			
6		■ 主设定值	Int		
7		■ 实际速度	Real	▣	
8		■ 控制字	Word		
9		▼ InOut			
10		■ <新增>			
11		▼ Temp			
12		■ Temp1	Real		
13		■ Temp2	Real		
14		▼ Constant			
15		■ <新增>			
16		▼ Return			
17		■ 变频器规格化	Void		

图 3-44　规格化程序块 FC2 的接口参数定义

首先将停止/运行准备就绪控制字 16#047E 送入 QW256，因此在程序段 1 中，当按下上行按钮 I0.3 时，首先将 16#047E 送入 QW256，同时起动定时器 T1 延时 1s，1s 后，定时器 T1 的延时常闭触点断开，延时常开触点闭合调用变频器规格化程序块 FC2，将正转起动控制字 16#047F 和给定速度 350r/min 送入 QW256 和 QW258，使变频器以 350r/min 的速度点动运

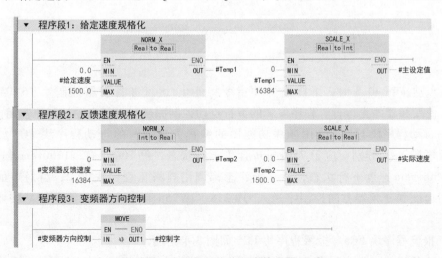

图 3-45　变频器规格化程序块 FC2 程序

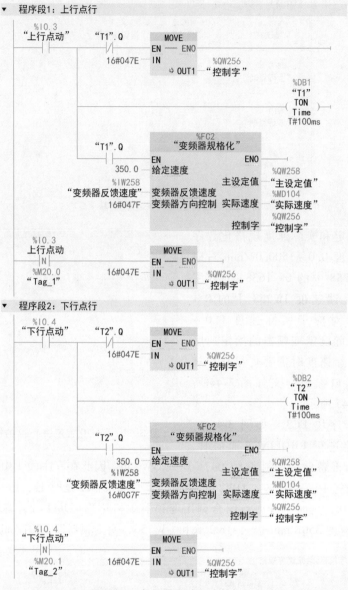

图 3-46 变频器手动程序块 FC3

行，松开点动按钮 I0.3 时，下降沿脉冲指令将停止/运行准备就绪控制字 16#047E 送入 QW256，使变频器停止运行。程序段 2 的下行点动控制原理与上行点动控制原理相似。

（6）自动程序块 FC4 采用顺序功能图的编程方法编写的自动程序块 FC4 如图 3-47 所示，程序段 1~4 分别对应于 750r/min 速度上行状态、停 10s 状态、1200r/min 速度下行状态和 350r/min 速度下行状态，每一个状态都调用规格化程序块 FC2，将对应的给定速度、反馈速度和变频器方向控制字送入 QW258、IW258 和 QW256，使变频器按照控制要求运行。

（7）报警程序块 FC5 报警程序块 FC5 如图 3-48 所示。

（8）主程序 OB1 主程序 OB1 由变频器上电、失电程序块 FC1、速度给定和实际速度规格化程序块 FC2、手动程序块 FC3、自动程序块 FC4 以及报警程序块 FC5 组成，如图 3-49 所示，主程序 OB1 根据控制要求调用不同功能的函数块 FC，使其循环执行。

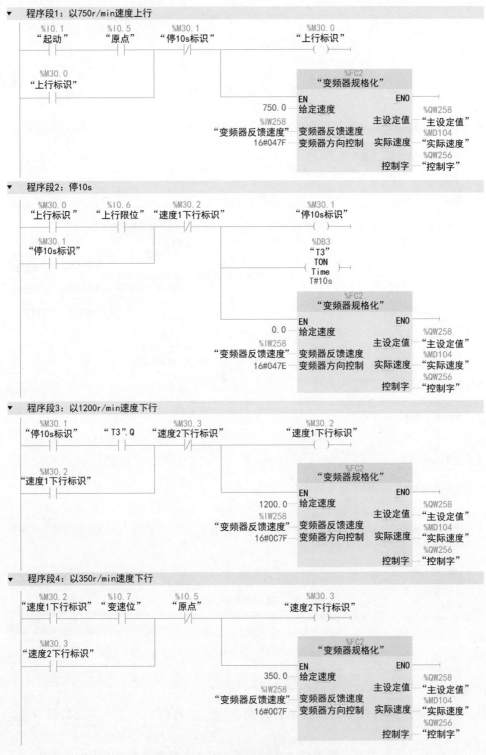

图 3-47 变频器自动程序块 FC4

图 3-48　变频器报警程序块 FC5

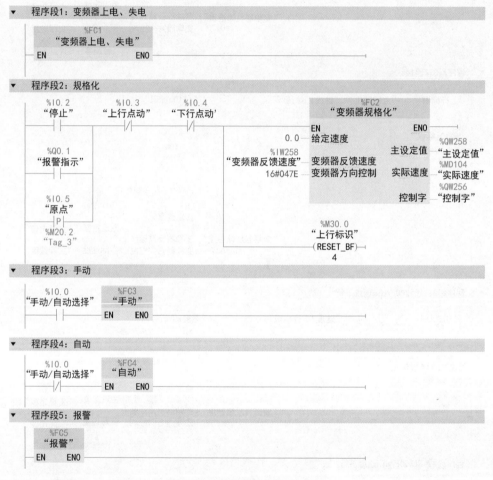

图 3-49　变频器的主程序 OB1

思考与练习

1. 填空题

（1）G120 变频器可以与上位控制器进行_____通信、_____通信以及_____通信。

（2）将现场总线设为设定值源时，必须设置 G120 变频器参数 p1070＝_____。

（3）G120 变频器控制单元常见的通信接口有_____接口、_____接口和_____接口。

（4）PROFIdrive 是基于西门子_____和_____两种通信方式、应用于驱动与自动化控制的一种协议框架，也称为"行规"。

（5）PROFIdrive 主要由_____、_____和_____3 个部分组成。

（6）标准报文 20，PZD-2/6，发送数据长度为_____字，接收数据长度为_____字。

（7）在 G120 变频器的报文中，STW 是_____的缩写，ZSW 是_____的缩写。

（8）G120 变频器的速度给定值为 1500r/min，参考速度 p2000＝3000r/min，则对应的主设定值为_____。

（9）G120 变频器的测量速度为 1500r/min，参考速度 p2000＝1500r/min，则对应的实际速度为_____。

（10）设置 G120 变频器的 PROFIBUS 地址有_____和_____两种方法。

2. 简答题

G120 变频器的 PROFIBUS 通信和 PROFINET 通信有哪些相同点和不同点？

3. 分析题

采用 G120 变频器 PN 通信方式实现任务 3.3 验布机本地/远程无级调速切换控制，试画出硬件接线图并编写程序。对比两种控制方式，判断哪种控制方式更好。

项目4

PROJECT 4

步进驱动系统的应用

任务4.1 单轴步进电动机的控制

任务目标

1. 了解步进电动机的工作原理。
2. 掌握步进驱动器的端子功能。
3. 学会设置步进驱动器的工作电流（动态电流）、细分精度和静态电流。
4. 掌握 PLC 控制步进电动机的硬件接线图。
5. 能够构建 S7-1200 PLC 的运动控制系统并能组态运动轴。
6. 能使用轴控制面板调试运动轴。
7. 能用 PLC Open 标准程序块编写单轴步进电动机的控制程序并进行调试。
8. 继承和发展马克思主义实践观。

任务4.1.1 认识步进电动机

一、任务导入

步进电动机是一种将电脉冲信号转变为角位移或线位移的开环控制部件，是一种专门用于速度和位置精确控制的特种电动机。由于步进电动机的转动是每输入一个脉冲，步进电动机前进一步，所以叫作步进电动机。一般电动机是连续旋转的，而步进电动机的转动是一步一步进行的。在非超载的情况下，步进电动机的转速、停止的位置只取决于脉冲信号的频率和脉冲数，而不受负载变化的影响，即给步进电动机加一个脉冲信号，步进电动机就转过一个角度。脉冲数越多，步进电动机转动的角度越大。脉冲的频率越高，步进电动机的转速越快；但不能超过最高频率，否则步进电动机的转矩会迅速减小，电动机不转。

通过控制步进电动机的电脉冲频率和脉冲数可以很方便地控制它的速度和角位移，且步进电动机的误差不累积，可以达到精确定位的目的，因此它广泛应用于经济型数控机床、雕刻机、贴标机、工业机器人和机械手等定位控制系统中。

二、任务实施

【训练设备、工具、手册或标准】

步进电动机 1 台、GB/T 20638—2006《步进电动机通用技术条件》。

1. 步进电动机的工作原理

下面以一台最简单的三相反应式步进电动机为例，介绍步进电动机的工作原理。

图 4-1 所示是一台三相反应式步进电动机的原理图。定子铁心为凸极式，共有 3 对（6 个）磁极，每两个空间相对的磁极上绕有一相控制绕组。转子用软磁性材料制成，也是凸极结构，只有 4 个齿，齿宽等于定子的极宽。

步进电动机

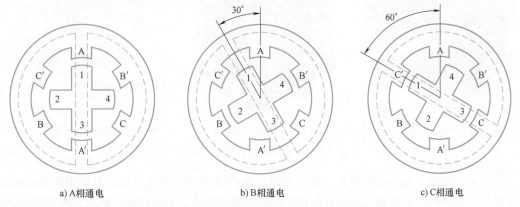

a) A相通电　　　　b) B相通电　　　　c) C相通电

图 4-1　三相反应式步进电动机的原理图

当 A 相定子绕组通电时，其余两相均不通电，电动机内建立以定子 A 相极为轴线的磁场。由于磁通具有力图走磁阻最小路径的特点，故转子齿 1 和 3 的轴线与定子 A 相极轴线对齐，如图 4-1a 所示。当 A 相定子绕组断电、B 相定子绕组通电时，转子在反应转矩的作用下，逆时针转过 30°，使转子齿 2 和 4 的轴线与定子 B 相极轴线对齐，即转子走了一步，如图 4-1b 所示。断开 B 相，使 C 相定子绕组通电，转子逆时针方向又转过 30°，转子齿 1 和 3 的轴线与定子 C 相极轴线对齐，如图 4-1c 所示。如此按 A→B→C→A 的顺序轮流通电，转子就会一步一步地按逆时针方向转动。

步进电动机的转速取决于各相定子绕组通电与断电的频率，旋转方向取决于定子绕组轮流通电的顺序。若按 A→C→B→A 的顺序通电，则电动机按顺时针方向转动。

（1）三相单三拍工作方式　"三相"是指定子绕组有 3 组；"单"是指每次只能一相绕组通电；"三拍"指通电三次完成一个通电循环。把每一拍转子转过的角度称为步距角。采用三相单三拍工作方式运行时，步距角为 30°。

1）正转：A→B→C→A。

2）反转：A→C→B→A。

（2）三相单、双六拍工作方式　这种工作方式是指一相通电接着二相通电间隔地轮流进行，完成一个循环需要经过 6 次改变通电状态，步距角为 15°。

1）正转：A→AB→B→BC→C→CA→A。

2）反转：A→AC→C→CB→B→BA→A。

（3）三相双三拍工作方式　"双"是指每次有两相绕组通电，每通入一个电脉冲，转子转 30°，即步距角为 30°。

1）正转：AB→BC→CA→AB。

2）反转：AC→CB→BA→AC。

2. 步进电动机的结构

步进电动机的外形如图 4-2a 所示，步进电动机由转子（转子铁心、永磁体、转轴和滚珠轴承，图 4-2b）、定子（绕组、定子铁心）及前后端盖等组成，如图 4-2c 所示。

  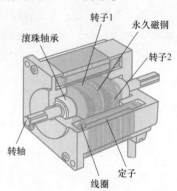

a) 步进电动机的外形　　　b) 实际步进电动机的结构　　　c) 步进电动机剖面图

图 4-2　步进电动机的结构示意图

不管是三相单三拍步进电动机还是三相单、双六拍步进电动机，它们的步距角都比较大，当用它们作为传动设备的动力源时，往往不能满足精度要求。为了减小步距角，实际的步进电动机通常在定子凸极和转子上开很多小齿，如图 4-2b 和图 4-2c 所示，这样就可以大大减小步距角，提高步进电动机的控制精度。最典型两相混合式步进电动机的定子有 8 个大齿、40 个小齿，转子有 50 个小齿；三相电动机的定子有 9 个大齿、45 个小齿，转子有 50 个小齿。

步进电动机的步距角一般为 1.8°、0.9°、0.72° 和 0.36° 等。步距角越小，则步进电动机的控制精度越高。根据步距角可以控制步进电动机行走的精确距离。例如，对于步距角为 0.72° 的步进电动机，每旋转一周需要的脉冲数为 360/0.72 = 500，也就是对步进电动机驱动器发出 500 个脉冲信号，步进电动机才旋转一周。

步进电动机的机座号主要有 35、39、42、57、86 和 110 等。

3. 步进电动机的分类

按励磁方式的不同，步进电动机可分为反应式（Variable Reluctance，VR）、永磁式（Permanent Magnet，PM）和混合式（Hybrid Stepping，HB）三类。

按定子上绕组来分类，可分为二相、三相和五相等系列。最受欢迎的是两相混合式步进电动机，占 97% 以上的市场份额，原因是性价比高，配上细分驱动器后效果良好。这种电动机的基本步距角为 1.8°/步；配上半步驱动器后，步距角可减少为 0.9°；配上细分驱动器后，步距角可细分达 256 倍（0.007°/步）。由于摩擦力和制造精度等原因，实际控制精度略低。同一个步进电动机可配不同细分的驱动器，以改变精度和效果。

4. 步进电动机的重要参数

（1）步距角 步进电动机每接收一个步进脉冲信号，电动机就旋转一定的角度，该角度称为步距角。电动机出厂时给出了一个步距角的值，如 57BYG46403 型电动机给出的值为 0.9°/1.8°（表示半步工作时为 0.9°、整步工作时为 1.8°），这个步距角可以称为"电动机固有步距角"，它不一定是电动机实际工作时的真正步距角，真正的步距角和驱动器有关。步距角满足如下公式：

$$\theta = 360° / ZKm$$

式中 Z——转子齿数；

K——通电系数，当前后通电相数一致时，$K=1$，否则，$K=2$；

m——相数。

（2）步进电动机的速度 步进电动机的转速取决于各相定子绕组通入电脉冲的频率，速度为

$$n = 60f / KmZ = \theta f / 6$$

式中 f——电脉冲的频率，即每秒脉冲数（pps）；

Z——转子齿数；

K——通电系数。

（3）相数 步进电动机的相数是指电动机内部的绕组数，常用 m 表示。目前常用的有二相、三相、四相、五相、六相和八相步进电动机。电动机相数不同，步距角也不同，一般二相电动机的步距角为 0.9°/1.8°、三相的为 0.75°/1.5°、五相的为 0.36°/0.72°。在没有细分驱动器时，用户主要靠选择不同相数的步进电动机来满足自己步距角的要求。如果使用细分驱动器，则"相数"将变得没有意义，用户只需在驱动器上改变细分数，就可以改变步距角。

（4）拍数 完成一个磁场周期性变化所需脉冲数或导电状态，用 n 表示，或指电动机转过一个齿距角所需脉冲数。以四相电动机为例，有四相双四拍运行方式，即 AB→BC→CD→DA→AB，四相单双八拍运行方式即 A→AB→B→BC→C→CD→D→DA→A。步距角对应一个脉冲信号，电动机转子转过的角位移用 θ 表示。$\theta = 360°/$（转子齿数×运行拍数），以常规二、四相，转子齿数为 50 齿的电动机为例：四拍运行时，步距角为 $\theta = 360°/(50×4) = 1.8°$（俗称整步）；八拍运行时，步距角为 $\theta = 360°/(50×8) = 0.9°$（俗称半步）。

（5）保持转矩 保持转矩是指步进电动机通电但没有转动时，定子锁住转子的转矩。它是步进电动机最重要的参数之一，通常步进电动机在低速时的转矩接近保持转矩。由于步进电动机的输出转矩随速度的增大而不断衰减，输出功率也随速度的增大而变化，所以保持转矩就成了衡量步进电动机最重要的参数之一。比如，所谓 2N·m 的步进电动机，在没有特殊说明的情况下是指保持转矩为 2N·m 的步进电动机。

任务 4.1.2 认识步进驱动器

一、任务导入

步进电动机控制系统由控制器、步进驱动器和步进电动机构成，如图 4-3 所示。步进电动机的运行要有电子装置进行驱动，这种装置就是步进电动机驱动器，它是把控制器发出的脉冲信号加以放大来驱动步进电动机。步进电动机的转速与脉冲信号的频率成正比，控制步

进电动机脉冲信号的频率,可以对电动机进行精确调速;控制步进脉冲的个数,可以对电动机进行精确定位。

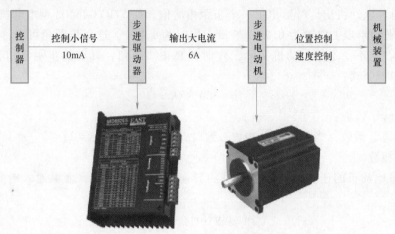

图 4-3　步进电动机控制系统框图

二、任务实施

【训练设备、工具、手册或标准】

3ND583 步进驱动器 1 台、《3ND583 步进驱动器使用说明书》、GB/T 20638—2006《步进电动机通用技术条件》。

1. 步进驱动器的外部端子

从步进电动机的转动原理可以看出,要使步进电动机正常运行,必须按规律控制步进电动机的每一相绕组得电。步进驱动器有 3 种输入信号,分别是脉冲信号(PUL)、方向信号(DIR)和使能信号(ENA)。步进电动机在停止时,通常有一相得电,电动机的转子被锁住,所以需要转子松开时,可以使用使能信号。

步进驱动器

3ND583 是雷赛公司最新推出的一款采用精密电流控制技术设计的高细分三相步进驱动器,适合驱动 57~86 机座号的各种品牌的三相步进电动机。3ND583 步进驱动器的外形如图 4-4 所示,步进驱动器的外部接线端如图 4-5 所示。外部接线端的功能说明见表 4-1。

表 4-1　步进驱动器外部接线端功能说明

接线端	功能说明
PUL+(+5V)	脉冲控制信号输入端:脉冲上升沿有效;PUL-高电平时 4~5V,低电平时 0~0.5V。为了可靠响
PUL-	应脉冲信号,脉冲宽度应大于 1.2μs。如采用+12V 或+24V 时需串联电阻
DIR+(+5V)	方向信号输入端:高/低电平信号,为保证电动机可靠换向,方向信号应先于脉冲信号至少 5μs
DIR-	建立。电动机的初始运行方向与接线有关,互换三相绕组 U、V、W 中的任何两根线可以改变电动机初始运行的方向,DIR-高电平时 4~5V,低电平时 0~0.5V
ENA+(+5V)	使能信号输入端:此输入信号用于使能或禁止。ENA+接+5V,ENA-接低电平(或内部光耦合
ENA-	器导通)时,驱动器将切断电动机各相的电流,使电机处于自由状态,此时步进脉冲不被响应。当不需用此功能时,使能信号端悬空即可
U、V、W	三相步进电动机的接线端
+Vdc	驱动器直流电源输入端正极,18~50V 间任何值均可,但推荐值 DC +36V 左右
GND	驱动器直流电源输入端负极

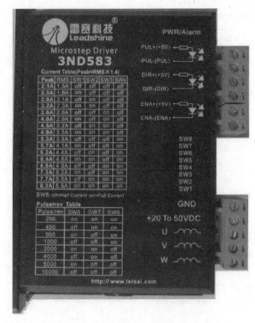

图 4-4　3ND583 驱动器外形

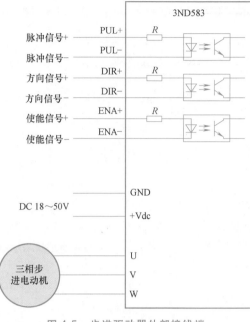

图 4-5　步进驱动器外部接线端

2. 步进驱动器的外部典型接线

3ND583 型步进驱动器采用差分式接口电路，适用于差分信号、单端共阴极及共阳极等接口，内置高速光耦合器，允许接收差分信号、NPN 型晶体管输出电路信号和 PNP 型晶体管输出电路信号。当步进驱动器与 PLC 相连时，首先要了解 PLC 的晶体管输出信号是集电极开路 NPN 输出还是 PNP 输出（PLC 的脉冲输出控制类型是脉冲 + 方向或是正 - 反方向脉冲），然后才能决定连接方式。图 4-6a 所示为 3ND583 型步进驱动器与三菱 FX_{2N}-32MT（NPN 输出型）型 PLC 的共阳极接线图，图 4-6b 所示为 3ND583 型步进驱动器与西门子公司的 CPU 1215C DC/DC/DC（PNP 输出型）的共阴极接线图。

注　意

1）在图 4-6 中，如果 VCC 是 5V，则不串联电阻；如果 VCC 是 12V，串联 R 为 1kΩ，大于 1/8W 电阻；如果 VCC 是 24V，串联 R 为 2kΩ，大于 1/8W 电阻。R 必须接在控制器信号端。

2）步进驱动器的 PUL 端子需要接收脉冲信号，因此，PLC 必须采用晶体管输出型的 PLC。

步进电动机的使能信号又称为脱机信号，即 ENA 信号。步进电动机通电后，如果没有脉冲信号输入，定子不运转，其转子处于锁定状态，用手不能转动；但在实际控制中，常常希望能够用手转动进行一些调整、修正工作，这时只要使脱机信号有效（高电平），就能关断定子绕组的电流，使转子处于自由转动状态（脱机）状态。当与 PLC 连接时，脱机信号 ENA 可以像方向信号 DIR 一样连接一个 PLC 的非脉冲输出端用程序进行控制。

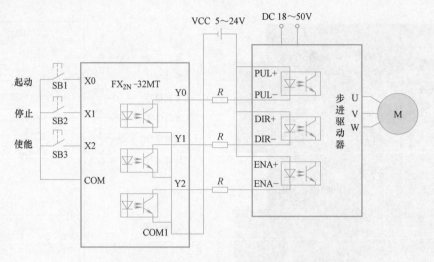

a) 3ND583型步进驱动器与三菱FX$_{2N}$-32MT型PLC的共阳极接线图

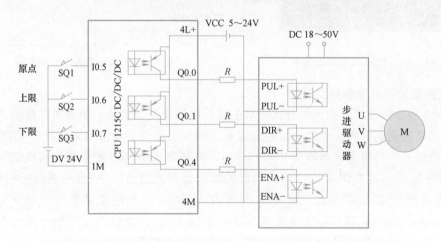

b) 3ND583型步进驱动器与西门子S7-1200 PLC CPU 1215 C DC/DC/DC的共阴极接线图

图 4-6　步进驱动器与 PLC 的典型接线

3. 步进驱动器的细分设置

细分是步进驱动器的一个重要性能。步进驱动器都存在一定程度低频振荡的特点，而细分能有效改善，甚至消除这种低频振荡现象。细分同时提高了电动机的运行分辨率，在定位控制中，细分数适当，实际上也提高了定位的精度。

步进驱动器除了给步进电动机提供较大的驱动电流，更重要的作用是细分。在没有步进驱动器时，由于步进电动机的步距角在 1°左右，角位移较大，不能进行精细控制。使用步进驱动器，只需在驱动器上设置细分步数，就可以改变步距角的大小。例如，若设置细分步数为 10000 步/转，则步距角只有 0.036°，可以实现高精度控制。

3ND583 型步进驱动器的侧面连接端子中间有 8 个 SW 拨码开关，用来设置工作电流（动态电流）、静态电流和细分精度。图 4-7 所示为拨码开关。其中，SW1～SW4 用于设置步进驱动器输出电流（根据步进电动机的工作电流调节驱动器的输出电流，电流越大，转矩越大），SW6～SW8 用于设置细分，SW5 用于选择半流/全流工作模式。

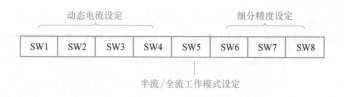

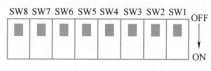

图 4-7　拨码开关

（1）设定工作电流　用 SW1~SW4 的 4 位拨码开关设置工作电流，一共可设置 16 个电流级别，见表 4-2。1 表示 ON，0 表示 OFF。

表 4-2　工作电流设置表

输出峰值电流/A	输出有效值电流/A	SW1	SW2	SW3	SW4
2.1	1.5	0	0	0	0
2.5	1.8	1	0	0	0
2.9	2.1	0	1	0	0
3.2	2.3	1	1	0	0
3.6	2.6	0	0	1	0
4.0	2.9	1	0	1	0
4.5	3.2	0	1	1	0
4.9	3.5	1	1	1	0
5.3	3.8	0	0	0	1
5.7	4.1	1	0	0	1
6.2	4.4	0	1	0	1
6.4	4.6	1	1	0	1
6.9	4.9	0	0	1	1
7.3	5.2	1	0	1	1
7.7	5.5	0	1	1	1
8.3	5.9	1	1	1	1

（2）设定细分　细分精度由 SW6~SW8 3 位拨码开关设定，见表 4-3。1 表示 ON，0 表示 OFF。

表 4-3　细分设置表

细分步数/（步/转）	SW6	SW7	SW8
200	1	1	1
400	0	1	1
500	1	0	1
1000	0	0	1
2000	1	1	0
4000	0	1	0
5000	1	0	0
10000	0	0	0

（3）设置静态电流 静态电流可用 SW5 拨码开关设定，OFF 表示静态电流设为动态电流的一半，ON 表示静态电流与动态电流相同。如果电动机停止时不需要很大的保持转矩，建议把 SW5 设成 OFF，使电动机和驱动器的发热减少，可靠性提高。脉冲串停止后约 0.4s，电流自动减至一半左右（实际值的 60%），发热量理论上减至 36%。

任务 4.1.3　S7-1200 PLC 的运动轴配置

一、任务导入

在 TIA Portal 软件中，可以为运动轴创建工艺对象，通过定义基本参数来组态"轴"，还可以组态轴的其他属性，例如位置限制属性、动态属性和归位属性。组态的工艺对象"定位轴"（TO_PositioningAxis）用于映射控制器中的物理驱动装置。可使用 PLCopen 标准程序块通过用户程序向驱动装置发出定位命令。

为了使 CPU 能够控制运动应用，必须为运动轴创建组态。通过 TIA Portal 中的工艺轴组态向导引导用户完成运动轴的组态过程。

二、相关知识

1. S7-1200 PLC 的运动控制方式

对于固件版本为 V4.1 以上的 CPU，根据所使用的驱动不同，S7-1200 PLC 的运动控制方式分成 PTO（Pulse Train Output，脉冲串输出）控制方式、模拟量控制方式和通信（PROFIdrive）控制方式 3 种，前者为开环控制，后两者为闭环控制，如图 4-8 所示。

（1）PTO 控制方式 PTO 控制方式是所有版本的晶体管输出型 S7-1200 PLC 都具有的一种控制方式，也是步进或伺服实现位置控制时常用的控制方式。该控制方式由 CPU 向驱动器发送高速脉冲信号 PTO 来实现对步进电动机或伺服电动机的控制，这种控制方式是开环控制。

S7-1200 PLC 最多可通过 PTO 控制 4 台驱动器，不能进行扩展。

（2）模拟量控制方式 CPU 固件版本为 V4.1 的 PLC 可以通过模拟量输出方式对伺服电动机的速度和转矩进行控制，它是闭环控制。这种控制方式需要 CPU 本体集成有模拟量输出点 AO。如果 CPU 本体没有集成 AO 点，则需要扩展模拟量模块。

模拟量控制方式只能控制伺服电动机，不能控制步进电动机。

（3）通信控制方式 S7-1200 PLC 通过基于 PROFIBUS/PROFINET 的 PROFIdrive 方式与支持 PROFIdrive 的驱动器连接，进行运动控制。通信控制方式主要针对西门子 V90 PN 版伺服驱动器。

需要注意的是，固件 V4.1 开始的 S7-1200 CPU 才具有 PROFIdrive 的控制方式。

2. S7-1200 PLC 的高速脉冲输出 PTO

如图 4-9 所示，S7-1200 PLC 的 CPU 将输出高速脉冲（脉冲串输出，Pulse Train Output，简称 PTO）和方向信号送到驱动器（步进或伺服）的输入端，驱动器对信号进行处理后输出到步进电动机或伺服电动机，控制电动机的加速、减速及移动。需要注意的是，S7-1200 PLC 内部的高速计数器通过测量 CPU 的脉冲输出（类似于编码器信号）来计算速度和当前位置，并非实际电动机编码器反馈的实际速度和位置，因此，PTO 控制方式是开环控制。

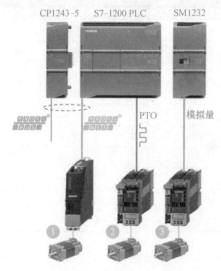

图 4-8　S7-1200 PLC 运动控制方式

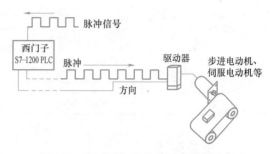

图 4-9　S7-1200 PLC 的运动控制应用

S7-1200 PLC 的高速脉冲输出包括 PTO 和脉宽调制（PWM）输出。PTO 可以输出一串脉冲（50%占空比），用户可以控制脉冲的个数和周期，如图 4-10a 所示，PTO 主要用于步进电动机或伺服电动机的速度和位置的开环控制；PWM 可以输出连续的、占空比可以调制的脉冲串，用户可以控制脉冲的周期和脉宽，如图 4-10b 所示，PWM 主要用于控制电动机的转速和阀门的位置等。

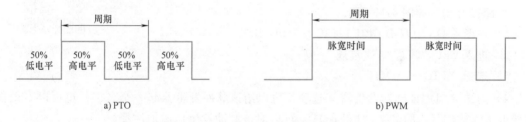

图 4-10　脉冲输出

晶体管输出型的 S7-1200 PLC 可通过板载 I/O 最多提供 4 路高速 PTO（V3.0），频率范围为 $2Hz \leqslant f \leqslant 100kHz$，输出点为源型（PNP）输出。继电器输出型的 S7-1200 PLC 可以通过信号板 SB 的 I/O 实现高速 PTO（V3.0），频率范围为 $2Hz \leqslant f \leqslant 200kHz$，输出点分为源型（PNP）和漏型（NPN）。

不论是使用板载 I/O、信号板 I/O 或是两者的组合，一个 CPU 最多可实现 4 个 PTO 输出，使用时脉冲发生器有默认的 I/O 地址，但是它们也可组态为 CPU 或 SB 上的任意数字量输出，PTO 的性能见表 4-4。

S7-1200 PLC 通过发送 PTO 脉冲的方式控制驱动器，它的运动输出模式支持脉冲和方向、A/B 相移，也可以是正/反脉冲的方式。

S7-1200 PLC 的运动控制功能支持电动机回零、绝对位置控制和相对位置控制。TIA Portal 结合 S7-1200 PLC 通过工艺对象组态、调试和诊断运动轴。

表4-4　S7-1200 CPU 输出和最大频率

CPU/信号板 SB	CPU/信号板 SB 输出通道	脉冲和方向输出	A/B、正交、上/下和脉冲/方向
1211C	Qa. 0～Qa. 3	100kHz	100kHz
1212C	Qa. 0～Qa. 3	100kHz	100kHz
	Qa. 4、Qa. 5	20kHz	20kHz
1214C 和 1215C	Qa. 0～Qa. 3	100kHz	100kHz
	Qa. 4～Qb. 1	20kHz	20kHz
1217C	DQa. 0～DQa. 3（. 0+, . 0-到 . 3+, . 3-）	1MHz	1MHz
	DQa. 4～DQb. 1	100kHz	100kHz
SB 1222, 200kHz	DQe. 0～DQe. 3	200kHz	200kHz
SB 1223, 200kHz	DQe. 0、DQe. 1	200kHz	200kHz
SB 1223	DQe. 0、DQe. 1	20kHz	20kHz

三、任务实施

【训练设备、工具、手册或标准】

西门子 CPU 1215C DC/DC/DC 的 PLC 1 台、安装有 TIA Portal V15 软件的计算机 1 台、网线 1 根、《S7-1200 可编程序控制器系统手册》、GB/T 37391—2019《可编程序控制器的成套控制设备规范》。

1. 硬件组态

在 TIA Portal V15 软件中添加 CPU 1215C DC/DC/DC，在"设备视图"中配置 PTO，如图 4-11 所示。

S7-1200 PLC
的运动轴配置

1）在图 4-11a 中双击 CPU 1215C DC/DC/DC。

2）进入 CPU "属性"→"常规"。

3）选择 "PTO1/PWM1"。

4）勾选"启用该脉冲发生器"选项，可以给该脉冲发生器起一个名字，也可以不做任何修改采用软件默认的名字"Pulse_1"，可以对该脉冲发生器添加注释。

5）在图 4-11b 所示的参数分配的"脉冲选项"中，PTO 脉冲输出有 4 种方式，根据驱动器信号类型进行选择。这里选择比较常见的"脉冲 A 和方向 B"方式，其中 A 点用来产生高速脉冲串，B 点用来控制轴运动的方向。

6）脉冲输出：根据实际配置，自由定义脉冲输出点，或选择系统默认的脉冲输出点。这里选择 Q0.0 为"脉冲输出"点。

7）方向输出：根据实际配置，自由定义方向输出点，或选择系统默认的方向输出点。也可以去掉方向控制点，在这种情况下，用户可以选择其他输出点作为驱动器的方向信号。勾选"启用方向输出"选项，并选择 Q0.1 为"方向输出"点。

2. 组态"轴"工艺对象

组态完脉冲发生器之后，需要组态"轴"工艺对象，每个运动轴对应有一个工艺对象。组态完"轴"工艺对象后，就可以通过自动生成的运动控制指令实现绝对位置控制、相对位置控制和回原点控制等功能。

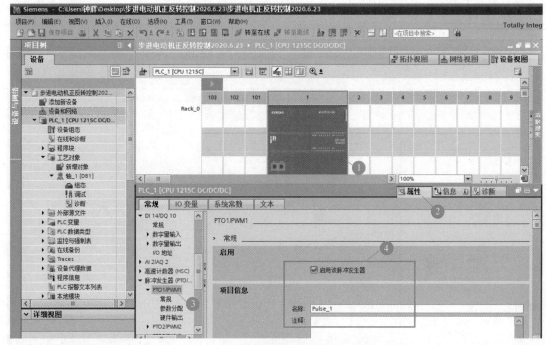

a）启用脉冲发生器

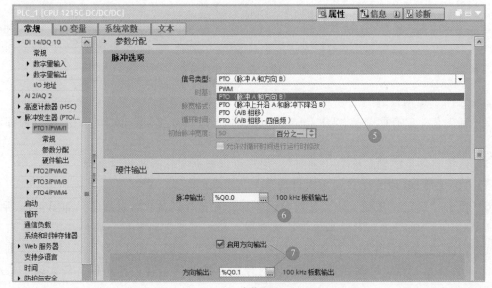

b）参数分配

图4-11　设置脉冲发生器

组态"轴"工艺对象分为对基本参数组态和对扩展参数组态。基本参数组态是必不可少的，而扩展参数组态却不一定是必需的。

（1）添加"轴"工艺对象　无论是开环控制还是闭环控制方式，每一个轴都需要添加一个轴"工艺对象"。

1）在项目树中，展开 PLC_1 文件夹下的节点"工艺对象"，然后双击"新增对象"，弹出"新增对象"对话框，如图 4-12 所示。

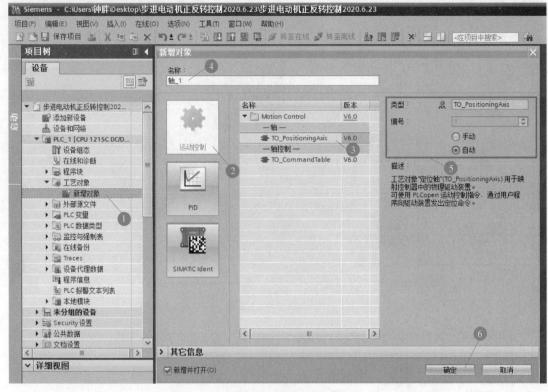

图 4-12　添加工艺对象

2）选择"运动控制"。

3）轴工艺对象有两个："TO_PositioningAxis"和"TO_CommandTable"。每个轴都至少需要插入一个工艺对象。这里选择"TO PositioningAxis"。

4）系统自动生成轴名称为"轴_1"，用户可以根据实际需要修改名称。

5）TO 背景 DB 块分配方式为"自动"。

6）单击"确定"按钮，轴工艺对象已添加，并打开到参数组态画面，如图 4-13 所示。

（2）组态"轴"工艺对象基本参数—常规　添加了工艺对象后，可以在图 4-13 右上角看到工艺对象包含两种视图：功能图（图 4-13）和参数视图（图 4-14）。当用户切换到工艺轴的"参数视图"时，可以看到轴的工艺对象所有参数的名称、起始值、最大值、最小值和注释。

基本参数包括常规和驱动器两类参数，常规参数包括轴名称、驱动器和测量单位。

1）每个轴添加了工艺对象之后，都会有 3 个选项：组态、调试和诊断。

2）"组态"用来设置轴的参数，包括基本参数和扩展参数。

3）每个参数页面都有状态标记，提示用户轴参数设置状态，具体如下：

① 蓝色 ✅：参数配置正确，为系统默认配置，用户没有做修改。

② 绿色 ✅：参数配置正确，不是系统默认配置，用户做过修改。

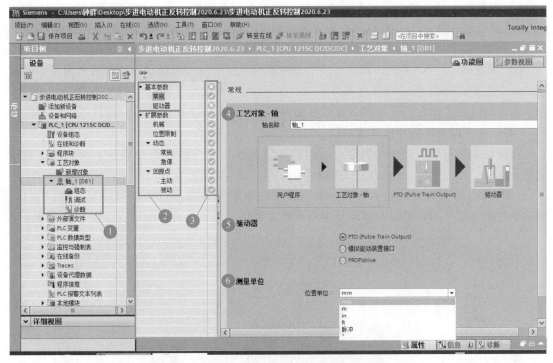

图 4-13　组态轴工艺对象基本参数—常规

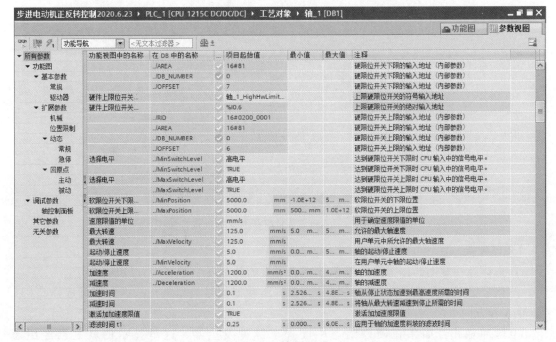

图 4-14　参数视图

③ 红色 ✕：参数配置没有完成或是有错误。

④ 黄色 ⚠：参数组态正确，但是有报警，比如只组态了一侧的限位开关。

4）轴名称：定义该工艺轴的名称，用户可以采用系统默认值，也可以自行定义。

5）驱动器：有 PTO、模拟驱动装置接口和 PROFIdrive 3 个选项，本例选择通过 PTO 的方式控制驱动器。

6）测量单位：TIA Portal 软件提供了 3 种轴的测量单位，包括脉冲、距离和角度。距离有 mm（毫米）、m（米）、in⊖（英寸）、ft⊖（英尺），角度是°（度）。这里选择 mm。

如果是线性工作台，一般都选择线性距离：mm、m、in、ft 为单位；旋转工作台可以选择°。用户也可以直接选择脉冲为单位。

测量单位是很重要的一个参数，后面轴的参数和指令中的参数都是基于该单位进行设定的。

（3）组态轴工艺对象基本参数—驱动器　在驱动器组态窗口可以对驱动器硬件接口、驱动装置使能信号的输出以及驱动器准备就绪反馈信号的输入进行配置，如图 4-15 所示。

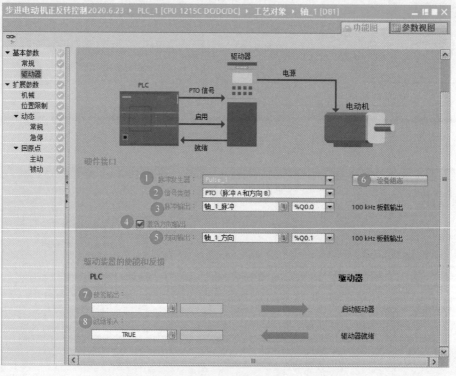

图 4-15　组态轴工艺对象基本参数—驱动器

1）硬件接口。

① 选择脉冲发生器：选择在图 4-11 中已配置的脉冲发生器 PTO（Pulse_1）。

② 信号类型：分成 4 种（图 4-11b），根据驱动器信号类型进行选择。本例选择 "PTO（脉冲 A 和方向 B）"。

③ 脉冲输出：如果在硬件组态中配置了脉冲发生器，这里显示的就是已经组态的 Q0.0。

⊖　1in = 0.0254m。

⊖　1ft = 0.3048m。

④ 激活方向输出：是否使能方向控制位。如果在②步选择"PTO（脉冲上升沿 A 和脉冲下降沿 B）"或"PTO（A/B 相移）"或"PTO（A/B 相移-四倍频）"，则这里是灰色的，用户不能进行修改。

⑤ 方向输出：如果在硬件组态中配置了脉冲发生器，这里显示的就是已经组态的 Q0.1。

⑥ 设备组态：单击该按钮可以跳转到图 4-11 所示的"设备视图"，方便用户回到 CPU 设备属性修改组态。

2）组态驱动装置的使能和反馈信号。

① 使能输出：步进或伺服驱动器一般都需要一个使能信号，这个使能信号由运动控制指令"MC_Power"控制，其作用是让驱动器处于起动状态。用户可以在这里组态一个 DO 点作为驱动器的使能信号，通知驱动器 PLC 已经准备就绪；当然，也可以不配置使能信号，由其他方式使能，本例为空。

② 就绪输入：驱动器准备就绪后发出一个信号到 PLC 的输入端，通知 PLC 驱动器已经准备就绪。这时，在"就绪输入"下面空白处可以选择一个 DI 点作为输入 PLC 的信号；如果驱动器不包含此类型的任何接口，则无需组态这些参数，本例选择值 TRUE。

（4）组态轴工艺对象扩展参数—机械　在机械组态窗口中可以对驱动器的机械属性进行配置。

扩展参数—机械主要设置轴的脉冲数与轴移动距离的参数对应关系，如图 4-16 所示。

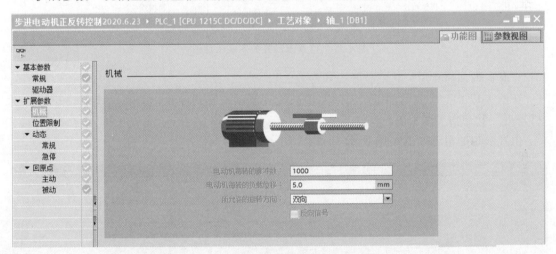

图 4-16　组态轴工艺对象扩展参数—机械

1）电动机每转的脉冲数：表示电动机旋转一周需要的脉冲数。为方便计算，此值应与步进驱动器设置的每转的细分值相等，本例设置为 1000。

2）电动机每转的负载位移：表示电动机每旋转一周，机械装置移动的距离。本例步进电动机与丝杠直接相连接，则此参数就是丝杠的螺距，本例为 5.0mm。

需要注意的是，如果用户在前面的"测量单位"中选择了"脉冲"，则这里的参数单位就变成了"脉冲"，表示电动机每转的脉冲个数。在这种情况下，上述两个参数相同。

3）所允许的旋转方向：有 3 种设置，即双向、正方向和负方向。该参数表示电动机允许的旋转方向。如果尚未在"PTO（脉冲 A 和方向 B）"模式下激活脉冲发生器的方向输出，则选择受限于正方向或负方向。

4）反向信号：如果使能反向信号，效果是当 PLC 端进行正向控制电动机时，电动机实际是反向旋转。

（5）组态轴工艺对象扩展参数—位置限制　位置限制参数用来设置软件/硬件限位开关，不管轴在运动时碰到软限位还是硬限位，轴都将停止运行并报错。

硬限位开关和软限位开关用于限制定位轴工艺对象的"最大行进范围"和"工作范围"。这两者的相互关系如图 4-17 所示。硬限位开关是限制轴的"最大行进范围"的限位开关。软限位开关将限制轴的"工作范围"，它们应位于限制行进范围的相关硬件限位开关的内侧。

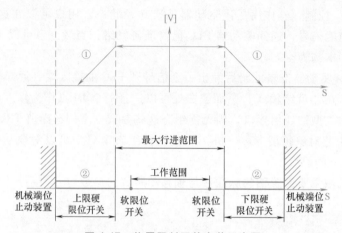

图 4-17　位置限制开关安装示意图

只有在轴回原点后，软限位开关才生效。

在图 4-17 中，①表示轴以组态的急停减速度制动，直到停止；②表示硬限位开关产生"已逼近"状态信号的范围。

位置限制的组态如图 4-18 所示。

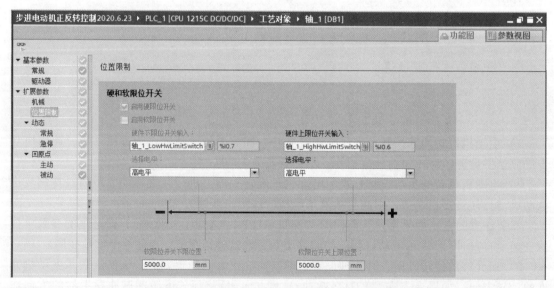

图 4-18　组态轴工艺对象扩展参数—位置限制

1）启用硬限位开关：激活硬件限位开关的功能。在激活硬件限位功能后，如果轴的实际运行位置达到了硬件限位并触发硬限位信号，则轴会停止运行并产生故障。本例中激活了上/下限硬限位开关的功能，故都选此项。

2）启用软限位开关：激活软件限位功能。在激活软限位后，如果轴的实际运行位置达到了软限位的设定值，则轴会停止运行并产生报警。启用的软限位开关仅影响已回到原点的轴。本例不激活。

3）硬件上/下限位开关输入：设置硬件上/下限位开关输入点。本例中步进电动机正转时工作台向左运动，将I0.6定义为丝杠上限位（即左限位），I0.7定义为丝杠下限位（即右限位）。

4）选择电平：设置硬件上/下限位开关输入点的有效电平。由于本例的硬件上/下限位开关在原理图中接入的是常开触点，而且是NPN接法，因此当限位开关起作用时为"高电平"。本例应选择高电平有效。

5）软限位开关上/下限位置：设置软件位置点，用距离、脉冲或角度表示。本例没有启用软限位开关。

用户需要根据实际情况来设置该参数，不要盲目使能软件和硬件限位开关。这部分参数不是必须使能的。

（6）组态轴工艺对象扩展参数—动态　扩展参数—动态包括"常规"和"急停"两部分。

1）组态"常规"参数：动态常规参数可对最大转速、起动/停止速度、加速度和减速度以及冲击限制进行组态，如图4-19所示。

① 速度限制的单位：设置参数"最大转速"和"起动/停止速度"的显示单位。

速度限制的单位有两种显示单位是默认可以选择的，包括"脉冲/s"和"r/min"。根据前面"测量单位"的不同，这里可以选择的选项也不用。比如：本例中在"基本参数—常规"中的"测量单位"组态了mm，故除了包括"脉冲/s"和"r/min"，又多了一个mm/s。

② 最大转速：用来设定电动机的最大转速。最大转速=（PTO输出的最大频率×电动机每转的负载位移）/电动机每转需要的脉冲数。本例中最大转速设置为125.0mm/s。

③ 起动/停止速度：设置轴的最小允许速度。本例中起动/停止速度设置为5.0mm/s。

④ 加速度：根据电动机和实际控制要求设置加速度。

⑤ 减速度：根据电动机和实际控制要求设置减速度。

⑥ 加速时间：如果用户先设定了加速度，则加速时间由软件自动计算生成。用户也可以先设定加速时间，加速度由系统自行计算。

⑦ 减速时间：如果用户先设定了减速度，则减速时间由软件自动计算生成。用户也可以先设定减速时间，减速度由系统自行计算。

⑧ 激活加加速度限值：降低在加速和减速斜坡运行期间施加到机械上的应力，以防止产生丢步越步的不良影响。如果激活了加加速度限值，则不会突然停止轴加速和轴减速，而是根据设置的滤波时间逐渐调整，如图4-19中加速度和减速度的曲线。例如，可以确保传送带的软启动和软制动。

⑨ 滤波时间：如果用户先设定了加加速度，则滤波时间由软件自动计算生成。用户也可以先设定滤波时间，加加速度由系统自行计算。

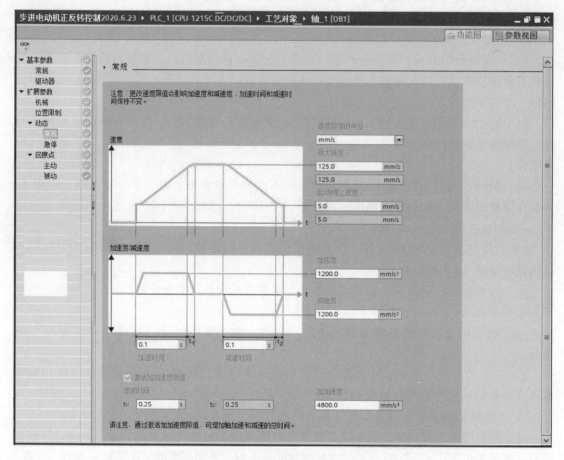

图 4-19　组态轴工艺对象扩展参数—动态—常规

⑩ 加加速度：激活了加加速限值后，轴加减速曲线衔接处变平滑。

2）组态"急停"参数：如图 4-20 所示，在该对话框中可配置轴的"急停"减速度，使用"急停"减速度/时间这个参数有两种情况：轴出现错误时，采用急停速度停止轴；使用 MC_Power 指令禁用轴时（StopMode = 0 或是 StopMode = 2）。

① 最大转速：与"常规"中的"最大转速"一致。

② 起动/停止速度：与"常规"中的"起动/停止速度"一致。

③ 急停减速度：设置急停速度。

④ 急停减速时间：如果用户先设定了紧急减速度，则紧急减速时间由软件自动计算生成。用户也可以先设定紧急减速时间，紧急减速度由系统自行计算。

（7）组态轴工艺对象扩展参数—回原点　通过回原点，可使工艺对象的位置与驱动器的实际物理位置相匹配。为显示工艺对象的正确位置或进行绝对定位时，都需要回原点操作。

"扩展参数—回原点"分成"主动"和"被动"两部分参数。

1）组态"主动"参数："扩展参数—回原点—主动"中，"主动"就是传统意义上的回原点或寻找参考点。运动控制指令"MC_Home"的输入参数"mode" = 3 时，会启动主动

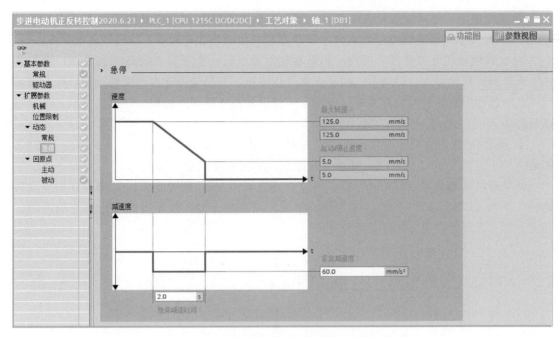

图 4-20　组态轴工艺对象扩展参数—动态—急停

回原点操作，此时轴就会按照组态的速度去寻找原点开关信号，并完成回原点命令，如图 4-21 所示。

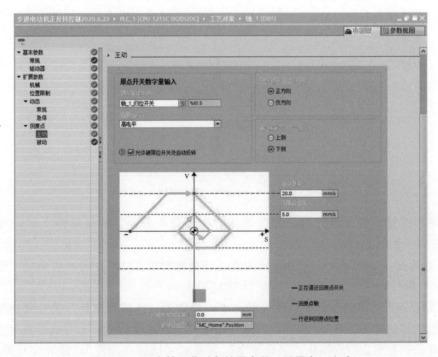

图 4-21　组态轴工艺对象扩展参数—回原点—主动

① 输入原点开关：设置原点开关的 DI 输入点，输入必须具有硬件中断功能，本例设置为 I0.5。

② 选择电平：选择原点开关的有效电平，也就是当轴碰到原点开关时，该原点开关对应的 DI 点是高电平还是低电平。本例中，原点开关接的是常开触点，故选择高电平。

③ 允许硬限位开关处自动反转：如果轴在回原点的一个方向上没有碰到原点，则需要使能该选项，则轴可以自动调头，向反方向寻找原点。如果未使能自动反转选项且轴在主动回原点的过程中到达硬限位开关处，则轴会因错误而终止回原点过程，并以急停减速度对轴进行制动。

④ 逼近/回原点方向：设置寻找原点的起始方向。也就是说，触发了寻找原点功能后，轴是向"正方向"或"负方向"开始寻找原点。本例选择"正方向"。

如果知道轴和参考点的相对位置，可以合理设置"逼近/回原点方向"来缩短回原点的路径。例如，以图 4-22 中的负方向为例，触发回原点命令后，轴需要先运行到左边的限位开关，掉头后继续向正方向寻找原点开关。

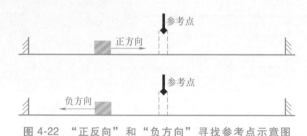

图 4-22 "正反向"和"负方向"寻找参考点示意图

⑤ 参考点开关一侧：如图 4-23 所示，"上侧"指的是轴完成回原点指令后，以轴的左边沿停在参考点开关右侧边沿；"下侧"指的是轴完成回原点指令后，以轴的右边沿停在参考点开关左侧边沿。

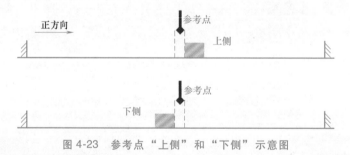

图 4-23 参考点"上侧"和"下侧"示意图

无论用户设置寻找原点的起始方向为正方向还是负方向，轴最终停止的位置取决于"上侧"或"下侧"。

⑥ 逼近速度：寻找原点开关的起始速度，当程序触发了 MC_Home 指令后，轴立即以"逼近速度"运行来寻找原点开关，这里设置为 20.0mm/s。

⑦ 回原点速度：最终接近原点开关的速度，当轴第一次碰到原点开关有效边沿后运行的速度，也就是触发 MC_Home 指令后，轴立即以"逼近速度"运行来寻找原点开关，当轴碰到原点开关的有效边沿后轴从"逼近速度"切换到"回原点速度"，最终完成原点定位。"回原点速度"要小于"逼近速度"，"回原点速度"和"逼近速度"都不宜设置得过快。在可接受的范围内，设置较慢的速度值。这里设置为 5.0mm/s。

⑧ 起始位置偏移量：该值不为零时，轴会在距离原点开关一段距离（该距离值就是偏

移量）停下来，把该位置标记为原点位置值。该值为零时，轴会停在原点开关边沿处。

⑨ 参考点位置：该值就是⑧中的原点位置值。

2）组态"被动"参数：被动回原点指的是被动回原点功能的实现需要 MC_Home 指令与 MC_MoveRelative 指令或 MC_MoveAbsolute 指令、MC_MoveVelocity 指令、MC_MoveJog 指令中的一个联合使用来执行到达原点开关所需要的运动；回原点 MC_Home 指令的输入参数"Mode = 2"时，会启动被动回原点。到达原点开关的设置侧时，将当前的轴位置作为原点位置。原点位置由回原点 MC_Home 指令的 Position 参数指定。如图 4-24 所示。

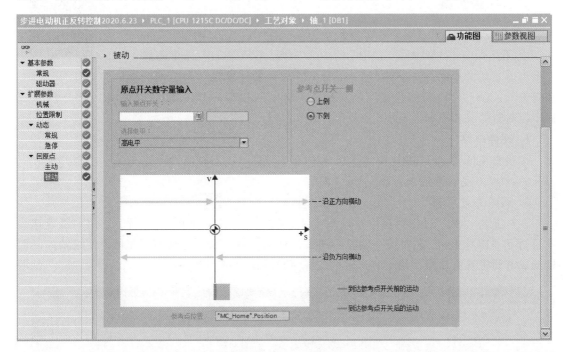

图 4-24　组态轴工艺对象扩展参数—回原点—被动

① 输入原点开关：设置原点开关的 DI 输入点。

② 选择电平：选择原点开关的有效电平是高电平还是低电平。

③ 参考点开关一侧：参考主动回原点中第⑤项的说明。

④ 参考点位置：该值是 MC_Home 指令中"Position"引脚的数值。

被动回原点不需要轴不执行其他指令而专门执行主动回原点功能，而是轴在执行其他运动的过程中完成回原点的功能。

任务 4.1.4　使用轴控制面板调试运动轴

一、任务导入

TIA Portal 除了可以组态工艺轴，还提供了一个运动轴调试面板——轴控制面板，它是 S7-1200 PLC 运动控制中一个很重要的工具。用户在组态了 S7-1200 PLC 的工艺"轴"并把实际的机械硬件设备搭建好之后，在不需要编写程序的情况下，就可以使用轴控制面板调试驱动设备、测试轴和驱动的功能，测试 TIA Portal 软件中关于轴的参数设置和实际硬件设备接线是否正确。

轴控制面板允许用户在手动方式下实现绝对位置运动、相对位置运动、点动和回原点等功能，并且可在控制面板上显示轴运行状态，若出现错误信息，可进行确认。

无论在手动模式还是自动模式中，都可以通过在线方式查看诊断面板。诊断面板用于显示轴的关键信息和错误信息。

二、任务实施

【训练设备、工具、手册或标准】

西门子 CPU 1215C DC/DC/DC 的 PLC 1 台、3ND583 步进驱动器 1 个、三相步进电动机 1 台、安装有 TIA Portal V15 软件的计算机 1 台、网线 1 根、按钮若干、《S7-1200 可编程序控制器系统手册》、GB/T 37391—2019《可编程序控制器的成套控制设备规范》。

使用轴控制
面板调试
运动轴

1. 硬件电路

按照图 4-6b 接线，其中 I0.5、I0.6 和 I0.7 分别是组态轴时的原点开关、上限开关和下限开关，Q0.0 是脉冲输出，Q0.1 是方向。

2. 调试工艺"轴"

在对工艺"轴"进行组态后，将该项目下载到 PLC 中。如图 4-25 所示，用户可以选择项目树下"PLC_1→工艺对象→轴_1→调试"选项，双击后打开轴控制面板，使用轴控制面板调试电动机及驱动器，用于测试轴的实际运行功能。

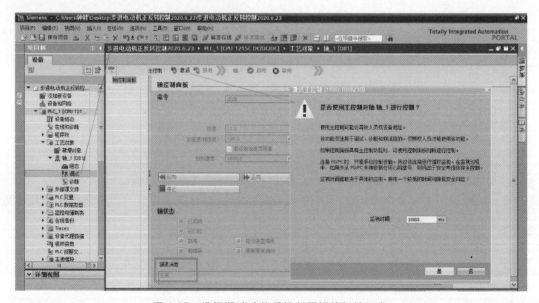

图 4-25　选择调试功能后控制面板的初始组态

在图 4-25 中，除了"激活"指令，所有的指令都是灰色的。如果错误消息返回"正常"，则可以进行调试。

为了保证设备和人身安全，在主控制区中必须先"激活"轴，然后再选择"启用"轴，轴启用后才能进行其余的操作。在控制面板中，单击"激活"指令，此时会弹出提示窗口，提醒用户使能该功能会让实际设备运行。在使用主控制前，先要确认是否已经采取了适当的安全措施，同时设置一定的监视时间，图中为3000ms。单击"是"按钮，系统弹出如图4-26所示的点动控制界面。

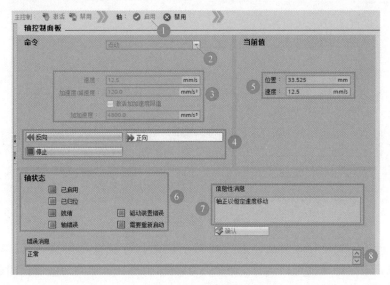

图4-26　点动控制

（1）点动控制

1）如图4-26所示，单击"启用"，启用轴，相当于MC_Power指令的"Enable"端。

2）命令：有点动、定位和回原点3个选项。这里选择"点动"。

3）设置点动速度为12.5mm/s。

4）单击"正向"或"反向"按钮，电动机以设定的速度正向或反向运转。

5）轴的当前值，包括轴的实时位置和速度值。

6）轴的状态位，显示轴已启用和就绪。

7）轴的运动信息，此时显示轴正以恒定速度移动。

8）显示轴的错误信息，如果没有错误，显示正常。

（2）定位控制

定位包括绝对定位和相对定位功能。

1）绝对定位：执行绝对定位之前，必须执行回原点命令，否则绝对定位命令无法执行。

① 如图4-27所示，单击"启用"。

② 选择"定位"。

③ 设置绝对定位的目标位置为50.0mm，速度为12.5mm/s。

④ 单击"绝对"按钮，电动机以设定的速度正向运行。

⑤ 轴的当前值，此时轴位于12.775mm处，当前速度为12.5mm/s。

⑥ 轴的状态位，显示轴已启用、已归位、就绪。

⑦ 显示轴正以恒定速度移动。

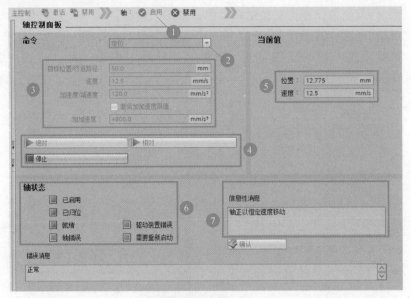

图 4-27　绝对定位

2）相对定位：如图 4-28 所示，设置相对定位的目标位置和速度之后，单击"相对"按钮，电动机以设定的速度正向运行，并在轴控制面板中显示轴的当前位置和速度。因为没有回原点，所以不能是绝对定位运动，这时"绝对"按钮显示为灰色。

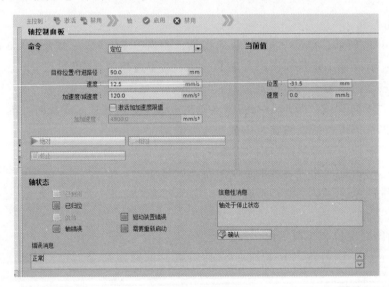

图 4-28　相对定位

3）回原点控制：如图 4-29 所示，设置参考点位置为 0.0mm 之后，单击"回原点"按钮，电动机以图 4-21 所示组态的回原点速度寻找参考点，直至原点开关 I0.5 动作，电动机停在参考点开关下侧，并在轴控制面板中显示轴的当前位置和速度均为 0.0，轴状态显示轴已归位。

3. 诊断工艺"轴"

（1）状态和错误位　如图 4-30 所示，用户可以选择项目树下"PLC_1→工艺对象→轴_1→诊断"选项，双击后打开诊断面板，有状态和错误位、运动状态、动态设置 3 个选项。

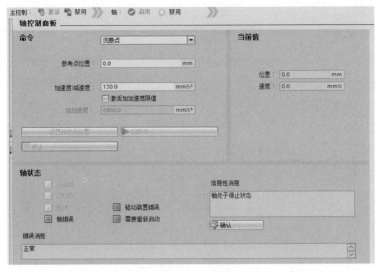

图 4-29　回原点

状态和错误位主要显示轴和驱动器的状态以及错误信息。如果没有错误，右下侧显示"正常"；如果有错误，比如本例显示"已逼近硬限位开关的上限（以所组态的减速度到达限位开关。）"，关键的信息用绿色方框提示用户，无关信息则是灰色方框提示，错误的信息用红色方框提示用户。如"轴错误""已逼近硬限位开关的上限""已逼近硬限位开关"前面有红色方框，表示硬限位开关的上限 I0.6 已经触发闭合。

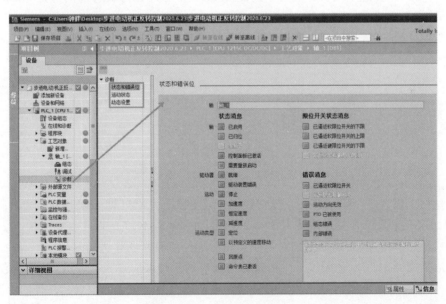

图 4-30　轴状态和错误位

　（2）运动状态　单击"运动状态"选项，系统弹出如图 4-31 所示的界面。此界面包含位置设定值、目标位置、速度设定值和剩余行进距离等。

　（3）动态设置　单击"动态设置"选项，系统弹出如图 4-32 所示的界面。此界面包含加速度、减速度、紧急减速度和加加速度等。

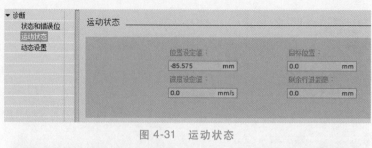

图 4-31　运 动 状 态

图 4-32　动 态 设 置

任务 4.1.5　S7-1200 PLC 运动控制指令的应用

一、任务导入

现有一台三相步进电动机，旋转一周需要 1000 个脉冲，每旋转一周行走 5.0mm。具体要求如下：

1）如图 4-33 所示，三相步进电动机拖动机械手在丝杠上左右滑行。

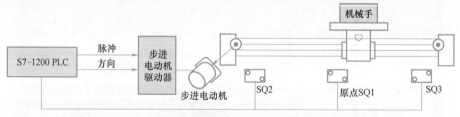

图 4-33　机械手控制示意图

2）丝杠上设置 3 个限位开关，分别代表原点 SQ1、左限（即上限）SQ2 和右限（即下限）SQ3，这 3 个限位开关直接接入 S7-1200 PLC 的 I0.5～I0.7。

3）机械手具有左/右点动、绝对定位、相对定位和回原点等功能。

4）通过图 4-34 所示的触摸屏上的按钮控制机械手使能、左点动、右点动、绝对定位、相对定位、复位、暂停和回原点，轴的移动距离及速度通过触摸屏设置，并将轴的当前位置和速度显示在触摸屏上。

二、相关知识

1. 运动控制指令简介

通过组态工艺"轴"，可以自动生成如图 4-35 右侧所示的一系列运

S7-1200 PLC
的运动控制指令

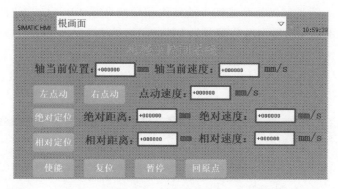

图 4-34　触摸屏画面

动控制指令。

1）插入运动控制指令。打开 OB1 块，在 VIA Portal 软件右侧"指令"中的"工艺"中找到"Motion Control"指令文件夹并展开，可以看到所有的 S7-1200 PLC 的运动控制指令。使用拖拽或双击的方式在程序段中插入运动控制指令，如图 4-35 所示，选中 MC_Power 指令，用拖拽的方式将它拖拽到程序段 1 绿色方框处释放，就可以完成添加了。

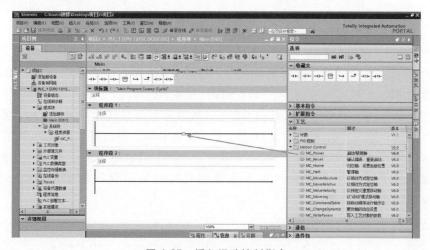

图 4-35　插入运动控制指令

这些 Motion Control 指令插入到程序中时需要背景 DB，如图 4-36 所示，可以选择手动或自动生成 DB 的编号。添加背景 DB 后的 MC_Power 指令如图 4-36 所示。

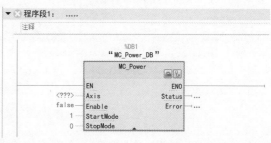

图 4-36　添加运动控制指令背景数据块及指令

需要注意的是，运动控制指令之间不能使用相同的背景 DB，最方便的操作方式就是在插入指令时让 TIA Portal 软件自动分配背景 DB。

2）运动控制指令的背景 DB 在"项目树"→"PLC_1"→"程序块"→"系统块"→"程序资源"中，如图 4-37 所示。用户在调试时可以通过"全部监视"符号 ∞ 直接监控该 DB 中的数值。

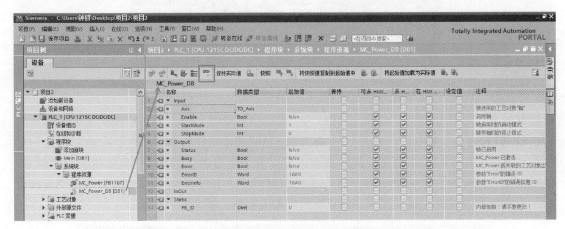

图 4-37　运动控制指令背景数据块

3）每个轴的工艺对象都有一个背景 DB，右键单击项目树下的"轴_1［DB2］"，系统弹出如图 4-38 所示的下拉菜单，选中菜单中的"打开 DB 编辑器"并单击，打开图 4-38 右侧所示的轴背景 DB。

通过"全部监视"符号 ∞ 可以对轴 DB 中的数值进行监控或读写。以实时读取"轴_1"的当前位置为例，如图 4-38 所示，轴_1 的 DB 块号为 DB2，用户可以在 OB1 调用 MOVE 指令，在 MOVE 指令的 IN 端输入"DB2. Position"，则 TIA Portal 软件会自动把 DB2. Position 更新为"轴_1". Position。用户可以在人机界面上实时显示该轴的实际位置，也可以用 MOVE 指令读取轴的当前速度。

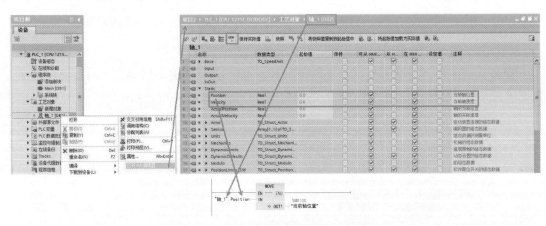

图 4-38　轴背景 DB

4）每个 Motion Control 指令下方都有一个黑色三角，如图 4-39 所示。单击黑色三角，展开后可以显示该指令的所有输入/输出引脚。展开后的指令引脚有灰色的，表示该引脚是不经常用到的指令引脚。

5）如图 4-39 所示，指令右上角有两个快捷按钮，可以快速切换到轴的组态界面和轴的诊断界面。

6）部分 S7-1200 运动控制指令有一个 Execute 触发引脚，如图 4-39 所示，该引脚需要用上升沿触发。上升沿触发可以有如下两种方式：

① 用上升沿指令|P|。

② 使用常开点指令，该点在实际应用中要使其成为一个上升沿信号，例如用户通过触摸屏的按钮进行操作控制时，该按钮的有效动作为上升沿触发。

7）运动控制指令输入端"Execute"与输出端"Done"和"Busy"之间的关系如图 4-40 所示，图中①~⑤的说明见表 4-5。

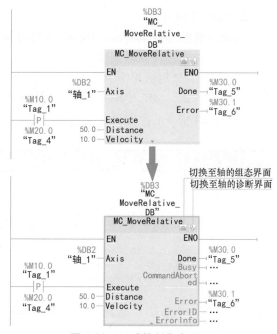

图 4-39　运动控制指令说明

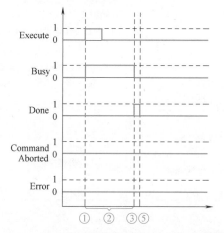 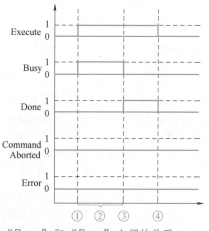

图 4-40　输入端"Execute"与输出端"Done"和"Busy"之间的关系

表 4-5　图 4-40 中①~⑤的说明

序号	说　　明
①	输入参数"Execute"出现上升沿时启动命令 根据编程情况，"Execute"在命令执行过程中仍然可能复位为 FALSE，或者保持为 TRUE，直到命令执行完成为止
②	激活命令时，输出参数"Busy"的值为 TRUE
③	命令执行结束后（例如相对定位指令 MC_MoveRelative 定位完成后），输出参数"Busy"的值将为 FALSE，"Done"位变为 TRUE
④	如果"Execute"的值在命令完成之前保持为 TRUE，则"Done"的值也将保持为 TRUE，并且它的值随"Execute"一起变为 FALSE
⑤	如果"Execute"在命令完成之前设置为 FALSE，则"Done"的值仅在一个执行周期内为 TRUE

注：如果用户用|P|指令触发带有"Execute"引脚的指令，则该指令的"Done"只在一个扫描周期内为 1，因此在监控程序时看不到 Done 位为 1。

2. 运动控制指令

运动控制指令一共有 11 个，这里只对常用的 7 个指令予以说明，其他的指令可参考《S7-1200 可编程序控制器系统手册》或查看帮助文件。

（1）启动/禁用轴指令 MC_Power 启动/禁用轴指令 MC_Power 可启用或禁用轴，具体参数说明见表 4-6。MC_Power 指令必须在程序里一直调用，并保证 MC_Power 指令在其他 Motion Control 指令的前面调用并使能。

表 4-6 MC_Power 指令的参数

LAD	输入	参数含义	输出	参数含义
MC_Power EN　ENO 　　Status Axis　Busy Enable　Error StartMode　ErrorID StopMode　ErroInfo	EN	使能，该端子必须一直为1，保证 MC_Power 指令在程序中一直被调用	ENO	使能输出
	Axis	已组态好的工艺对象名称	Status	轴的使能状态： FALSE：禁用轴，此时轴不会执行运动控制任务，并且不接受任何新任务。禁用时，直到轴停止，状态才会更改为 FALSE TRUE：轴已启用。轴已准备好执行运动控制任务，轴启用时，直到信号"驱动器就绪"（Drive ready）进入未决，状态才会更改为 TRUE。如果在轴组态中未组态"驱动器就绪"接口，组态会立即更改为 TRUE
	Enable	轴使能端： 1：轴已启用 0：根据组态的"StopMode"中断当前所有作业，停止并禁用轴	Busy	标记 MC_Power 指令是否处于活动状态
	StartMode	控制模式选择： 0：启用位置不受控的定位轴即速度控制模式 1：启用位置受控的定位轴即位置控制（默认）	Error	0：无错误 1：产生错误标记
	StopMode	停止模式选择： 0：按照工艺对象组态好的"急停"速度或时间紧急停止轴 1：立即停止，PLC 立即停止发脉冲 2：带有加速度变化率控制的紧急停止。如果组态了加速度变化率，则轴在减速时会把加速度考虑在内，减速曲线变得平滑	ErrorID	错误 ID 码
	—	—	ErrorInfo	错误信息

（2）确认故障指令 MC_Reset MC_Reset 指令用来确认"伴随轴停止出现的运行错误"或"组态错误"。如果一个可确认的故障处于未决状态，必须通过 MC_Reset 指令的"Execute"输入端上升沿信号进行复位，具体参数说明见表 4-7。

表 4-7   MC_Reset 指令的参数

LAD	输入	参数含义	输出	参数含义
	EN	使能端	ENO	使能输出
	Axis	轴名称	Done	1:错误已确认
MC_Reset	Execute	指令的启动位,用上升沿触发	Busy	1:命令正在执行
EN　　　ENO Axis　　　Done Execute　　Busy Restart　　Error ErrorID ErrorInfo	Restart	0:表示用来确认错误 1:将轴组态从装载存储器下载到工作存储器。仅可在禁用轴后,才能执行该命令	Error	0:无错误 1:产生错误标记
	—	—	ErrorID	错误 ID 码
	—	—	ErrorInfo	错误信息

（3）回原点指令 MC_Home　使用 MC_Home 指令可使轴归位，设置参考点，具体参数说明见表 4-8。

表 4-8   MC_Home 指令的参数

LAD	输入	参数含义	输出	参数含义
	EN	使能端	ENO	使能输出
	Axis	轴名称	Done	1:命令已完成
	Execute	上升沿时启动命令	Busy	1:命令正在执行
MC_Home EN　　　ENO Axis　　　Done Execute　　Busy Position　CommandAborted Mode Error ErrorID ErrorInfo ReferenceMarkPosition	Position	Mode=0、2 和 3 时,完成回原点操作之后轴的绝对位置 Mode=1 时,对当前轴位置的修正值	CommandAborted	1:命令在执行过程中被另一命令中止
	Mode	回原点模式	Error	0:无错误 1:产生错误标记
	—	—	ErrorID	错误 ID 码
	—	—	ErrorInfo	错误信息
	—	—	ReferenceMarkPosition	显示工艺对象归位位置（"Done"=TRUE 时有效）

在 S7-1200 CPU 中，使用 MC_Home 指令可将轴坐标与实际物理驱动器位置匹配。MC_Home 指令可启动轴的回原点操作，回原点模式有以下 4 种：

1）Mode=0：绝对式直接回原点。轴的参考点（原点）位置值为参数"Position"的值（当前位置=0.0 作为原点）。

2）Mode=1：相对式直接回原点。轴的参考点（原点）位置值等于当前轴位置 + 参数"Position"的值（原点=当前值+0.0）。

3）Mode=2：被动回原点。被动回原点期间，MC_Home 指令不会执行任何回原点运动。用户需通过其他运动控制指令执行这一步骤中所需的行进移动。检测到回原点开关时，将根据组态使轴回原点。

4）Mode=3：主动回原点。在主动回原点模式下，MC_Home 指令将执行所需要的回原点操作。检测到回原点开关时，将根据所组态的运动轨迹使轴回原点。轴的位置值为参数"Position"的值。此模式是最精确的回原点方法。

（4）暂停轴指令 MC_Halt   使用 MC_Halt 指令可停止所有运动，并以组态的减速度停止轴，具体参数说明见表4-9。

表4-9   MC_Halt 指令的参数

LAD	输入	参数含义	输出	参数含义
	EN	使能端	ENO	使能输出
	Axis	轴名称	Done	1：速度达到零
MC_Halt	Execute	上升沿时启动命令	Busy	1：命令正在执行
EN　　　　ENO Axis　　　Done Execute　Busy 　CommandAbort 　ed 　　Error 　ErrorID 　ErrorInfo	—		CommandAborted	1：命令在执行过程中被另一命令中止
			Error	0：无错误 1：产生错误标记
			ErrorID	错误 ID 码
			ErrorInfo	错误信息

（5）绝对定位指令 MC_MoveAbsolute   MC_MoveAbsolute 指令可将轴以某一速度移动到基于原点（即参考点）的某个绝对位置。使用该指令时，必须用 MC_Home 指令使轴回归原点位置。具体参数说明见表4-10。

表4-10   MC_MoveAbsolute 指令的参数

LAD	输入	参数含义	输出	参数含义
	EN	使能端	ENO	使能输出
	Axis	轴名称	Done	1：达到绝对目标位置。为1时间的长短取决于 Execute 引脚：若该引脚为脉冲激活，则该位为1的时间是1个扫描周期的时间；若 Execute 引脚一直保持为1，则该位为1的时间也一直保持为1
MC_MoveAbsolute EN　　　　ENO Axis　　　Done Execute　Busy Position　CommandAbort Velocity　ed Direction　Error 　ErrorID 　ErrorInfo	Execute	上升沿时启动命令	Busy	1：命令正在执行
	Position	绝对目标位置，即相对于原点的位置	CommandAborted	1：命令在执行过程中被另一命令中止
	Velocity	轴的运动速度	Error	0：无错误 1：产生错误标记
	Direction	轴的运动方向，仅在"模数"已启用的情况下才生效	ErrorID	错误 ID 码
	—	—	ErrorInfo	错误信息

绝对定位指的是当轴建立了绝对坐标系后，轴的每个位置都有固定的坐标，绝对定位的目标位置是基于坐标原点的。无论轴的当前位置值是多少，当轴执行了相同目标位置的绝对

运行指令后，轴最终都定位到同一个位置。

轴的正反转方向控制取决于绝对目标位置"Position"的正负：如果"Position"设置为正值，则轴正转；如果"Position"设置为负值，则轴反转。

（6）相对定位指令 MC_MoveRelative　MC_MoveRelative 指令启动相对于起始位置的定位运动，使用该指令不需要确定原点。具体参数说明见表4-11。

表 4-11　MC_MoveRelative 指令的参数

LAD	输入	参数含义	输出	参数含义
MC_MoveRelative EN ENO Axis Done Execute Busy Distance CommandAborted Velocity Error ErrorID ErrorInfo	EN	使能端	ENO	使能输出
	Axis	轴名称	Done	1：目标位置已到达
	Execute	上升沿时启动命令	Busy	1：命令正在执行
	Distance	相对移动距离	CommandAborted	1：命令在执行过程中被另一命令中止
	Velocity	轴的速度	Error	0：无错误 1：产生错误标记
	—		ErrorID	错误 ID 码
			ErrorInfo	错误信息

相对定位是指在轴当前位置的基础上正方向或负方向移动一段距离。如果"Distance"设置为正值，则轴正转；如果"Distance"设置为负值，则轴反转。

在使能相对定位指令之前，不需要轴执行回原点命令。轴的正、反转控制取决于相对移动距离"Distance"的正负：如果"Distance"设置为正值，则轴正转；如果"Distance"设置为负值，则轴反转。

（7）点动指令 MC_MoveJog　通过 MC_MoveJog 指令可以在点动模式下以指定的速度连续移动轴。具体参数说明见表4-12。

表 4-12　MC_MoveJog 指令的参数

LAD	输入	参数含义	输出	参数含义
MC_MoveJog EN ENO Axis InVelocity JogForward Busy JogBackward CommandAborted Velocity Error PositionControlled ErrorID ErrorInfo	EN	使能端	ENO	使能输出
	Axis	轴名称	InVelocity	1：达到参数"Velocity"中指定的速度
	JogForward	1：正向点动 0：轴停止	Busy	1：命令正在执行
	JogBackward	1：反向点动 0：轴停止	CommandAborted	1：命令在执行过程中被另一命令中止
	Velocity	点动速度，数据类型为Real。可以实时修改，实时生效	Error	0：无错误 1：产生错误标记
	PositionControlled	0：非位置控制即运行在速度控制模式 1：位置控制操作即运行在位置控制模式	ErrorID	错误 ID 码
	—	—	ErrorInfo	错误信息

使用 MC_MoveJog 指令可以对轴进行测试和调试。注意：正向点动和反向点动不能同时触发。

三、任务实施

【训练设备、工具、手册或标准】

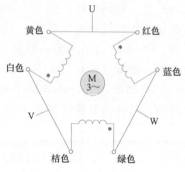
机械手定位控制
编程与调试

西门子 CPU 1215C DC/DC/DC 的 PLC 1 台、3ND583 步进驱动器 1 个、三相步进电动机 1 台、安装有 TIA Portal V15 软件的计算机 1 台、网线 1 根、行程开关（或磁性开关）若干、《S7-1200 可编程序控制器系统手册》、GB/T 37391—2019《可编程序控制器的成套控制设备规范》。

1. 硬件电路

（1）电路图　按照图 4-6b 接线，其中 I0.5～I0.7 分别是组态轴时的原点开关、左限开关和右限开关，Q0.0 是脉冲输出，Q0.1 是脉冲方向。

（2）设置步进驱动器的细分和电流　参照表 4-3 的细分表，设置 1000 步/r，需将控制细分的拨码开关 SW6～SW8 分别设置为 OFF、OFF 和 ON；设置工作电流为 2.1A 时，需将控制工作电流的拨码开关 SW1～SW4 分别设置为 OFF、ON、OFF 和 OFF；将 SW5 设置为 OFF，选择半流。8 个拨码开关的位置如图 4-41 所示。

（3）三相电动机的接线　三相电动机有 6 根接线，应该按照图 4-42 所示接线。

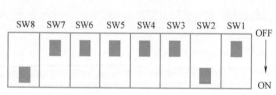

图 4-41　拨码开关位置图

图 4-42　三相电动机的接线

2. 程序设计

（1）按照任务 4.1.3 的方法对工艺"轴"进行组态。

（2）建立 PLC 变量表（图 4-43）。

（3）编写程序　程序如图 4-44 所示。

（4）运行操作。

1）使能轴。程序段 1 调用启用/禁用轴指令 MC_Power，闭合图 4-44 所示的"使能"开关，即 M10.0 = 1 时，启用轴。断开"使能"开关，禁用轴。

2）暂停轴。程序段 2 调用暂停轴指令 MC_Halt，当按下图 4-44 所示的"暂停"按钮，即 M10.3 = 1 时，使正在运动的轴停止。

3）复位轴。程序段 3 调用确认故障指令 MC_Reset，当轴发生错误时，按下图 4-44 所示的"复位"按钮，即使 M10.6 = 1，确认故障后，轴才能根据指令移动。

4）回原点。程序段 4 调用回原点指令，Mode = 3，选择主动回原点。如果机械手位于

默认变量表

		名称	数据类型	地址
1		轴_1_脉冲	Bool	%Q0.0
2		轴_1_方向	Bool	%Q0.1
3		轴_1_HighHwLimitSwitch	Bool	%I0.6
4		轴_1_LowHwLimitSwitch	Bool	%I0.7
5		轴_1_归位开关	Bool	%I0.5
6		使能	Bool	%M10.0
7		轴状态位	Bool	%M10.1
8		轴错误位	Bool	%M10.2
9		暂停	Bool	%M10.3
10		暂停完成位	Bool	%M10.4
11		暂停错误位	Bool	%M10.5
12		复位	Bool	%M10.6
13		复位完成位	Bool	%M10.7
14		复位错误位	Bool	%M11.0
15		Tag_1	Bool	%M50.0
16		Tag_2	Bool	%M50.1
17		回原点	Bool	%M11.1
18		Tag_3	Bool	%M50.2
19		回原点完成位	Bool	%M11.2
20		回原点错误位	Bool	%M11.3

a)

默认变量表

		名称	数据类型	地址
21		左点动	Bool	%M11.4
22		右点动	Bool	%M11.5
23		达到点动速度	Bool	%M11.6
24		点动错误位	Bool	%M11.7
25		点动速度	Real	%MD100
26		绝对定位	Bool	%M12.0
27		绝对距离	Real	%MD104
28		绝对速度	Real	%MD108
29		绝对定位完成位	Bool	%M12.1
30		绝对定位错误位	Bool	%M12.2
31		Tag_9	Bool	%M50.3
32		Tag_4	Bool	%M50.4
33		相对距离	Real	%MD110
34		相对定位	Bool	%M12.3
35		相对定位完成位	Bool	%M12.4
36		相对定位错误位	Bool	%M12.5
37		相对速度	Real	%MD114
38		轴当前位置	Real	%MD116
39		轴当前速度	Real	%MD120

b)

图 4-43　PLC 变量表

参考点（原点）的右侧，当按下图 4-44 所示的"回原点"按钮，即 M11.1=1 时，轴会以组态好的 20mm/s 速度向左寻找参考点，逼近参考点时以 5mm/s 速度返回参考点并停在参考点右侧。如果机械手位于参考点的左侧，当按下图 4-44 所示的"回原点"按钮，即 M11.1=1 时，机械手先向左侧移动，碰到左限位 I0.6 后再掉头返回参考点并停在参考点右侧。

5）点动轴。程序段 5 调用点动指令 MC_MoveJog，首先在图 4-44 所示的"点动速度"（即 MD100）右侧的方框中写入 10mm/s，此时按下图 4-44 所示的"左点动"按钮，即 M11.4=1，机械手向左以 10mm/s 的速度移动，松开图 4-44 所示的"左点动"按钮，即 M11.4=0，机械手停止运动。如果按下图 4-44 所示的"右点动"按钮，即 M11.5=1，则机械手向右移动。

6）绝对定位。程序段 6 调用绝对定位指令 MC_MoveAbsolute，首先在图 4-44 所示的"绝对距离"（即 MD104）和"绝对速度"（即 MD108）右侧的方框中分别写入 50mm 和 20mm/s，此时按下图 4-44 所示的"绝对定位"按钮，即 M12.0=1，机械手从原点 I0.5 处向左移动 50mm，移动到位后，再按"绝对定位"按钮，则机械手不会移动。如果使"绝对距离" MD104=-50mm，则机械手向右移动到原点 I0.5 的右侧 50mm 处。

执行绝对定位指令之前，机械手必须通过回原点指令返回原点位置。

7）相对定位。程序段 7 调用相对定位指令 MC_MoveRelative，首先在图 4-44 所示的"相对距离"（即 MD110）和"相对速度"（即 MD114）右侧的方框中分别写入 50mm 和 30mm/s，此时按下图 4-44 所示的"相对定位"按钮，即 M12.3=1，机械手从当前位置向右移动 50mm，移动到位后，再按"相对定位"按钮，则机械手继续移动 50mm。如果使"相对距离" MD110=-50mm，则机械手向左移动。

8）显示轴的当前位置和速度。程序段 8 显示轴的当前位置和速度。通过 MOVE 指令将"轴_1"的当前位置和速度传送到 MD116 和 MD120 中，并在上位机触摸屏中显示。

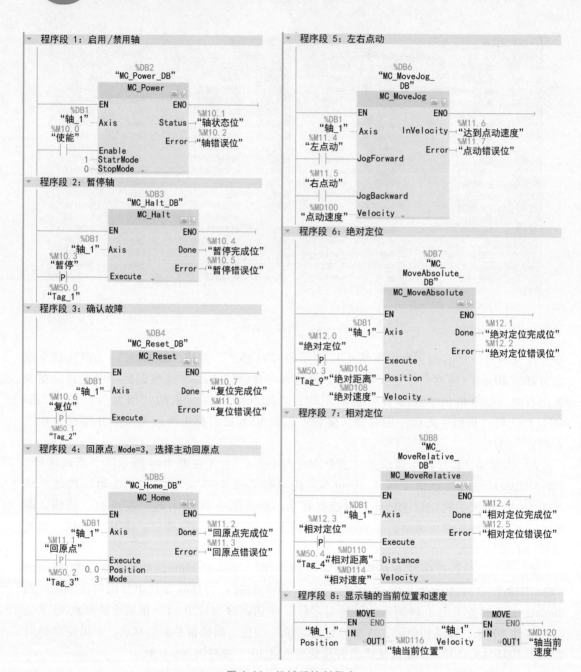

图 4-44 机械手控制程序

拓展链接

S7-1200 PLC 运动控制指令的输入和输出参数多、数据类型各异，它是编写运动控制程序的基础。只有将每一条指令在 PLC 中运行，通过实际运动轴对应每条指令的运动状态和 PLC 的监控表，才能理解每条指令的功能和程序执行过程中参数的变化状态，最终正确使用这些指令。从尚行——言胜于行、敏行——明辨善行、力行——身体力行 3 个维度，认真思考如何去做，实践出真知，最终达到活学活用的目的。

任务4.1.6 步进电动机正、反向定角循环控制

一、任务导入

现有一台三相步进电动机，旋转一周需要1000个脉冲，电动机的额定电流是2.1A。控制要求：利用PLC控制步进电动机以1000脉冲/s的速度顺时针转2周，再以2000脉冲/s的速度逆时针转3周，如此循环进行，按下停止按钮，电动机马上停止（电动机的轴锁住）。

二、任务实施

【训练设备、工具、手册或标准】

西门子CPU 1215C DC/DC/DC的PLC 1台、3ND583步进驱动器1个、三相步进电动机1台、2kΩ电阻3个、安装有TIA Portal V15软件的计算机1台、网线1根、按钮若干、《S7-1200可编程序控制器系统手册》、GB/T 37391—2019《可编程序控制器的成套控制设备规范》。

1. 硬件电路

根据系统的控制要求，采用西门子晶体管输出型S7-1200 PLC控制步进驱动器完成步进电动机的正、反转循环控制，它的接线图如图4-45所示。

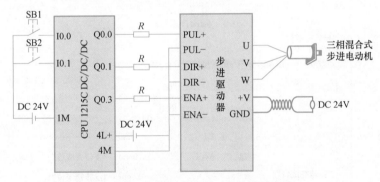

图4-45 步进电动机正、反转控制电路

2. 程序设计

1）按照任务4.1.3的方法对工艺"轴"进行组态。在图4-13中，测量单位选择"脉冲"；在图4-19中，速度限值的单位选择"脉冲/s"，最大速度为25000脉冲/s，起动/停止速度为1000脉冲/s；在图4-20中，最大速度和起动/停止速度按照图4-19设置；本例不需要组态硬限位开关和原点开关。

通过发送PTO脉冲的方式控制驱动器，工艺对象组态的测量单位为"脉冲"，忽略"电动机每转的脉冲数"和"电动机每转的负载位移"参数。运控指令的速度单位为"脉冲/s"，位置单位为"脉冲"。

2）编写程序。步进电动机正、反转循环控制程序如图4-46所示。

3. 运行操作

1）首先完成图4-45中PLC和步进驱动器的接线，然后按照图4-41设置步进电动机的工作电流、细分设置等。

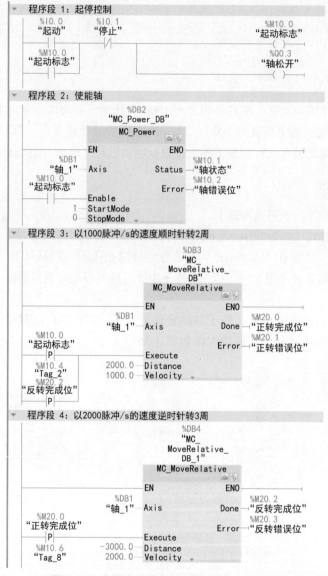

图 4-46 步进电动机正、反转循环控制程序

2）给 PLC 和步进驱动器上电，将图 4-46 所示的程序下载到 PLC 中。

3）将寻零模式开关 I0.3 置为 1，观察步进电动机拖动工作台的寻零过程，直到工作台最后停止在原点位置。

4）按下起动按钮 I0.0，步进电动机开始正、反转运行，观察步进电动机正转和反转的圈数以及速度是否达到控制要求。按下停止按钮 I0.1，步进电动机停止运行。

思考与练习

1. 填空题

（1）步进电动机是将_____信号转变为角位移或线位移的开环控制部件。

（2）步进电动机每接收一个步进脉冲信号，电动机就旋转一定的角度，该角度称为_____。

（3）步进电动机的输出角位移与输入的_____成正比，步进电动机的速度与脉冲的_____成正比。

（4）有一个三相六极转子上有40齿的步进电动机，采用单三拍供电，则电动机步矩角为_____。

（5）步进驱动器有3种输入信号，分别是_____信号、_____信号和_____信号。

（6）步进电动机控制系统由_____、_____和_____构成。

（7）步进驱动器有3种输入信号，分别是_____、_____和_____。

（8）晶体管输出型S7-1200 PLC可通过板载I/O最多提供_____路高速脉冲输出PTO，频率范围为_____Hz≤f≤_____kHz，输出点为_____输出。

（9）继电器输出型S7-1200 PLC可以通过_____的I/O实现高速脉冲输出PTO，频率范围为_____Hz≤f≤_____kHz，输出点分为_____和_____。

（10）S7-1200 PLC的运动控制根据所使用的驱动不同，分成_____、_____和_____3种控制方式。

2. 简答题

（1）绝对定位和相对定位的区别是什么？

（2）如何设置MC_MoveRelative的运行方向？

（3）为什么带有Execute引脚的指令，用户在监控程序时看不到指令的完成位Done为1？

（4）什么时候需要执行回原点命令？

（5）为什么在实际执行回原点指令时，轴遇到原点开关没有变化，直到运行到硬件限位开关停止报错？

（6）为什么轴在执行主动回原点命令时，初始方向没有找到原点，当需要碰到限位开关掉头继续寻找原点开关时并没有掉头，而是直接报"已逼近硬限位开关"错误并停止轴？

任务4.2 双轴行走机械手的控制

任务目标

1. 掌握PLC控制双轴步进电动机的硬件接线图。
2. 能够构建S7-1200 PLC的双轴运动控制系统。
3. 能用运动控制指令编写双轴步进电动机的控制程序。
4. 培养学生精益求精的工匠精神。

一、任务导入

某行走机械手可以沿x轴和y轴方向行走，分别由2台步进电动机拖动，步进电动机的额定电流均为2.1A，每旋转1周均需要1000个脉冲，机械手行走5mm。按下起动按钮，行

走机械手从 x 轴原点位置 A 沿 x 轴方向以 10mm/s 的速度向右行走，行走到 B 位置后停止；接着机械手从 B 位置开始沿 y 轴方向以 20mm/s 的速度向上行走，行走至 C 位置后停止；接着机械手从 C 位置开始沿 x 轴反方向以 10mm/s 速度向左行走，行走至 D 位置后停止；接着机械手从 D 位置沿 y 轴反方向以 20mm/s 速度向下行走到原点 A 位置停止。行走机械手的运动曲线如图 4-47 所示，试编写双轴步进电动机的定位控制程序。

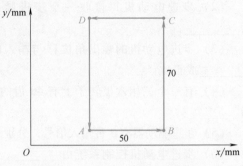

图 4-47　行走机械手的运动曲线

二、任务实施

【训练设备、工具、手册或标准】

西门子 CPU 1215C DC/DC/DC 的 PLC 1 台、3ND583 步进驱动器 2 个、三相步进电动机 2 台、2kΩ 电阻 4 个、安装有 TIA Portal V15 软件的计算机 1 台、网线 1 根、按钮若干、《S7-1200 可编程序控制器系统手册》、GB/T 37391—2019《可编程序控制器的成套控制设备规范》。

1. 硬件电路

根据行走机械手的控制要求，它的 I/O 分配表见表 4-13。控制系统的接线图如图 4-48 所示。

表 4-13　行走机械手的 I/O 分配表

输　入			输　出		
输入继电器	输入元件	作用	输出继电器	输出元件	作用
I0.0	SB1	起动	Q0.0	x 轴 PUL+	x 轴脉冲
I0.1	SB2	停止	Q0.1	x 轴 DIR+	x 轴方向
			Q0.2	y 轴 PUL+	y 轴脉冲
			Q0.3	y 轴 DIR+	y 轴方向

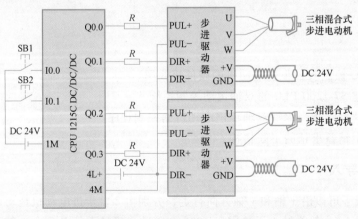

图 4-48　行走机械手的接线图

2．程序设计

（1）组态　按照任务4.1.3的方法分别对 x 轴和 y 轴进行组态，为 x 轴配置脉冲发生器为 Pulse_1，x 轴脉冲输出为 Q0.0，方向输出为 Q0.1；为 y 轴配置脉冲发生器为 Pulse_2，y 轴脉冲输出为 Q0.2，方向输出为 Q0.3。测量单位选择 mm，电动机每转的脉冲数为1000，电动机每转的负载位移为5mm。本例不需要组态硬限位开关和原点开关。

（2）编写程序　行走机械手的控制程序如图4-49所示。这个程序的特点就是将上一个相对定位指令的完成位作为下一个相对定位指令的启动命令，依次调用 y 轴正向定位指令、x 轴反向定位指令和 y 轴反向定位指令。

（3）运行操作

1）按照图4-48完成PLC和步进驱动器的接线并设置步进电动机的工作电流、细分设置等。

2）将图4-49所示的程序下载到PLC中。

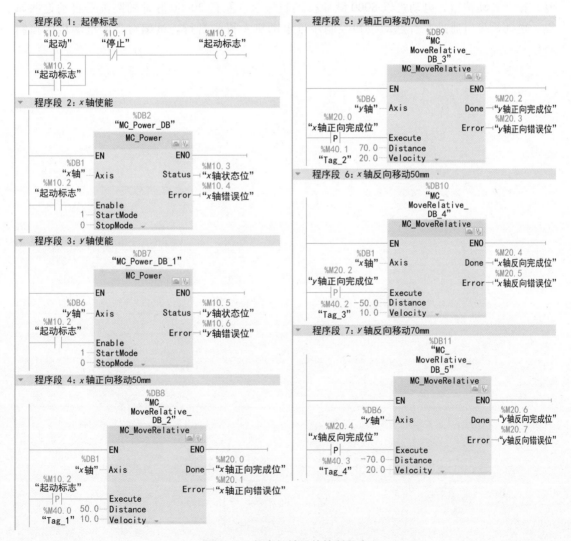

图4-49　行走机械手的控制程序

3）按下起动按钮 I0.0，首先是第一台步进电动机运行，此时 S7-1200 PLC 的 Q0.0 和 Q0.1 输出指示灯点亮，第一台步进电动机正向移动 50mm 之后，第二台步进电动机开始运行，此时 Q0.1、Q0.2 和 Q0.3 输出指示灯点亮，第二台步进电动机正向移动 70mm 之后，第一台步进电动机又开始反向运行，此时 Q0.0 和 Q0.3 输出指示灯点亮，第一台步进电动机反向移动 50mm 之后，第二台步进电动机又开始反向运行，此时 Q0.2 输出指示灯点亮，第二台步进电动机反向移动 70mm 后回到原点 A 位置，第二台步进电动机停止。

4）不论哪台步进电动机在运动，只要按下停止按钮 I0.1，机械手都会停止。

思考与练习

用步进电动机拖动丝杠运动，电动机每转一周需要 2000 个脉冲，在丝杠上移动 10mm。电动机最高速度为 50000 脉冲/s，起动/停止速度为 5000 脉冲/s。当电动机处于原点位置时，按下起动按钮，电动机以 8000 脉冲/s 的目标速度左行 20000 脉冲的距离后自动返回原点。电动机可以通过左右点动按钮控制步进电动机左行或右行。试编写步进电动机的控制程序。

PROJECT 5

伺服驱动系统的应用

任务目标

1. 了解伺服电动机的结构及工作原理。
2. 理解伺服驱动器的内部结构及控制原理。
3. 掌握 V90 伺服控制系统的配置。
4. 理解 V90 PTI 伺服驱动器和 V90 PN 伺服驱动器的异同。
5. 掌握 V90 伺服驱动器的接线方式。
6. 掌握 V90 伺服驱动器输入/输出（I/O）引脚的功能。
7. 培养学生的历史使命感和责任担当。

一、任务导入

以物体的位置、速度和转矩等作为控制量，以跟踪输入给定信号的任意变化为目的而构建的自动闭环负反馈控制系统，称为伺服控制系统（Servo-Control System）。它主要由控制器、伺服驱动器、伺服电动机、被控对象（工作台）和位置检测（反馈装置）5 个部分组成，如图 5-1 所示。

控制器按照系统的给定信号（即目标信号，例如位置、速度等）和反馈信号的偏差调节控制量，使步进电动机或伺服电动机按照给定信号的要求完成位移或定位。控制器可以是单片机、工业控制计算机及 PLC 等。使用 PLC 作为伺服控制系统的控制器已成为当前应用的趋势。

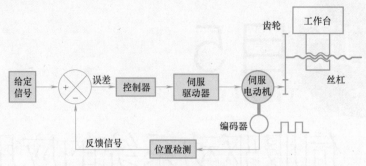

图 5-1　伺服控制系统组成原理图

伺服驱动器又称伺服功率放大器，它的作用是把控制器送来的信号进行功率放大，用于驱动电动机运转，根据控制命令和反馈信号对电动机进行连续位置、速度或转矩的控制。

伺服电动机是系统的执行部件，它将控制电压转换成角位移或角速度拖动生产机械运转，它可以是步进电动机、直流伺服电动机和交流伺服电动机。

位置检测器件通常是伺服电动机上的光电编码器或旋转编码器，它能够将工作台运动的速度、位置等信息反馈至控制器的输入端，从而形成一个闭合的环，因此伺服控制系统也称为具有负反馈的闭环控制系统；反之，无反馈的方式，则称为开环控制系统，前面讲的步进控制系统就是开环控制系统。

伺服控制系统最初用于国防军工领域，如用在船舶的自动驾驶、火炮控制和指挥仪中，后来逐渐推广到国民经济的很多领域，特别是高精度数控机床、机器人和其他广义的数控机械，如纺织机械、印刷机械、包装机械、自动化流水线以及各种专用设备等。

二、任务实施

【训练设备、工具、手册或标准】

SIMOTICS S-1FL6 伺服电动机 1 台、GB/T 7344—2015《交流伺服电动机通用技术条件》。

伺服电动机将输入的电压信号转换成电动机轴上的角位移或角速度输出，以驱动控制对象，改变控制电压可以改变伺服电动机的转向和转速。在自动控制系统中，伺服电动机用作执行部件，主要特点是，当信号电压为零时无自转现象，转速随着转矩的增加而匀速下降。它的控制速度、位置精度非常准确。

伺服电动机按照使用的电源性质不同分为直流伺服电动机和交流伺服电动机两大类。直流伺服电动机分为有刷直流电动机和由方波驱动的无刷直流电动机两种。直流伺服电动机存在的电刷、换向器等部件带来的各种缺陷使其进一步发展受到限制。

交流伺服电动机也是无刷电动机，按照工作原理可分为交流永磁同步电动机和交流感应异步电动机，目前运动控制中一般都用交流永磁同步电动机，它具有功率范围大、过载能力强和转动惯量低等优点，所以成为运动控制中的主流产品。

伺服电动机

1. 伺服电动机的铭牌和外部结构

以西门子 SIMOTICS S-1FL6 伺服电动机为例，它是交流永磁同步电动机，运转时无需外部冷却。SIMOTICS S-1FL6 分为低惯量伺服电动机（200V）和高惯量伺服电动机（400V）两种类型，它的铭牌如图 5-2a 所示，图 5-2b 所示为伺服电动机的外形。

低惯量伺服电动机（SH20、SH30、SH40 和 SH50）有 8 个功率级别，动态性能高、加速快、转速范围宽，最大转速高达 5000r/min；高惯量伺服电动机（SH45、SH65 和 SH90）有 11 个功率级别，具有更高的转矩精度和极低的速度波动，最大转速高达 4000r/min。SIM-OTICS S-1FL6 电动机均具有 300% 的过载能力，可与 SINAMICS V90 伺服驱动器结合使用，以形成一个功能强大的伺服系统。

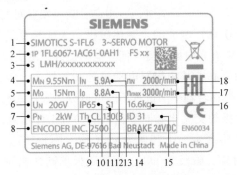

a) 伺服电动机的铭牌

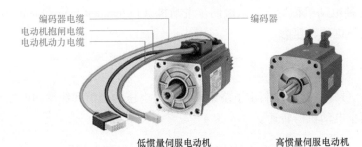

b) 伺服电动机的外形

图 5-2　伺服电动机

1—电动机类型　2—订货号　3—序列号　4—额定转矩　5—静止转矩　6—额定电压　7—额定功率
8—编码器类型与分辨率　9—防热等级　10—防护等级　11—电动机运行模式　12—静止电流　13—额定电流
14—抱闸　15—电动机　16—质量　17—最大速度　18—额定速度

如图 5-2b 所示，编码器位于伺服电动机的尾部，通过编码器电缆连接至伺服驱动器，主要测量电动机的实际位置和速度。SIMOTICS S-1FL6 伺服电动机可选用增量式编码器和绝对值编码器。增量式编码器每次上电时编码器与轴的机械位置之间没有确定的关系，所以每次驱动器上电后都需要重新回原点。绝对值编码器由轴的机械位置确定编码，每个位置编码唯一不重复，掉电可保持位置（无需电池），因此，绝对值编码器只需要进行一次编码器校准即可，以后断电再上电时不需要重新回原点。

1）低惯量（高动态）伺服电动机支持 2500 线增量式编码器、21 位单圈绝对值编码器、20 位+12 位多圈绝对值编码器。

2）高惯量（高稳定）伺服电动机支持 2500 线增量式编码器或 20 位+12 位多圈绝对值编码器。

图 5-2b 中的电动机动力电缆的一端与电动机内部绕组 U、V、W 连接，另一端连接至伺服驱动器的电动机动力连接器上。电动机抱闸电缆连接至伺服驱动器的电动机抱闸连接器上。

2. 伺服电动机的内部结构及工作原理

到目前为止，高性能的伺服系统大多采用交流永磁同步伺服电动机，典型生产厂家有德国西门子、美国科尔摩根、日本松下及安川，我国华中数控、广州数控、和利时、英威腾等公司。下面简要介绍交流永磁同步伺服电动机的结构和工作原理。

交流永磁同步伺服电动机由定子、转子和测量转子位置的编码器组成，如图5-3所示。定子主要包括定子铁心和三相对称定子绕组，三相定子绕组在空间上相差120°；转子是由高矫顽力稀土磁性材料（例如铷铁硼）制成的永磁体磁极。为了检测转子永磁体磁极的位置，在电动机非负载端的后端盖安装有光电编码器。伺服电动机的精度决定于编码器的精度。为了使伺服电动机无"自转"现象，必须减小伺服电动机的转动惯量，因此伺服电动机的转子一般做成细长形。根据永磁体磁极在转轴中的位置不同可以分为表贴式和内置式两种结构形式。

图5-4所示为一个两极的交流永磁同步伺服电动机工作示意图，当定子绕组中通过对称的三相交流电压时，定子将产生一个转速为 n_1（称为同步转速）的旋转磁场，由于在转子上安装了永磁体，即一对旋转磁极N和S，根据磁极的同性相斥、异性相吸的原理，定子的旋转磁场就吸引转子磁极，带动转子一起旋转，转子的转速 n 与定子旋转磁场的同步转速 n_1 相等，因此这种电动机称为交流永磁同步电动机（Permanent Synchronous Motor，PMSM）。交流永磁同步电动机的转速为

$$n = \frac{60f_1}{p} \tag{5-1}$$

由式（5-1）可知，通过控制定子绕组三相输入电压的幅值和频率同时变化，即 $V/f =$ 常数来调节永磁同步电动机的转速。

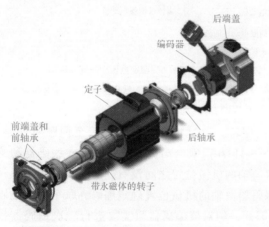

图5-3 交流永磁同步伺服电动机的结构

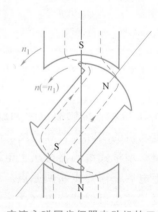

图5-4 交流永磁同步伺服电动机的工作示意图

任务5.1.2　认识V90伺服驱动器

一、任务导入

伺服驱动器（Servo Drives）又称为伺服放大器，其作用是将工频交流电源转换成幅度和频率均可变的交流电源提供给伺服电动机。

为适应小型运动控制需求，西门子公司推出了一款小型高性能伺服驱动器 SINAMICS V90。SINAMICS V90 伺服驱动器和 SIMOTICS S-1FL6 伺服电动机组成了性能优化、易于使用的伺服驱动系统，它有 8 种驱动类型，7 种不同的电动机轴高规格，功率范围为 0.05～7.0kW，是单相和三相的供电系统，可以广泛用于各行各业，比如定位、传送和收卷等设备中。同时，该伺服系统可以与 S7-1500T/S7-1500/S7-1200 进行完美配合，实现丰富的运动控制功能。

二、相关知识

1. 伺服驱动器的内部结构

伺服驱动器主要由主电路和控制电路组成，如图 5-5 所示。伺服驱动器的主电路包括整流电路、开机浪涌保护电路、滤波电路、再生制动电路、逆变电路和动态制动电路。交流电通过整流电路变为脉动直流电，经电容滤波，生成平稳无脉动的直流电。逆变电路再将直流电逆变成电压和频率均可调的三相交流电来驱动交流伺服电动机。伺服驱动器的主电路和变频器的主电路基本相同，唯一的区别是伺服驱动器的主电路配有动态制动电路，当基极断路时，在伺服电动机和端子间加上适当的电阻器进行短路消耗旋转能，可使它迅速停转。电流

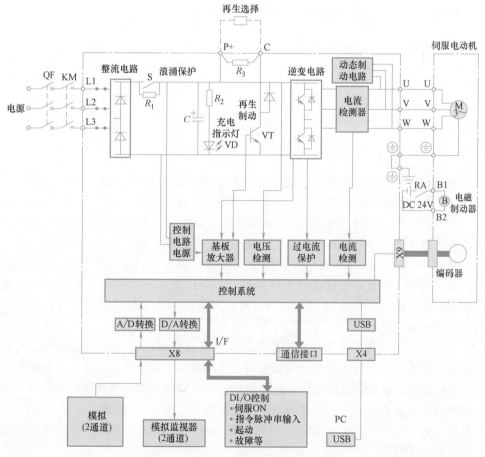

图 5-5　伺服驱动器的内部结构示意图

检测器用于检测伺服驱动器输出电流大小，并通过电流检测电路反馈给控制系统，以便控制系统随时了解输出电流的情况进而做出相应控制。有些伺服电动机除了带有编码器，还带有电磁制动器，在制动器线圈未通电时，伺服电动机转轴被抱闸，线圈通电后抱闸松开，电动机可正常运行。

目前主流伺服驱动器的控制系统均采用数字信号处理器（DSP）作为控制核心，它通过相应的算法输出 SPWM（正弦脉宽调制）信号控制逆变电路中的 IGBT 导通和关断，从而输出电压和频率均可调的交流电，以达到控制三相永磁同步交流伺服电动机的目的。伺服驱动器的控制系统一般都具有 RS485 通信接口或 PN 通信接口。功率器件普遍采用以智能功率模块（IPM）为核心设计的驱动电路，IPM 内部集成了驱动电路，同时具有过电压、过电流、过热和欠电压等故障检测保护电路，在主电路中还加入了软起动电路，以减小起动过程对驱动器的冲击。

伺服驱动器的控制电路通过一些接口电路与伺服驱动器的外接接口（如 X4、X8、X9 和通信接口）连接，以便接收外部设备送来的指令，也能将驱动器的运行信息输出给外部设备。

2. 伺服驱动器的控制方式

伺服驱动器主要有 3 种控制方式，分别是位置控制方式、速度方式和转矩控制方式。这3 种控制方式主要是通过伺服驱动器内部的电流环、速度环和位置环实现的，如图 5-6 所示。

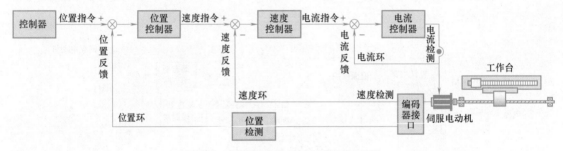

图 5-6　伺服驱动器的工作原理示意图

（1）电流环　电流环是内环，它完全在伺服驱动器内部进行，通过霍尔装置检测伺服驱动器给伺服电动机各相的输出电流，负反馈给电流设定（即电流指令）进行 PID（比例-积分-微分）调节，从而使输出电流等于或接近设定电流。电流环就是控制电动机转矩的，所以在转矩控制方式下，伺服驱动器的运算最少，动态响应最快。

（2）速度环　第二环是速度环，通过检测伺服电动机编码器的信号来进行负反馈 PI（比例-积分）调节，它的输出就是电流环的设定，所以速度环是包含了速度环和电流环的双闭环控制。速度环主要进行 PI 调节，所以对速度增益和速度积分时间常数进行合适的调节才能达到理想的效果。

（3）位置环　第三环是位置环，它是最外环，可以在驱动器和伺服电动机编码器之间构建，也可以在外部控制器和伺服电动机编码器之间或最终负载之间构建，要根据实际情况来定。由于位置环的输出就是速度环的速度设定，位置控制模式下系统进行了所有 3 个环的运算，此时的系统运算量最大，动态响应速度也最慢。

位置环只是一个 P（比例）调节，只需设置比例增益。位置控制模式需要调节位置环时，最好先调节速度环。

电流环、速度环和位置环都朝着使指令信号与反馈信号之差为零的目标进行控制。各环的响应速度关系为：位置环<速度环<电流环。各控制模式中使用的环见表 5-1。

表 5-1　3 种控制模式使用的环

控制模式	使用的环
位置控制模式	位置环、速度环和电流环
速度控制模式	速度环和电流环
转矩控制模式	电流环（注意：在空载状态下必须限制速度）

三、任务实施

【训练设备、工具、手册或标准】

V90 伺服驱动器

V90 PTI 和 V90 PN 伺服驱动器各 1 台、《SINAMICS V90 脉冲、USS/MODBUS 接口操作说明》《SINAMICS V90 PROFINET（PN）接口操作说明》、GB/T 16439—2009《交流伺服系统通用技术条件》。

SINAMICS V90 PTI 和 PN 伺服驱动器有 4 种外形尺寸，共 8 种驱动类型，如图 5-7 所示，可以匹配 7 种不同的电动机轴高规格，支持单相/三相 200V 和三相 400V 两种供电方式，具有 STO（安全转矩关断）安全功能。

PTI　PN　　PTI　PN　　PTI　PN　　PTI　PN

外形尺寸A　　　外形尺寸B　　　外形尺寸C　　　外形尺寸D

图 5-7　伺服驱动器的外形示意图

根据控制方式的不同，SINAMICS V90 伺服驱动器可分为脉冲序列输入（Pulse Train Input，PTI）版本和 PROFINET（PN）通信版本，如图 5-8 所示。

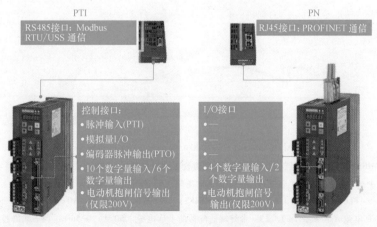

PTI　　　　　　　　　　　　　PN

RS485接口：Modbus RTU/USS 通信　　　　　RJ45接口：PROFINET 通信

控制接口：
- 脉冲输入(PTI)
- 模拟量I/O
- 编码器脉冲输出(PTO)
- 10个数字量输入/6个数字量输出
- 电动机抱闸信号输出(仅限200V)

I/O接口：
- —
- —
- —
- 4个数字量输入/2个数字量输出
- 电动机抱闸信号输出(仅限200V)

图 5-8　两种版本的 V90 伺服驱动器示意图

SINAMICS V90 PTI 伺服驱动器顶端集成了 RS485 通信接口，支持 MODBUS RTU/USS 通信控制、模拟量控制和脉冲控制 3 种运动控制方式，可以实现外部脉冲位置控制、内部位置控制、速度控制、转矩控制和复合控制等功能。

SINAMICS V90 PN 伺服驱动器顶端集成了两个 RJ45 的通信接口，可以通过 PROFIdrive 行规与上位控制器进行通信，实现速度控制和基本定位器控制（EPOS）等功能。

根据工作电源的不同，SINAMICS V90 伺服驱动器可分为 200V 伺服驱动器和 400V 伺服驱动器两种。

1. SINAMICS V90 伺服驱动系统连接

伺服驱动器工作时需要连接伺服电动机、编码器、伺服控制器和电源等设备。SINAMICS V90 伺服驱动器的外形尺寸不同，它们的接线端子略有不同，图 5-9 所示为 SINAMICS V90 PTI

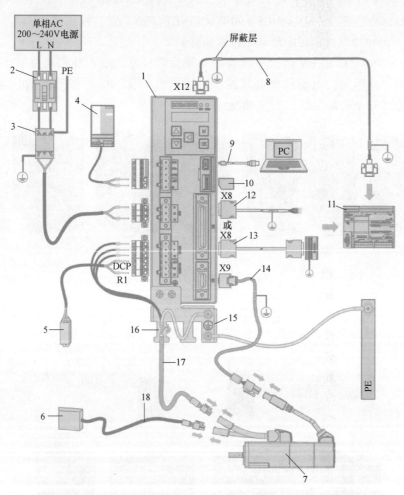

图 5-9　SINAMICS V90 PTI 200V 伺服驱动器的系统配置示意图

1—SINAMICS V90 伺服驱动器　2—熔断器/E 型组合电动机控制器（选件）　3—电源滤波器（选件）

4—24V 直流电源（选件）　5—外部制动电阻　6—外部抱闸继电器（第三方设备）

7—SIMOTICS S-1FL6 伺服电动机　8—串行电缆（RS485）　9—迷你 USB 电缆　10—微型 SD 卡　11—上位机

12—I/O 电缆（50 针，1m）　13—带终端适配器的 I/O 电缆（50 针，0.5m）　14—编码器电缆

15—屏蔽板（在 V90 伺服驱动器包装中）　16—卡箍（带在电动机动力电缆上）　17—电动机动力电缆　18—抱闸电缆

200V 伺服驱动系统的配置图。工作电源采用单相 AC 200~240V 电压，熔断器/E 型组合电动机控制器 2 用于保护伺服系统，电源滤波器 3 将 SINAMICS V90 伺服驱动器发射出的传导干扰限制至可允许的值，以保护伺服系统免受高频噪声干扰。

V90 伺服驱动器 24V 端子必须连接外部 24V 直流电源 4，且满足容量要求以提供控制板及抱闸电源，还要确保驱动器和感性负载（如继电器或电磁阀）使用不同的 24 V 电源，否则驱动器可能无法正常工作。

当 V90 伺服驱动器内部制动电阻容量不足时，需要连接外部制动电阻 5，用于吸收直流母线内部产生的大量再生能源。

串行电缆（RS485）8 可将 V90 伺服驱动器上的 RS485 接口与上位机（即 PLC）11 相连，实现 USS 或 MODBUS 通信。

迷你 USB 电缆 9 将伺服驱动器上的 USB 接口和安装了 V-ASSISTANT 软件的 PC（个人计算机）连接，从而实现 V90 的参数设置、试运行、状态显示监控及增益调整等操作。

微型 SD 卡 10 可用于复制伺服驱动器参数或者执行固件升级。

PTI 伺服驱动器内置数字量 I/O 接口、脉冲接口和模拟量接口，可以通过 I/O 电缆 12 或带终端适配器的 I/O 电缆 13 与 PLC 连接。

将伺服电动机 7 上的编码器电缆（绿色）14 的接口插到 V90 伺服驱动器的编码器接口 X9 上。将伺服电动机上 7 的电动机动力电缆（橙色）17 中的 3 根黑色线 U、V、W 连接到 V90 伺服驱动器的电动机动力连接器接口 U、V、W 上（连接时相位顺序要对应，否则堵转报警 F7900），另一根黄绿相间的接地保护线 PE 连接到屏蔽板 15 上的固定环形接地端子上，并在需要的位置剥开电动机动力电缆，将卡箍 16 套在电缆屏蔽层上，拧紧螺钉使电缆屏蔽层固定在屏蔽板上。200V V90 伺服驱动器内部没有集成抱闸继电器，需订购第三方的外部抱闸继电器 6，将伺服电动机上的抱闸电缆（黑色）18 连接到抱闸继电器上，可直接控制电动机的开、抱闸动作。

为满足 EMC（电磁兼容性）要求，所有与 SINAMICS V90 系统相连接的电缆必须为屏蔽电缆，这包括电源/电动机动力电缆、串行通信电缆、编码器电缆以及抱闸电缆。需要将电缆屏蔽层通过卡箍连接到屏蔽板上。

2. SINAMICS V90 伺服驱动器的前面板

SINAMICS V90 伺服驱动器的前面板如图 5-10 所示，它的顶部集成有 RS485 连接器（PTI）或 2 个 RJ45 连接器（PN）。基本操作面板上有 1 个 6 位 7 段显示屏、5 个操作按钮和 2 个状态指示灯，用来设置伺服驱动器的参数和显示电动机运行的状态及数据信息。电源连接器 L1、L2、L3 用来连接伺服驱动器的工作电源，200V 系列用于单相电网时，只需连接 L1、L2 和 L3 中的任意两个端子，400V 系列用于三相电网时，需要连接 L1、L2 和 L3，电动机动力连接器的 U、V、W 连接至伺服电动机的 U、V、W 端子。控制/状态（即 I/O）接口 X8 是伺服驱动器 I/O 信号连接器，PTI 有 50 个引脚，PN 有 20 个引脚。

电动机抱闸用于在伺服系统未激活（如伺服系统断电）时，停止运动负载的非预期运动（如在重力作用下的掉落）。如图 5-10 所示，对于 400V 系列 V90 PTI 伺服驱动器，电动机抱闸接口 X7（B+、B-）集成在前面板，将它与带抱闸的高惯量伺服电动机的坐式连接器 B+、B-连接即可使用电动机抱闸功能；对于 200V 系列伺服驱动器，没有集成单独的电动机抱闸接口，为使用抱闸功能，需要通过控制/状态接口 X8 将驱动器连接至第三方设备。

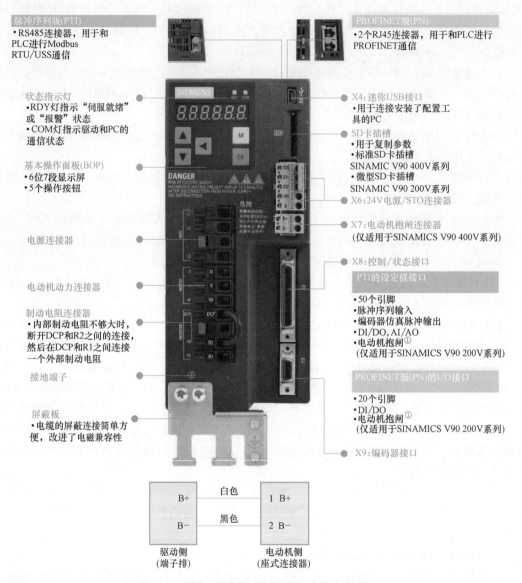

图 5-10　SINAMICS V90 伺服驱动器的前面板

① 电动机抱闸信号（仅适用于 SINAMICS V90 200V 系列）。在 SINAMICS V90 200V 系列上，抱闸电缆连接必须使用一个外部继电器。

3. SINAMICS V90 伺服驱动器的引脚

　　SINAMICS V90 PTI 伺服驱动器 I/O 信号连接器 X8 是 50 引脚连接器，引脚排列见表 5-2。SINAMICS V90 PTI 伺服驱动器有外部脉冲位置控制（PTI）、内部设定值位置控制（iPos）、速度控制（S）、转矩控制（T）和复合控制 5 种控制模式。X8 连接器针对不同的控制模式，各引脚的接线和功能有所不同，图 5-11 所示为外部脉冲控制模式下的 I/O 接线图，引脚分为脉冲输入（PTI）/编码器脉冲输出（PTO）、10 路数字量输入、2 路模拟量输入、6 路数字量输出、2 路模拟量输出以及抱闸控制信号（仅 200V 驱动器），引脚信号说明见表 5-2。

表5-2　X8连接器的引脚信号说明

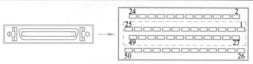

X8连接器50针MDR插座

信号类型	引脚号	信号	描述	引脚号	信号	描述
脉冲输入(PTI)/编码器脉冲输出(PTO)	1、2、26、27：通过脉冲输入实现位置设定值 5V高速差分脉冲输入(RS485) 最大频率：1MHz 此通道的信号传输具有更好的抗扰性			15、16、40、41：带5V高速差分信号的编码器仿真脉冲输出(A+/A-、B+/B-)		
	1	PTIA_D+	A相5V脉冲输入(+)	15	PTOA+	A相脉冲输出(+)
	2	PTIA_D-	A相5V脉冲输入(-)	16	PTOA-	A相脉冲输出(-)
	26	PTIB_D+	B相5V脉冲输入(+)	40	PTOB+	B相脉冲输出(+)
	27	PTIB_D-	B相5V脉冲输入(-)	41	PTOB-	B相脉冲输出(-)
	36、37、38、39：通过脉冲输入实现位置设定值 24V单端脉冲输入； 最大频率：200kHz			42、43：带5V高速差分信号的编码器零相脉冲输出(Z+/Z-)		
	36	PTIA_24P	A相24V脉冲输入(+)	42	PTOZ+	Z相脉冲输出(+)
	37	PTIA_24M	A相24V脉冲输入(-)	43	PTOZ-	Z相脉冲输出(-)
	38	PTIB_24P	B相24V脉冲输入(+)	17、25：带集电极开路的编码器零相脉冲输出和参考地		
	39	PTIB_24M	B相24V脉冲输入(-)	17	PTOZ(OC)	Z相编码器脉冲输出信号(集电极开路输出)
	24	M	PTI和PTI_D参考地	25	PTOZ_M(OC)	Z相脉冲输出信号参考地(集电极开路输出)
数字量I/O	3	DI_COM	数字量输入信号公共端	14	DI10	数字量输入10
	4	DI_COM	数字量输入信号公共端	28	PW24V_DO	用于数字量输出的外部24V电源
	5	DI1	数字量输入1	30	DO1	数字量输出1
	6	DI2	数字量输入2	31	DO2	数字量输出2

（续）

信号类型	引脚号	信号	描述	引脚号	信号	描述
数字量 I/O	7	DI3	数字量输入 3	32	DO3	数字量输出 3
	8	DI4	数字量输入 4	29 33	DO4	数字量输出 4
	9	DI5	数字量输入 5	34 44	DO5	数字量输出 5
	10	DI6	数字量输入 6	35 49	DO6	数字量输出 6
	11	DI7	数字量输入 7	23	Brake	电机抱闸控制信号（仅用于 SINAMICS V90 200 V 系列）
	12	DI8	数字量输入 8	50	MEXT_DO	用于数字量输出的外部 24V 接地
	13	DI9	数字量输入 9			
模拟量 I/O	18	P12AI	模拟量输入的 12V 电源输出	45	AO_M	模拟量输出接地
	19	AI1+	模拟量输入通道 1，正向	46	AO1	模拟量输出通道 1
	20	AI1-	模拟量输入通道 1，负向	47	AO_M	模拟量输出接地
	21	AI2+	模拟量输入通道 2，正向	48	AO2	模拟量输出通道 2
	22	AI2-	模拟量输入通道 2，负向			

由图 5-11 可知，V90 PTI 伺服驱动器支持两种类型的脉冲输入通道：

1）24V 单端脉冲输入通道，最高输入频率为 200kHz。

2）5V 高速差分脉冲输入（RS485）通道，最高输入频率为 1MHz。

需要注意的是，两个通道不能同时使用，只能有一个通道被激活。24 V 单端 PTI 为 V90 伺服驱动器的出厂设置。如果选择使用 5 V 高速差分 PTI（RS485），则必须将参数 p29014 的值由 1 改为 0。

V90 PN 的 X8 是 20 引脚连接器，有 4 路数字量输入引脚，2 路数字量输出引脚，对于 200V 驱动器，还有 17 和 18 抱闸控制引脚，如图 5-12 所示。

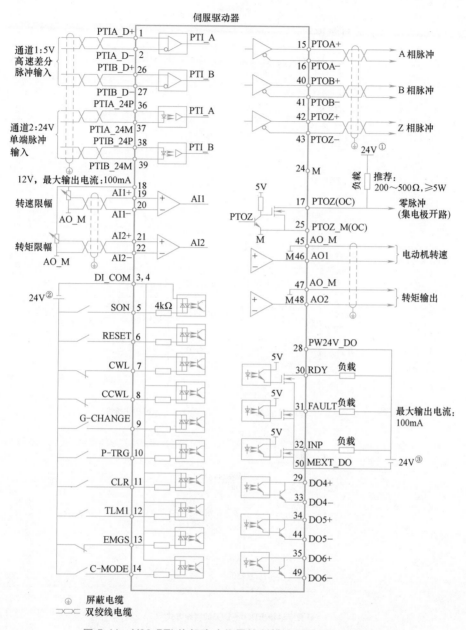

图 5-11 V90 PTI 外部脉冲位置控制模式下的 I/O 接线图

① 为 SINAMICS V90 供电的 24 V 电源。所有连接到控制器上的 PTO 信号必须与 SINAMICS V90 使用同一个 24 V 电源。

② 隔离的数字输入电源。它可以是控制器的供电电源。

③ 隔离的数字输出电源。它可以是控制器的供电电源。

4. V90 伺服驱动器数字量 I/O 接线

V90 伺服驱动器的数字量输入引脚内部采用双向光耦合器，因此数字量输入支持 PNP 和 NPN 两种接线方式，如图 5-13 所示。

V90 PTI 伺服驱动器的数字量输出 DO1～DO3 仅支持 NPN 接线方式，如图 5-14a 所示，数字量输出 DO4～DO6 可支持 NPN 和 PNP 接线方式，如图 5-14b 所示。V90 PN 伺服驱动数

图 5-12　V90 PN 伺服驱动器的 I/O 接线图

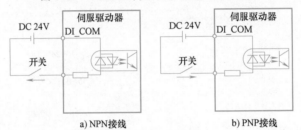

a) NPN接线　　　　　　　b) PNP接线

图 5-13　伺服驱动器数字量输入的接线方式

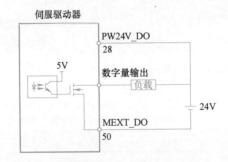

a) 数字量输出DO1～DO3的接线方式

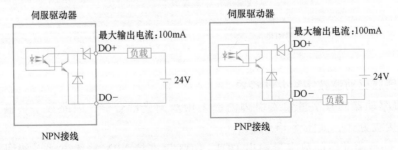

b) 数字量输出DO4～DO6的接线方式

图 5-14　伺服驱动器数字量输出的接线方式

字量输出 DO1~DO2 可支持 PNP 和 NPN 两种接线方式，如图 5-14b 所示。

5. V90 PTI 伺服驱动器数字量 I/O 引脚的功能

V90 PTI 伺服驱动器集成 10 个数字量输入（DI1~DI10）和 6 个数字量输出（DO1~DO6）引脚，其中 DI9 的功能固定为 EMGS（急停），DI10 的功能固定为 C-MODE（控制模式切换），其他的 DI 和 DO 功能可通过参数设置。DI1~DI8 的功能通过参数 p29301[x]~p29308[x] 设置，不同的控制模式下的功能在不同下标中区分。DO1~DO6 的功能通过参数 p29330~p29335 设置，不区分控制模式。

（1）数字量输入（DI）引脚功能　V90 伺服驱动器数字量输入引脚的默认功能见表 5-3，PTI 为外部脉冲位置控制模式，IPos 为内部设定值位置控制模式，S 为速度控制模式，T 为转矩控制模式。由于有 4 种控制模式，每个数字量输入引脚的参数分别用下标 0、下标 1、下标 2 和下标 3 表示。例如，在 PTI 控制模式下端子 5 具有 SON 功能，就可以设置 p29301[0]=1。

表 5-3　数字量输入引脚的默认功能

引脚号	数字量 I/O	参数	默认信号/值			
			下标 0(PTI)	下标 1(IPos)	下标 2(S)	下标 3(T)
5	DI1	p29301	1(SON)	1(SON)	1(SON)	1(SON)
6	DI2	p29302	2(RESET)	2(RESET)	2(RESET)	2(RESET)
7	DI3	p29303	3(CWL)	3(CWL)	3(CWL)	3(CWL)
8	DI4	p29304	4(CCWL)	4(CCWL)	4(CCWL)	4(CCWL)
9	DI5	p29305	5(G-CHANGE)	5(G-CHANGE)	12(CWE)	12(CWE)
10	DI6	p29306	6(P-TRG)	6(P-TRG)	13(CCWE)	13(CCWE)
11	DI7	p29307	7(CLR)	21(POS1)	15(SPD1)	18(TSET)
12	DI8	p29308	10(TLIM1)	22(POS2)	16(SPD2)	19(SLIM1)

V90 伺服驱动器的数字量输入引脚可分配的信号功能一共有 28 个，这些功能的详细信息见表 5-4。

表 5-4　V90 伺服驱动器数字量输入引脚信号功能说明

信号值	名称	类型	功能/应用	I/O 分配控制模式			
				PTI	iPos	S	T
	EMGS	1	急停(OFF3) 1:伺服驱动准备就绪 0:快速停止 参数 p29300[6]=1 时，可以在内部将 EMGS 置为高电平，这时可不需要外接信号开关				
1	SON	边沿 0→1，1→0	伺服开启 0→1:接通电源电路，使伺服驱动准备就绪 1→0:在 PTI、IPos 和 S 模式下，电动机减速停车(OFF1)；在 T 模式下，电动机自由停车(OFF2) 参数 p29300[0]=1 时，可以在内部将 SON 置为高电平，这时可不需要外接信号开关	√	√	√	√

（续）

信号值	名称	类型	功能/应用	I/O 分配控制模式			
				PTI	iPos	S	T
2	RESET	边沿 0→1	复位报警 0→1：用该信号清除报警信号	√	√	√	√
3	CWL	边沿 1→0	CWL：正向超行程限制（正限位）；CCWL：负向超行程限制（负限位） 1=运行条件 1→0：快速停止（OFF3） 当伺服驱动器上电后，确保信号 CWL 与 CCWL 均处于高电平。当伺服电动机超行程运行时，限位开关会打开并且伺服电动机快速停止 当在正向运行方向上到达 CWL 正向限位开关后，伺服电动机会快速停止，同时触发正限位故障 F7492，使用 RESET 信号应答故障，而后在负向运行方向上移动轴离开 CWL 正向限位开关，从而使轴返回到有效运行范围内				
4	CCWL	边沿 1→0	当在负向运行方向上到达 CCWL 负向限位开关后，伺服电动机会快速停止，同时触发负限位故障 F7491，使用 RESET 信号应答故障，而后在正向运行方向上移动轴离开 CCWL 负向限位开关，从而使轴返回到有效运行范围内 伺服电动机 →正向 CCWL限位开关　CWL限位开关　伺服驱动器 X8 7 8 将参数 p29300[1]=1、p29300[2]=1 时，可以在内部将 CWL、CCWL 置为高电平。这时，可不需要外接信号开关	√	√	√	√
5	G-CHANGE	电平	在第一个和第二个增益参数集之间进行增益切换 0：第一个增益参数集 1：第二个增益参数集	√	√	√	×
6	P-TRG	电平 边沿 0→1	在 PTI 模式下：脉冲允许/禁止 0：允许通过脉冲设定值运行 1：禁止脉冲设定值 在 IPos 模式下：位置触发器 0→1：根据已选的内部位置设定值开始定位。 说明：PTI 模式下的 P_TRG 信号留作将来使用	√	√	×	×
7	CLR	电平	清除位置控制剩余脉冲 0：不清除 1：按照 p29242 选中的模式清除脉冲	√	×	×	×

（续）

信号值	名称	类型	功能/应用	I/O 分配控制模式			
				PTI	iPos	S	T
8	EGEAR1	电平	电子齿轮 通过 EGEAR1 和 EGEAR2 信号组合可以选择 4 组电子齿轮比	√	×	×	×
9	EGEAR2	电平	EGEAR2：EGEAR1 0：0：电子齿轮比 1 0：1：电子齿轮比 2 1：0：电子齿轮比 3 1：1：电子齿轮比 4	√	×	×	×
10	TLIM1	电平	选择转矩限制 通过 TLIM1 和 TLIM2 信号组合可以选择 4 个转矩限制指令源（一个外部转矩限制，3 个内部转矩限制）。	√	√	√	×
11	TLIM2	电平	TLIM2：TLIM1 0：0：内部转矩限制 1 0：1：外部转矩限制（模拟量输入 2） 1：0：内部转矩限制 2 1：1：内部转矩限制 3	√	√	√	×
12	CWE	电平	使伺服电动机顺时针旋转 1：使能顺时针旋转，斜坡上升 0：禁止顺时针旋转，斜坡下降	×	×	√	√
13	CCWE	电平	使伺服电动机逆时针旋转 1：使能顺时针旋转，斜坡下降 0：禁止顺时针旋转，斜坡上升	×	×	√	√
14	ZSCLAMP	电平	零速钳位 1 = 当电动机速度设定值为模拟量信号且小于阈值（p29075）时，电动机停止并抱闸 0 = 无动作	×	×	√	×
15	SPD1	电平	内部速度设定值选择 通过 SPD1、SPD2 和 SPD3 信号组合可以选择 8 个速度设定值/限制指令源（一个外部速度设定值/限制，7 个内部速度设定值/限制）。	×	×	√	×
16	SPD2	电平					
17	SPD3	电平					

内部速度设定值选择表：

输入设备			速度设定值
SPD3	SPD2	SPD1	
0	0	0	外部模拟量速度设定值
0	0	1	p1001 内部速度设定值 1
0	1	0	p1002 内部速度设定值 2
0	1	1	p1003 内部速度设定值 3
1	0	0	p1004 内部速度设定值 4
1	0	1	p1005 内部速度设定值 5
1	1	0	p1006 内部速度设定值 6
1	1	1	p1007 内部速度设定值 7

（续）

信号值	名称	类型	功能/应用	I/O 分配控制模式			
				PTI	iPos	S	T
18	TSET	电平	选择转矩设定值 该信号可以选择两个转矩设定值源（一个外部转矩设定值，一个内部转矩设定值）。 0:外部转矩设定值（模拟量输入 2） 1:内部转矩设定值	×	×	×	√
19	SLIM1	电平	选择速度限制 通过 SLIM1 和 SLIM2 信号组合可以选择 4 个速度限制指令源（1 个外部速度限制，3 个内部速度限制） SLIM2:SLIM1 0:0:内部速度限制 1 0:1:外部速度限制（模拟量输入 1） 1:0:内部速度限制 2 1:1:内部速度限制 3	√	√	√	√
20	SLIM2	电平					
21	POS1	电平	内部位置设定值选择 通过 POS1~POS3 信号组合可以选择 8 个内部位置设定值源。	×	√	×	×
22	POS2	电平					
23	POS3	电平					
24	REF	边沿 0→1	通过数字量输入或参考挡块输入设置回参考点方式下的零点 0→1:参考点输入	×	√	×	×
25	SREF	边沿 0→1	通过信号 SREF 开始回参考点 0→1 开始回参考点	×	√	×	×
26	STEPF	边沿 0→1	向前位进至下一个内部位置设定值 0→1 开始位进	×	√	×	×
27	STEPB	边沿 0→1	向后位进至上一个内部位置设定值 0→1 开始位进	×	√	×	×
28	STEPH	边沿 0→1	位进至内部位置设定值 1 0→1 开始位进	×	√	×	×

内部位置设定值选择表（位于行 21~23 功能栏内）：

输入设备			内部位置设定值
POS3	POS2	POS1	
0	0	0	内部位置设定值 1
0	0	1	内部位置设定值 2
0	1	0	内部位置设定值 3
0	1	1	内部位置设定值 4
1	0	0	内部位置设定值 5
1	0	1	内部位置设定值 6
1	1	0	内部位置设定值 7
1	1	1	内部位置设定值 8

注：√为相应控制模式下有效，×为相应控制模式下无效。

说明：当工作在转矩控制模式时，若 CWE 和 CCWE 处于相同状态，则转矩设定值为 0。

伺服驱动器初次上电时，常出现 F7491（到达负限位）、F7492（到达正限位）和 A52902（急停丢失）错误。原因是正向行程限制信号（CWL）和负向行程限制信号

（CCWL）以及急停（EMGS）这 3 个信号为 OFF。默认必须为 ON，伺服驱动器才可运行。如果实际使用时无需用到这 3 个功能，可通过把 p29300 的第 1、2、6 位设为 1 来强制为 ON，参数 p29300 的定义见表 5-5，此时，p29300 = 2#0100 0110 = 16#46。

表 5-5　p29300 参数的定义

位 6	位 5	位 4	位 3	位 2	位 1	位 0
EMGS	TSET	SPD1	TLIM1	CCWL	CWL	SON

说明：参数 p29300 的优先级高于 DI。p29300 的位 6 用于设置快速停止。当驱动处于"SON"状态时，不允许改变状态。

（2）数字量输出（DO）引脚功能　V90 伺服驱动器数字量输出引脚的默认设置见表 5-6。例如，将 30 引脚的信号功能分配为伺服准备就绪，就可以设置 p29330 = 1。

表 5-6　数字量输出引脚的默认功能

引脚号	数字量输入/输出	参　　数	默认信号/值
30	DO1	p29330	1（RDY）
31	DO2	p29331	2（FAULT）
32	DO3	p29332	3（INP）
29/33	DO4	p29333	5（SPDR）
34/44	DO5	p29334	6（TLR）
35/49	DO6	p29335	8（MBR）

注：数字量输出信号 DO1~DO6 的逻辑可以被取反。可以通过设置参数 p0748 的位 0~位 5 对 DO1~DO6 的逻辑取反。

V90 伺服驱动器的数字量输出引脚可分配的信号功能一共有 15 个，这些功能的详细信息见表 5-7。

表 5-7　V90 伺服驱动器数字量输出引脚信号功能说明

参数设定值	脉冲	功能/应用	I/O 分配控制模式			
			PTI	iPos	S	T
1	RDY	伺服准备就绪 1:驱动已就绪 0:驱动未就绪（存在故障或使能信号丢失）	√	√	√	√
2	FAULT	故障 1:处于故障状态 0:无故障	√	√	√	√
3	INP	位置到达信号 1:剩余脉冲数在预设的就位取值范围内（参数 p2544） 0:剩余脉冲数超出预设的位置到达范围	√	√	×	×
4	ZSP	零速检测 1:电动机速度≤零速（可通过参数 p2161 设置零速） 0:电动机速度>零速+磁滞（10r/min）	√	√	√	√

（续）

参数设定值	脉冲	功能/应用	I/O 分配控制模式			
			PTI	iPos	S	T
5	SPDR	速度达到 1:电动机实际速度已几乎（内部磁滞 10r/min）达到内部速度指令或模拟量速度指令的速度值。速度到达范围可通过参数 p29078 设置 0:速度设定值与实际值之间的速度差值大于内部磁滞	×	×	√	×
6	TLR	达到转矩限制 1:产生的转矩已几乎（内部磁滞）达到正向转矩限制、负向转矩限制或模拟量转矩限制的转矩值 0:产生的转矩尚未达到任何限制	√	√	√	×
7	SPLR	达到速度限制 1:速度已几乎（内部磁滞 10r/min）达到速度限制 0:速度尚未达到速度限制	√	√	√	×
8	MBR	电动机抱闸 1:电动机抱闸关闭 0:电动机停机抱闸打开 说明:MBR 仅为状态信号,因为电动机停机抱闸的控制与供电均通过特定的端子实现。通过 EGEAR1 和 EGEAR2 信号组合可以选择 4 组电子齿轮比	√	√	√	√
9	OLL	达到过载水平 1:电动机已达到设定的输出过载水平（p29080 按照额定转矩的百分比表示:默认值:100%;最大值:300%） 0:电动机尚未达到过载水平	√	√	√	√
10	ARNING1	达到警告 1 条件 1:已达到设置的警告 1 的条件 0:未达到设置的警告 1 的条件	√	√	√	√
11	ARNING2	达到警告 2 条件 1:已达到设置的警告 2 的条件 0:未达到设置的警告 2 的条件	√	√	√	√
12	REFOK	回参考点 1:已回参考点 0:未回参考点	×	√	×	×
13	CM_STA	当前控制模式 1:5 个复合控制模式（PTI/S、IPos/S、PTI/T、IPos/T、S/T）的第 2 个模式 0:5 个复合控制模式（PTI/S、IPos/S、PTI/T、IPos/T、S/T）的第 1 个模式或 4 个基本模式（PTI、IPos、S、T）	√	√	√	√
14	RDY_ON	准备伺服开启就绪 1:驱动准备伺服开启就绪 0:驱动准备伺服开启未就绪（存在故障或主电源无供电） 说明:当驱动处于"SON"状态后,该信号会一直保持为高电平（1）状态,除非出现上述异常情况	√	√	√	√

（续）

参数设定值	脉冲	功能/应用	I/O 分配控制模式			
			PTI	iPos	S	T
15	STO_EP	STO 激活 1:使能信号丢失,表示 STO 功能激活 0:使能信号可用,表示 STO 功能无效 说明:STO_EP 仅用作 STO 输入端子的状态指示信号,而并非 Safety Integrated 功能的安全 DO 信号	√	√	√	√

注：√为相应控制模式下有效，×为相应控制模式下无效。

拓展链接

伺服系统是工业自动化的重要组成部分，是自动化行业中实现精确定位、精准运动的必要途径，更是体现一个国家工业技术发展水平的重要指标之一。2020 年，我国伺服市场中，以松下、安川、三菱为代表的日本品牌占据约 51% 的市场份额，以台达、汇川、埃斯顿、华中数控为代表的国产品牌占据约 30% 的市场份额，西门子、施耐德、博世等欧美品牌占据约 19% 的市场份额。随着工业机器人行业的深化、工业自动化程度的进一步提升和智能制造的深入推进，伺服产品的需求量越来越大。为了突破伺服系统的关键技术，提升我国智能制造的技术水平和市场竞争力，需要青年人迎难而上、挺身而出、勇挑重担、攻坚克难。

思考与练习

1. 填空题

（1）伺服控制系统（Servo-Control System）主要由 _____、_____、_____、_____和_____5 个部分组成。

（2）位置检测元件通常是伺服电动机上的_____。

（3）伺服电动机可以将电压信号转化为_____和_____输出，以驱动控制对象。

（4）西门子 SIMOTICS S-1FL6 伺服电动机是_____电动机，分为_____伺服电动机（200V）和_____伺服电动机（400V）两种类型。

（5）SIMOTICS S-1FL6 伺服电动机可选用_____编码器和_____编码器。

（6）伺服驱动器主要有 3 种控制方式，分别是_____控制方式、_____控制方式和_____控制方式。这 3 种控制方式主要是通过伺服驱动器内部的_____、_____和_____实现的。

（7）根据控制方式的不同，V90 伺服驱动器可分为_____版本和_____版本。

（8）V90 脉冲序列（PTI）伺服驱动器顶端集成了_____通信接口，支持_____控制、_____控制和_____控制 3 种运动控制方式，可以实现_____控制、_____控制、_____控制、_____控制和_____控制等功能。

（9）V90 PN 伺服驱动器顶端集成了两个_____通信接口，可以实现_____控制和_____控制等功能。

（10）V90 伺服驱动器的数字量输入支持_____和_____两种接线方式。

2. 简答题

（1）高惯量与低惯量电动机的区别是什么？

（2）1FL6 电动机编码器有哪几种类型？增量式编码器和绝对值编码器的区别是什么？

（3）简述 V90 伺服驱动器数字量输入和输出引脚如何分配信号功能。

任务 5.2 V90 PTI 伺服驱动器的应用

任务目标

1. 能用 V-ASSISTANT 软件调试 V90 伺服驱动器。

2. 掌握 V90 PTI 伺服驱动器的位置控制和速度控制的接线与参数设置。

3. 能用 S7-1200 PLC 进行工艺对象组态，用 PLC Open 标准程序块编写 PTI 伺服驱动器的控制程序并进行调试。

4. 培养学生的工程意识和质量观念。

任务 5.2.1 V90 PTI 伺服驱动器的位置控制

一、任务导入

图 5-15 所示为输送站位置控制示意图，伺服电动机通过与电动机同轴的丝杠带动工作台移动。控制要求如下：

1）本例只涉及伺服运动过程，每一个工位相应的动作用延时表示（不编写相应的执行程序）。

2）要求具有手动控制和自动控制两种工作方式。

3）系统上电时，机械手自动回原点。

4）手动工作方式：按下手动前进按钮，机械手右移，按下手动后退按钮，机械手左移。

5）自动工作方式：按下起动按钮，若未确定原点，则先进行回原点操作。原点确定后，机械手以 20mm/s 的速度从原点位置向前移动 30mm 到达 A 工位，停 3s；再以 25mm/s 的速度继续向前移动 40mm 到达 B 工位，停 5s；再以 30mm/s 的速度返回原点位置后停止运行。

6）系统有状态指示灯和复位按钮。

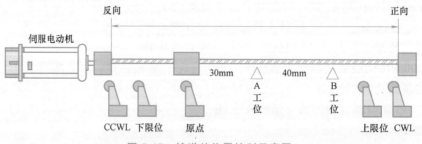

图 5-15 输送站位置控制示意图

二、相关知识

1. V90 PTI 伺服驱动器的控制模式

V90 PTI 伺服驱动器支持 9 种控制模式，包括 4 种基本控制模式和 5 种复合控制模式，见表 5-8。基本控制模式只能支持单一的控制功能，复合控制模式包含两种基本控制功能，可以通过 DI10 信号在两种基本控制功能间切换。

表 5-8 V90 PTI 伺服驱动器的控制模式

控制模式		缩　写
基本控制模式	外部脉冲位置控制模式	PTI
	内部设定值位置控制模式	IPos
	速度控制模式	S
	转矩控制模式	T
复合控制模式	外部脉冲位置控制与速度控制切换	PTI/S
	内部设定值位置控制与速度控制切换	IPos/S
	外部脉冲位置控制与转矩控制切换	PTI/T
	内部设定值位置控制与转矩控制切换	IPos/T
	速度控制与转矩控制切换	S/T

通过参数 p29003 选择控制模式，参数值见表 5-9 和表 5-10。

表 5-9 基本控制模式选择

参　数	参数值	说　明
p29003	0(默认值)	外部脉冲位置控制模式(PTI)
	1	内部设定值位置控制模式(IPos)
	2	速度控制模式(S)
	3	转矩控制模式(T)

数字量输入 DI10 的功能被固定为控制模式选择（C-MODE）。

表 5-10 复合控制模式选择

参数	参数值	DI10 控制模式选择信号状态	
		0(第 1 种控制模式)	1(第 2 种控制模式)
p29003	4	外部脉冲位置控制模式(PTI)	速度控制模式(S)
	5	内部设定值位置控制模式(IPos)	速度控制模式(S)
	6	外部脉冲位置控制模式(PTI)	转矩控制模式(T)
	7	内部设定值位置控制模式(IPos)	转矩控制模式(T)
	8	速度控制模式(S)	转矩控制模式(T)

2. 调试工具

可以通过 BOP 操作面板和 V-ASSISTANT 软件两种方式调试 V90 伺服驱动器，但软件与驱动器连接后 BOP 操作面板无法使用。

（1）BOP 操作面板　可通过 BOP 操作面板完成独立调试、诊断、参数查看、参数设置、固件升级和参数备份等工作。V90 PTI 的 BOP 操作面板如图 5-16 所示，具体操作可查看《V90 PTI 伺服驱动器操作说明》，两个 LED 状态指示灯（RDY 和 COM）可用来显示驱动状态。两个 LED 灯都为双色（绿色/红色），状态显示的详细信息见表 5-11。

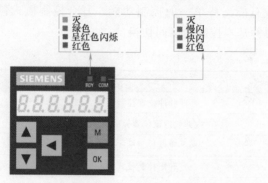

V-ASSISTANT 调试
软件的使用

图 5-16　BOP 操作面板

表 5-11　BOP 操作面板的指示灯状态信息

状态指示灯	颜　色	状　态	说　明
RDY	—	Off	控制板无 24V 直流输入
	绿色	常亮	驱动处于"S ON"状态
	红色	常亮	驱动处于"S OFF"状态或起动状态
		以 1Hz 频率闪烁	存在报警或故障
COM	—	Off	未启动与 PC 的通信
	绿色	以 0.5Hz 频率闪烁	启动与 PC 的通信
		以 2Hz 频率闪烁	SD 卡正在工作（读取或写入）
	红色	常亮	与 PC 通信发生错误

（2）SINAMICS V-ASSISTANT 调试软件　SINAMICS V-ASSISTANT 调试软件可在装有 Windows 操作系统的 PC 上运行，利用图形用户界面与用户互动，并能通过 USB 接口与 SINAMICS V90 驱动器相连，如图 5-17 所示。该软件工具用于设置参数、测试运行和执行故障排查，并具有强大的监控功能。

USB电缆

V90伺服驱动器

安装有V-ASSISTANT软件的计算机

图 5-17　SINAMICS V-ASSISTANT 调试软件与 V90 的连接方式

西门子公司 2021 年发布了 V90 的最新版 V-ASSISTANT V1.07 调试软件，V90 PN 最新版软件的最大特点是支持计算机通过网线连接 V90 PN 端口的调试方式。

3. JOG 模式下的初始调试

当驱动器首次上电时，可以通过 BOP 或工程工具 SINAMICS V-ASSISTANT 进行试运行，以检查如下内容：

1）主电源是否已正确连接。

2）DC 24V 电源是否已正确连接。

3）伺服驱动与伺服电动机之间的电缆（包括电动机动力电缆、编码器电路和抱闸电缆）是否已正确连接。

4）电动机速度和转动方向是否正确。

当驱动器首次上电调试时，首先做如下检查：

1）对于 V90 PTI，点动前数字量信号 EMGS、行程限制信号（CWL/CCWL）必须保持在高电平或修改 p29300＝16#46（2#1000110）。

2）对于 V90 PN，需要设置 p29108.0＝1，再进行点动操作。点动操作完成后，将 p29108.0 设置为 0；将伺服驱动器连接至空载电动机，且无 PLC 连接至伺服系统。

JOG 试运行的操作步骤见表 5-12。

表 5-12 JOG 试运行的操作步骤

步骤	说 明	备 注
1	连接必要的设备并且检查接线	必须连接以下电缆： 1)电动机动力电缆 2)编码器电缆 3)抱闸电缆 4)主电源电缆 5)DC 24 V 电源电缆
2	打开 DC 24 V 电源	—
3	检查伺服电动机的类型： 1)如果伺服电动机带有增量式编码器,应输入电动机 ID(p29000) 2)如果伺服电动机带有绝对值编码器,伺服驱动器可以自动识别伺服电动机	若未识别到伺服电动机,则会发生故障 F52984。电动机 ID 见电动机铭牌
4	检查电动机旋转方向。默认运行方向为 CW(顺时针)。若有必要,可通过设置参数 p29001 更改运行方向	1)p29001＝0:CW(默认值) 2)p29001＝1:CCW
5	检查 JOG 速度。默认 JOG 速度为 100r/min。可通过设置参数 p1058 更改速度	对于 V90 PN 伺服驱动器,为使能 JOG 功能,必须将参数 p29108 的位 0 置为 1,然后保存参数设置并重启驱动;否则,该功能的相关参数 p1058 被禁止访问
6	通过 BOP 保存参数	—
7	打开主电源	—
8	清除故障和报警	—

（续）

步骤	说　明	备　注
9	若使用 BOP，按照下图操作进入 JOG 菜单功能，按向上或向下键运行伺服电动机 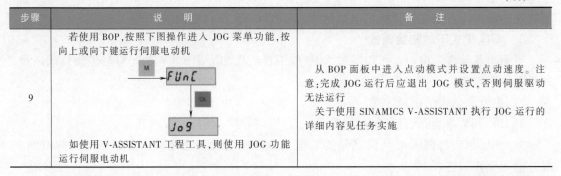 如使用 V-ASSISTANT 工程工具，则使用 JOG 功能运行伺服电动机	从 BOP 面板中进入点动模式并设置点动速度。注意：完成 JOG 运行后应退出 JOG 模式，否则伺服驱动无法运行 关于使用 SINAMICS V-ASSISTANT 执行 JOG 运行的详细内容见任务实施

当在 JOG 模式下运行增量式编码器伺服电动机时，电动机会发出短促的嗡响，表示正在检测转子的磁极位。

三、任务实施

【训练设备、工具、手册或标准】

输送站硬件电路及运动轴组态

西门子 CPU 1215C DC/DC/DC 的 PLC 1 台、安装有 TIA Portal V15 软件和 V-ASSISTANT 调试软件的计算机 1 台、SINAMICS V90 PTI 伺服驱动器 1 台、SIMOTICS S-1FL6 伺服电动机 1 台、MOTION-CONNECT 300 伺服电动机的动力电缆 1 根、MOTION-CONNECT 300 编码器信号电缆 1 根、X8 控制/设定值电缆 1 根、网线 1 根、PNP 输出型光电传感器、开关和按钮若干、通用电工工具 1 套、《TIA Portal V15 中的 S7-1200 Motion Control V6.0 功能手册》《SINAMICS V90 SINAMICS V-ASSISTANT 在线帮助设备手册》、GB/T 16439—2009《交流伺服系统通用技术条件》。

1. 硬件电路

根据控制要求，输送站位置控制的 I/O 分配见表 5-13，接线图如图 5-18 所示，图 5-18 中所有光电传感器均为 PNP 输出型。PLC 选择晶体管输出型 CPU，V90 伺服就绪信号 RDY 接入 PLC 的 I0.2 端子，PLC 的 Q0.4 端子接入伺服使能端子 5。正反向超程保护 SC4、SC5 和急停按钮 SB7 直接接到 V90 的 7（CWL）、8（CCWL）和 13（EMGS）引脚，为了 V90 的正常运行，这 3 个开关均接动断触点。

表 5-13　输送站位置控制 I/O 分配表

输　　入			输　　出		
输入继电器	输入元件	作用	输出继电器	输出元件	作用
I0.1	SB1	复位按钮	Q0.2	36（PTI_A_24P）	伺服脉冲信号
I0.2	RDY	伺服准备就绪	Q0.3	38（PTIB_24P）	伺服方向信号
I0.3	SB2	手动前进	Q0.4	5（SON）	伺服使能
I0.4	SB3	手动后退	Q0.5	6（RESET）	伺服复位
I0.5	SC1	丝杠原点	Q0.6	HL1	A 工位指示灯
I0.6	SC2	丝杠上限位	Q0.7	HL2	B 工位指示灯
I0.7	SC3	丝杠下限位			
I1.0	SB4	停止			
I1.1	SB5	手动回原点			
I1.2	SB6	起动			
I1.4	SA	手动/自动切换开关			

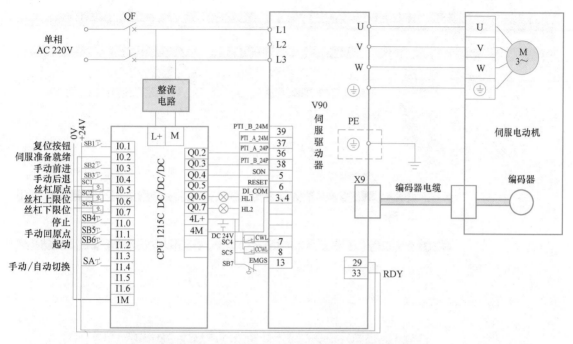

图 5-18　输送站位置控制接线图

2. 伺服驱动器的参数设置

对 V90 进行参数设置时，可以通过 BOP 操作面板和 V-ASSISTANT 调试软件两种方法进行。这里采用后一种设置方法，在设置参数之前，建议先恢复出厂设置。

（1）选择工作模式　V-ASSISTANT 调试软件有在线和离线两种工作模式，启动该软件时可以进行模式选择，如图 5-19 所示。

1）在线模式：V-ASSISTANT 调试软件与目标驱动通信，该驱动通过 USB 电缆连接到计算机端。选择在线模式后，可以检测到 V90 伺服驱动器的型号及订货号，如图 5-19 所示，单击"确定"按钮，软件会自动创建新项目并保存目标驱动的所有参数设置，同时进入如图 5-20 所示的主窗口。

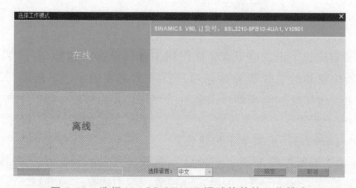

图 5-19　选择 V-ASSISTANT 调试软件的工作模式

2）离线模式：V-ASSISTANT 调试提交不与任何已连接的驱动通信，在该模式下，可以选择"新建工程"或者"打开已有工程"。

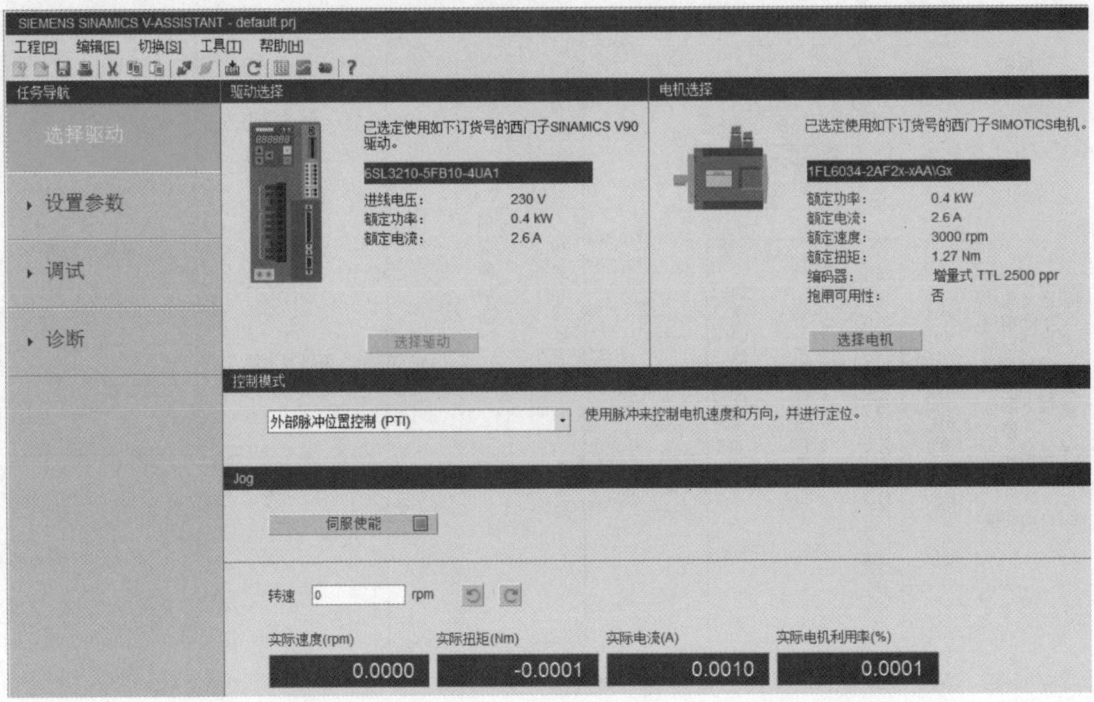

图 5-20　控制模式设置

（2）选择伺服电动机并设置控制模式　当通过 V-ASSISTANT 调试软件进行参数设置时，通过在线模式获取实际驱动器的订货号，然后单击图 5-20 中任务导航中的"电机选择"选项，选择所使用的电动机并选择控制模式为"外部脉冲位置控制（PTI）"。

在线模式连接的就是实际使用的驱动器，所以此时"选择驱动"的按钮是不可用的。

在在线模式下，可通过 JOG 功能对伺服进行运行测试。勾选图 5-20 中的"伺服使能"复选框，设置转速，此时可通过单击"顺时针" 或"逆时针" 按钮对伺服进行正方向和负方向的运行测试，测试过程中会显示实际速度、实际转矩、实际电流以及实际电动机利用率。通过测试，可以确认 V90 伺服驱动器是否工作正常。

需要注意的是，JOG 运行测试时，必须确保 CWL、CCWL 和 EMGS 信号的引脚处于高电平。

（3）设置电子齿轮比　设置电子齿轮比仅用于外部脉冲位置控制（PTI）。电子齿轮比就是对伺服驱动器接收到的上位机脉冲频率进行放大或者缩小。单击图 5-21"设置参数"选项中的"设置电子齿轮比"选项即可设置电子齿轮比。V90 共有如下 3 种设置方法：

1）手动输入电子齿轮比：电动机每转的设定值脉冲数 p29011 为 0 时，通过设置分子（p29012）和分母（p29013）配置电子齿轮比。

2）电动机转动一圈所需要的给定脉冲数：电动机每转的设定值脉冲数 p29011 不为 0 时，在此输入电动机转动一圈所需要的给定脉冲数。本例选择这种方式，设置电动机转动一圈所需要的脉冲数是 2000，即参数 p29011 = 2000。

3）根据所选择的机械结构形式计算电子齿轮比：通过设置机械系统的参数，可建立实际运动部件和长度单位（LU）之间的联系。如果选择丝杠机械结构，只需要输入螺距值及齿轮比，选择显示单位并点击"计算"按钮，即可自动算出电子齿轮比。

LU 指的是输入一个脉冲，伺服电动机移动的距离。

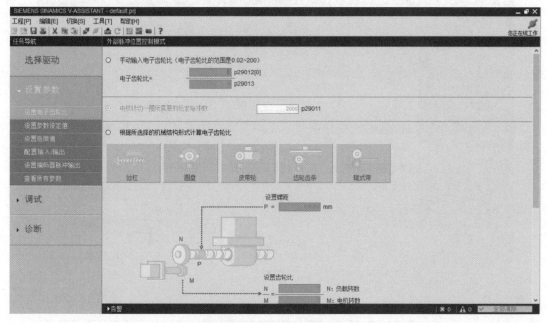

图 5-21　设置电子齿轮比

（4）设置参数设定值　伺服驱动器工作在位置控制模式时，根据脉冲输入引脚输入的脉冲串来控制伺服电动机的位移和方向，输入脉冲的频率确定伺服电动机转动的速度，脉冲数确定伺服电动机转动的角度。

V90 支持 24V 单端和 5V 高速差分两个脉冲信号输入通道，通过参数 p29014 进行脉冲输入通道选择。脉冲输入形式有 AB 相脉冲和脉冲+方向两种形式，两种形式都支持正逻辑和负逻辑，通过参数 p29010 选择脉冲输入形式。

本例使用的 S7-1200 CPU 输出的脉冲信号是 DC 24V，因此选择的信号类型为"脉冲+方向，正逻辑"，信号电平选择的是"24V 单端"，参数设置如图 5-22 所示。

（5）设置极限值　单击图 5-23 所示的任务导航中的"设置极限值"选项，可设置转矩（软件中称"扭矩"）限制和速度限制，这两个值可根据实际控制要求设置，本例采用默认值。

（6）配置输入/输出（I/O）信号　选择图 5-24 所示的任务导航中的"配置输入/输出"选项，分别单击"数字量输入""数字量输出"和"模拟量输出"标签，可分配相应的功能到对应的端子。例如，如果将 SON 信号分配到 DI6 引脚上，需要单击图 5-24a 中 SON 对应行的 DI1 带白色背景的单元格，下拉列表中会显示两个选项：分配和取消，选择"取消"解除该引脚当前的 SON 功能，当前行单元格显示灰色；然后在 SON 信号所在行 DI6 引脚对应的灰色单元格上单击，下拉列表中会显示两个选项：分配和取消，选择"分配"将 SON信号分配到 DI6 引脚上，当前行单元格显示白色。

如图 5-24b 所示，可以配置数字量输出信号的功能，例如，单击图 5-24b 中 RDY 信号所在行 DO4 引脚对应的带白色背景的单元格，选择"分配"将 RDY 信号分配到 DO4 引脚上。

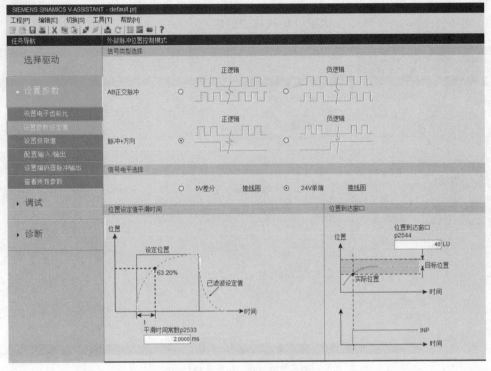

图 5-22 设置参数设定值

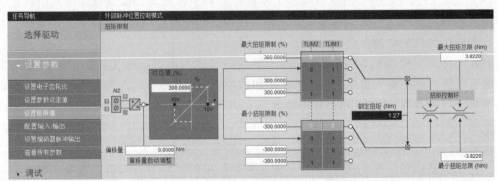

a) 转矩限制设置窗口

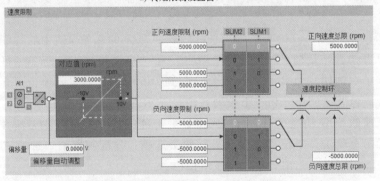

b) 速度限制设置窗口

图 5-23 设置极限值

如图 5-24c 所示，可以配置模拟量输出信号的功能。例如，单击模拟量输出 1 "实际速度" 右侧的黑色三角，在下拉菜单中选择需要的功能即可。

本例数字量输入和模拟量输出均采用默认值。本例中的数字量输入引脚 CWL、CCWL 和 EMGS 在图 5-18 中进行了实际接线，如果在实际中没有进行接线，可激活最右侧的 "强

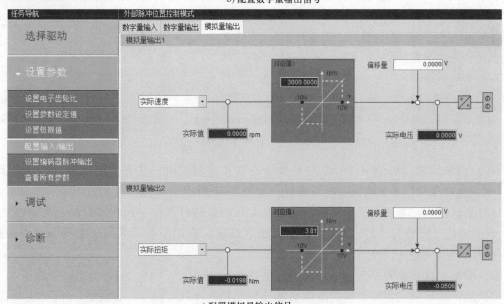

a) 配置数字量输入信号

b) 配置数字量输出信号

c) 配置模拟量输出信号

图 5-24　配置输入/输出信号

制置1"列将信号状态强制置1。

（7）设置编码器脉冲输出　单击图5-25所示的任务导航中的"设置编码器脉冲输出"选项，可以在右侧窗口配置脉冲输出。V-ASSISTANT软件自动识别编码器的类型及分辨率，共计两个选项可用于配置PTO相关参数，如图5-25所示，本例采用"设置电机转一圈脉冲输出的数量"，p29030 = 2500。

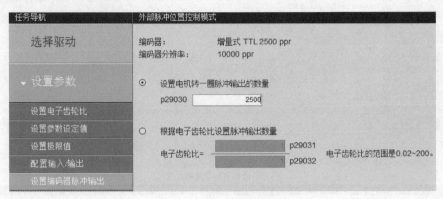

图 5-25　设置编码器脉冲输出

（8）查看所有参数　单击图5-26所示的任务导航中的"查看所有参数"选项，可在该区域配置所有可编辑的参数。可以单击❶"出厂值"按钮，将所有参数复位至出厂设置；也可以单击❷"保存更改"按钮，将不同于默认/出厂值的参数更改并保存为 * . html 格式的文件，以便用于文档或者用作 BOP 调试的参考文件。

参数设置完毕要让伺服驱动器断电重启，修改过的一些参数才能生效。

任务导航	外部脉冲位置控制模式							
	组别过滤器：所有参数 ▼	搜索： ▼			❶ 出厂值	❷ 保存更改		
选择驱动	组	参数号	参数信息	值	单位	值范围	出厂设置	生效方式
	基本	p748	CU 数字输出取反	00000000H	N.A.	--	00000000H	立即生效
	基本	p29000	电机 ID	54	N.A.	[0，65535]	0	立即生效
▼ 设置参数	基本	p29001	电机旋转方向取反	0：方向不变 ▼	N.A.	--	0	立即生效
	基本	p29002	BOP 显示选择	0：速度 ▼	N.A.	--	0	立即生效
设置电子齿轮比	基本	p29003	控制模式	0：PTI ▼	N.A.	--	0	重启生效
设置参数设定值	基本	p29004	RS485 地址	1	N.A.	[1，31]	1	重启生效
设置极限值	基本	p29005	制动电阻容量百分比报警阈值	100.0000	%	[1，100]	100.0000	立即生效
配置输入/输出	基本	p29006	电源电压	230	V	[200，480]	400	立即生效
设置编码器脉冲输出	基本	p29007	RS485 通信协议	1：USS 通... ▼	N.A.	--	1	重启生效
查看所有参数	基本	p29008	Modbus 控制模式	2：无控制字 ▼	N.A.	--	2	重启生效
	基本	p29009	RS485 波特率	8：38400 ▼	N.A.	--	8	重启生效
	基本	p29010	PTI：选择输入脉冲形式	0：PD_P ▼	N.A.	--	0	立即生效

图 5-26　查看所有参数

（9）调试功能　V-ASSISTANT软件处于在线工作模式时，具有"测试接口""测试电机"和"优化驱动"3个调试功能可选择，如图5-27所示。

1）测试接口：主要用于对伺服驱动器的I/O状态进行监控，对应接口的小方块变为绿色，表明该信号已经为"1"状态。该接口还可以显示脉冲个数、实际速度等驱动器信息，还可以对数字量输出（DO）进行仿真。

2）测试电机：主要用于对电动机运行进行测试。

3）优化驱动：主要用于对伺服驱动器进行优化，可以使用"一键优化"和"实时自动优化"功能。

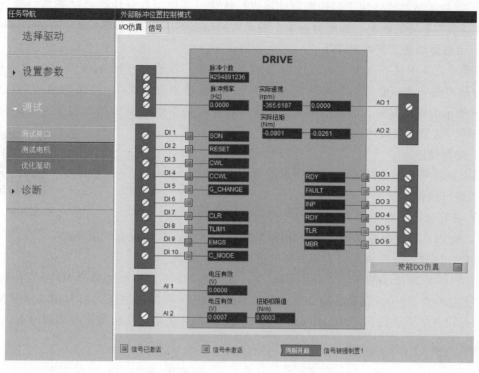

图 5-27　调试界面

（10）诊断功能　诊断功能仅用于在线模式，包含"监控状态""录波信号"和"测量机械性能" 3 个功能，如图 5-28 所示。

1）监控状态：用于监控伺服驱动器的实时数据。

2）录波信号：用于录波所连伺服驱动器在当前模式下的性能。

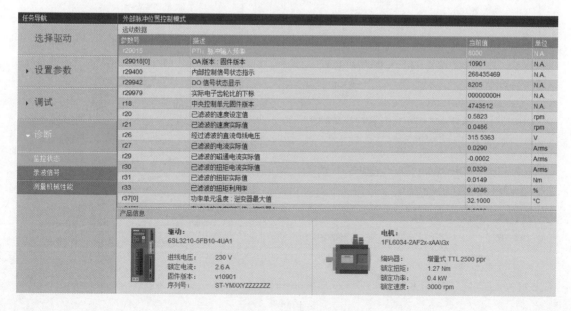

图 5-28　诊断界面

3）测量机械性能：用于对伺服驱动器进行优化，可使用测量功能通过简单的参数设置禁止更高级控制环的影响，并能分析单个驱动器的动态响应。

3. 组态运动轴工艺对象 TO

按照项目 4 中任务 4.1.3 的方法组态轴工艺对象。注意：在图 4-15 所示的对话框中，本例的脉冲输出是 Q0.2，方向输出是 Q0.3，使能输出是 Q0.4，就绪输入是 I0.2；在图 4-16 所示的对话框中，本例的电动机每转的脉冲数是 2000。其他组态和步进驱动控制的组态一样，这里不再赘述。

4. 编写程序

根据控制要求，编写如图 5-29 所示的程序。

5. 运行操作

1）首先完成如图 5-18 所示的 PLC 和伺服驱动器的接线。

输送站定位控制
编程与调试

2）给 PLC 和伺服驱动器上电。用 V-ASSISTANT 调试软件设置伺服驱动器的参数。注意：参数设置完毕后要断电重启伺服驱动器。

3）将图 5-29 所示的程序下载到 PLC 中，在图 5-29a 中，初始化脉冲 M1.0 置位程序段 1 中的上电标志 M5.0。在程序段 2 中，定时器延时 0.5s 后置位原点回归 M10.0，用 M10.0 执行程序段 7 的原点回归 "MC_Home" 指令，保证 PLC 上电时使机械手自动回原点。

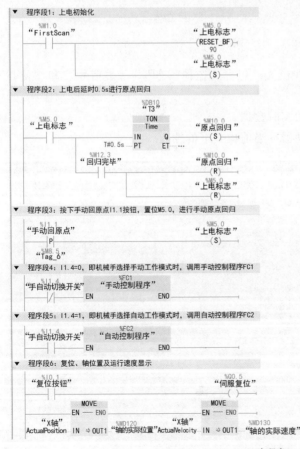

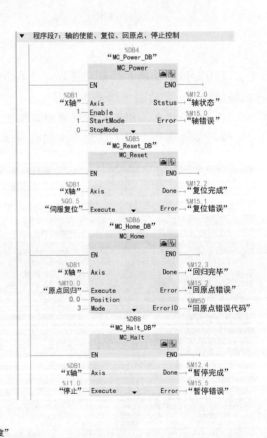

a) 主程序

图 5-29　机械手位置控制程序

▼ 　程序段1：手动前进和手动后退控制

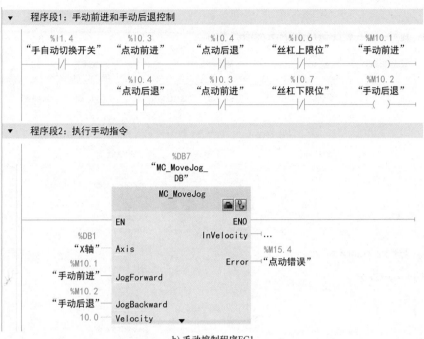

b) 手动控制程序FC1

▼ 　程序段1：按下起动按钮I1.2，置位自动第一步

▼ 　程序段2：自动第一步：以20mm/s的速度向前运动30mm

▼ 　程序段3：自动第二步：停3s

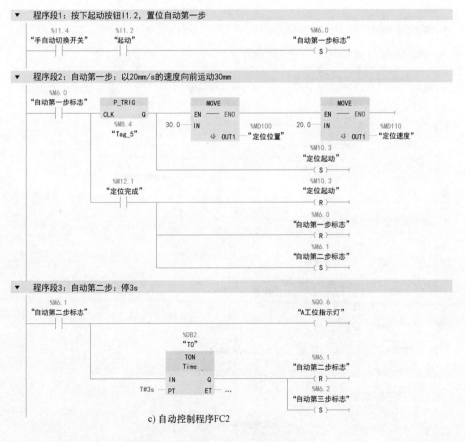

c) 自动控制程序FC2

图 5-29　机械手位置控制程序（续）

▼ 程序段4：自动第三步：以25mm/s的速度继续向前运动40mm

```
%M6.2                    P_TRIG              MOVE                            MOVE
"自动第三步标志"          CLK    Q          EN — ENO                    EN — ENO
  ┤ ├                                    70.0 — IN                    25.0 — IN
                         %M8.0                    ❖ OUT1 — %MD100              ❖ OUT1 — %MD110
                         "Tag_1"                         "定位位置"                  "定位速度"

                                                              %M10.3
                                                            "定位起动"
                                                             —( S )—

                         %M12.1                               %M10.3
                       "定位完成"                            "定位起动"
                         ┤ ├                                  —( R )—

                                                              %M6.2
                                                          "自动第三步标志"
                                                             —( R )—

                                                              %M6.3
                                                          "自动第四步标志"
                                                             —( S )—
```

▼ 程序段5：自动第四步：停5s

```
%M6.3                                                          %Q0.7
"自动第四步标志"                                              "B工位指示灯"
  ┤ ├                                                          —( )—

                              %DB3
                              "T2"
                              TON
                              Time
                        IN           Q                         %M6.3
                                                          "自动第四步标志"
                                                             —( R )—
                  T#5s — PT          ET — …                    %M6.4
                                                          "自动第五步标志"
                                                             —( S )—
```

▼ 程序段6：自动第五步：以30mm/s的速度返回原点

```
%M6.4                    P_TRIG              MOVE                            MOVE
"自动第五步标志"          CLK    Q          EN — ENO                    EN — ENO
  ┤ ├                                    0.0 — IN                     30.0 — IN
                         %M8.1                    ❖ OUT1 — %MD100              ❖ OUT1 — %MD110
                         "Tag_2"                         "定位位置"                  "定位速度"

                                                              %M10.3
                                                            "定位起动"
                                                             —( S )—

                         %M12.1                               %M10.3
                       "定位完成"                            "定位起动"
                         ┤ ├                                  —( R )—

                                                              %M6.4
                                                          "自动第五步标志"
                                                             —( R )—
```

▼ 程序段7：执行绝对定位指令

```
                              %DB9
                              "MC_
                         MoveAbsolute_
                              DB_1"

                         MC_MoveAbsolute
                                              🖼 🔧
                    EN                          ENO

      %DB1                                          %M12.1
     "X轴" — Axis                      Done —┤"定位完成"

      %M10.3                                         %M15.3
   "定位起动" — Execute                  Error —┤"定位错误"

      %MD100                                         %MW56
   "定位位置" — Position               ErrorID —┤"定位错误代码"

      %MD110
   "定位速度" — Velocity    ▼
```

c) 自动控制程序FC2(续)

图 5-29 机械手位置控制程序（续）

4）如果手自动切换开关 I1.4 置于手动位置，程序段 4 调用手动控制程序 FC1。在图 5-29b 中，按下点动前进 I0.3 按钮或点动后退 I0.4 按钮，手动前进 M10.1 或手动后退 M10.2 得电，执行程序段 2 中的手动"MC_MoveJog"指令，机械手进行手动控制。

5）如果手自动切换开关 I1.4 置于自动位置，程序段 5 调用自动控制程序 FC2。在图 5-29c 中按下起动按钮 I1.2，置位 M6.0，进入自动程序第一步。自动程序在运行过程中需要以不同的速度运行 3 段不同的距离，因此程序段 2、4 和 6 的功能相同，对应相应的程序段，用 MOVE 指令将定位位置和定位速度送到 MD100 和 MD110 中，同时置位定位启动 M10.3，用 M10.3 执行程序段 7 中的绝对定位"MC_MoveAbsolute"指令，让机械手按照控制要求移动相应的距离。程序段 6 执行机械手回原点控制，当机械手回到原点后，完成自动控制程序一个周期的定位。如果需要机械手再执行新一轮的定位控制，只需要按下程序段 1 的起动按钮 I1.2，机械手将开始下一周期的定位运行。

6）图 5-29a 中的程序段 6 可以监控机械手的实际位置和实际速度。如果轴在运行中出错，按下复位按钮 I0.1，Q0.5 得电，其常开触点控制程序段 7 中复位"MC_Reset"指令，对运动轴进行复位操作。

7）如果需要停止机械手，只需要按下图 5-29a 中程序段 7 中的 I1.0 按钮，执行暂停轴"MC_Halt"指令，让机械手停止运行。

任务 5.2.2　V90 PTI 伺服驱动器的速度控制

一、任务导入

有一条传送带由伺服驱动器拖动进行调速控制。按下起动按钮，传送带先以 1000r/min 的速度运行 10s，接着以 800r/min 的速度运行 20s，再以 1500r/min 的速度运行 25s，然后反向以 900r/min 的速度运行 30s，85s 后重复上述运行过程。在运行过程中，按下停止按钮，伺服电动机停止运行。

二、相关知识

1. V90 PTI 速度控制接线图

V90 PTI 速度控制模式的默认接线方式如图 5-30 所示，从中可以看出，速度的控制方式有两种：一种是通过 AI1 通道（19 和 20 引脚）实现的带外部模拟量速度设定值的速度控制，另一种是通过速度选择端 SPD1～SPD3（默认接线方式没有此引脚）实现的带内部速度设定值的速度控制。AI2 通道通过电位器实现转矩限制。

图 5-30 所示的速度控制模式的默认输出有 5 个信号，分别表示 RDY、FAULT、SPDR、TLR 和 MBR，信号的具体含义见表 5-7。

2. V90 PTI 速度控制方式

（1）外部模拟速度设定值控制方式　如图 5-30 所示，伺服驱动器通过外部模拟速度设定值给定的电压调节伺服电动机的速度，这种方法需要将电位器接在 AN1 通道的 19 和 20 引脚上，将正反转起动开关接在 CWE 和 CCWE 引脚上，将 CWL、CCWL 和 EMGS 接动断触

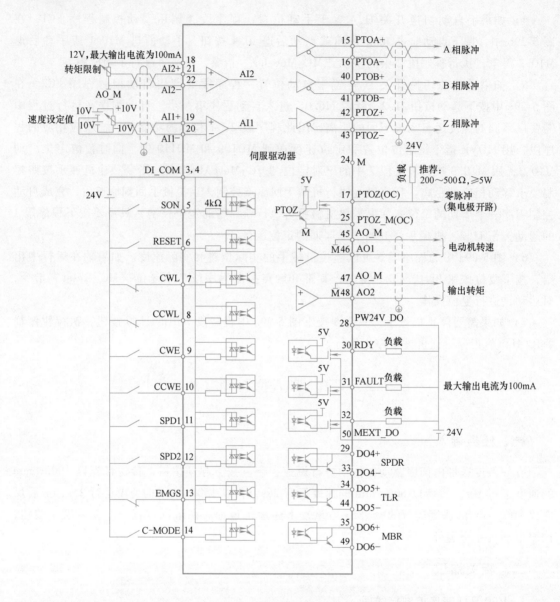

图 5-30　速度控制模式的接线图

点。首先闭合 SON，接着闭合正转起动开关 CWE 或反转起动开关 CCWE，伺服电动机开始运行，此时调节电位器的大小，就可以调节加在 19 和 20 引脚之间的电压，从而调节伺服电动机的速度。

AI1 模拟量输入电压与伺服电动机速度设定值的关系如图 5-31a 所示。伺服电动机旋转分为正转（顺时针）和反转（逆时针），如图 5-31b 所示，则对应的输入电压应分为 +10V 和 -10V。在初始设置下，±10V 对应伺服电动机的最大转速（即额定转速），±10V 对应的最大转速设定值可由参数 p29060 确定。

用正转起动信号 CWE 和反转起动信号 CCWE 决定旋转方向，旋转方向见表 5-14，其中"0"表示 OFF，"1"表示 ON，CCW 表示正转，CW 表示反转。

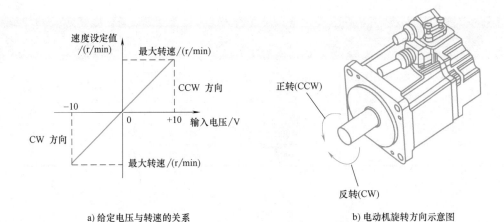

a) 给定电压与转速的关系　　　　　b) 电动机旋转方向示意图

图 5-31　给定电压与转速关系示意图

表 5-14　速度控制模式下的电动机旋转方向

输入设备		旋转方向			
		模拟速度设定值			
CCWE	CWE	+极性	0V	-极性	内部速度指令
0	0	停止 （伺服锁定）	停止 （伺服锁定）	停止 （伺服锁定）	停止 （伺服锁定）
0	1	CCW	停止 （伺服锁定）	CW	CCW
1	0	CW	停止 （伺服锁定）	CCW	CW
1	1	停止 （伺服锁定）	停止 （伺服锁定）	停止 （伺服锁定）	停止 （伺服锁定）

（2）内部速度设定值的控制方式　内部速度设定值控制方式的接线如图 5-32 所示，将伺服驱动器的数字量输入引脚 10、11 和 12 设置为 SPD1（速度设定值选择 1）、SPD2（速度设定值选择 2）及 SPD3（速度设定值选择 3）的功能，即将参数 p29306［2］、p29307［2］和 p29308［2］的值设置为 15（SPD1）、16（SPD2）和 17（SPD3），通过这 3 个输入引脚的不同组合，就可以控制伺服电动机实现 7 段速（7 个速度设置在 p1001～p1007 中）控制，它的控制状态见表 5-15。伺服电动机的旋转方向可以由 CWE 或 CCWE 控制，也可以通过将参数 p1001～p1007 的速度值设置为正值或负值控制。

表 5-15　7 段速控制状态

输入信号			速度设定值参数	描述	默认值
SPD3	SPD2	SPD1			
0	0	0	—	外部模拟量速度设定值	0
0	0	1	p1001	内部速度设定值 1	0
0	1	0	p1002	内部速度设定值 2	0

（续）

输入信号			速度设定值参数	描述	默认值
SPD3	SPD2	SPD1			
0	1	1	p1003	内部速度设定值 3	0
1	0	0	p1004	内部速度设定值 4	0
1	0	1	p1005	内部速度设定值 5	0
1	1	0	p1006	内部速度设定值 6	0
1	1	1	p1007	内部速度设定值 7	0

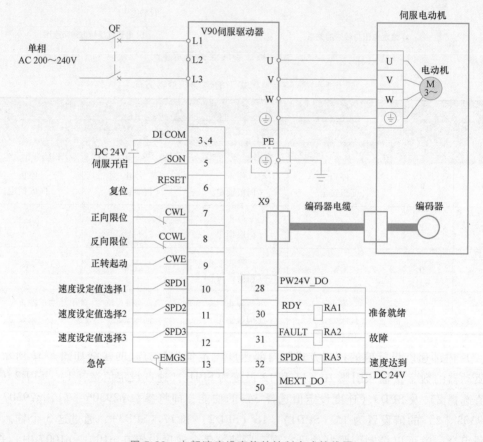

图 5-32　内部速度设定值的控制方式接线图

需要注意的是，速度控制模式，EMGS、CWL、CCWL 必须为高电平。

三、任务实施

【训练设备、工具、手册或标准】

西门子 CPU 1215C DC/DC/DC 的 PLC 1 台、安装有 TIA Portal V15 软件和 V-ASSISTANT 调试软件的计算机 1 台、SINAMICS V90 PTI 伺服驱动器 1 台、SIMOTICS S-1FL6 伺服电动机 1 台、MOTION-CONNECT 300 伺服电动机的动力电缆 1 根、MOTION-CONNECT 300 编码器 信号电缆 1 根、X8 控制/设定值电缆 1 根、网线 1 根，开关和按钮若干、通用电工工具 1

套、《SINAMICS V90 脉冲，USS/MODBUS 接口操作说明》、GB/T 16439—2009《交流伺服系统通用技术条件》。

1. 硬件电路

由于西门子 PLC 的输出是源型，因此伺服驱动器采用 PNP 接线方式，伺服电动机多段速控制的电路如图 5-33 所示。注意：必须把 PLC 输出端的 4M 与伺服驱动器的 DI_COM 连接在一起，达到共地的目的。

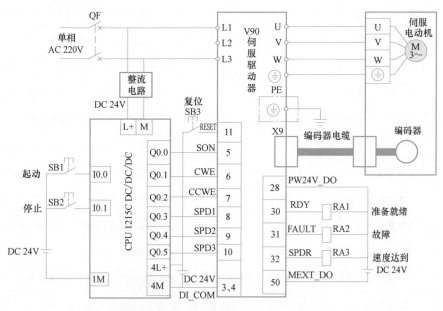

图 5-33　伺服电动机多段速控制的电路图

本例的 CWL、CCWL 和 EMGS 信号没有接外部开关，应设置参数 p29300 = 2#0100 0110 = 16#46，将这 3 个信号置为高电平。

2. 参数设置

伺服电动机多段速控制的参数见表 5-16。

表 5-16　伺服电动机多段速控制的参数设置

参数	名　称	出厂值	设定值	说　明
p29003	控制模式	0	2	p29003 是控制模式选择参数,可以设置以下数值: 0:外部脉冲位置控制(PTI) 1:内部设定值位置控制(IPos) 2:速度控制(S) 3:转矩控制(T) 4:控制切换模式:PTI/S 5:控制切换模式:IPos/S 6:控制切换模式:PTI/T 7:控制切换模式:IPos/T 8:控制切换模式:S/T 9:快速外部脉冲位置控制模式(Fast PTI)
p1120	斜坡上升时间	1	1	斜坡函数发生器斜坡上升时间,单位为 s

（续）

参数	名 称	出厂值	设定值	说 明
p1121	斜坡下降时间	1	1	斜坡函数发生器斜坡下降时间,单位为 s
p29300	数字量输入强制信号	0	46	CWL、CCWL、EMGS 内部自动置 ON
p29301[2]	分配数字量输入 1	1	1	在速度模式下把 5 引脚功能分配为 SON
p29302[2]	分配数字量输入 2	2	12	在速度模式下把 6 引脚功能分配为 CWE
p29303[2]	分配数字量输入 3	3	13	在速度模式下把 7 引脚功能分配为 CCWE
p29304[2]	分配数字量输入 4	4	15	在速度模式下把 8 引脚功能分配为 SPD1
p29305[2]	分配数字量输入 5	12	16	在速度模式下把 9 引脚功能分配为 SPD2
p29306[2]	分配数字量输入 6	13	17	在速度模式下把 10 引脚功能分配为 SPD3
p29307[2]	分配数字量输入 7	15	2	在速度模式下把 11 引脚功能分配为 RESET
p29330	分配数字量输出 1	1	1	在速度模式下把输出 30 引脚功能分配为 RDY
p29331	分配数字量输出 2	2	2	在速度模式下把输出 31 引脚功能分配为 FAULT
p29332	分配数字量输出 3	3	5	在速度模式下把输出 32 引脚功能分配为 SPDR
p1001	内部速度设定值 1	0.000	1000.000	设置内部速度设定值 1 为 1000r/min
p1002	内部速度设定值 2	0.000	800.000	设置内部速度设定值 2 为 800r/min
p1003	内部速度设定值 3	0.000	1500.000	设置内部速度设定值 3 为 1500r/min
p1004	内部速度设定值 4	0.000	900.000	设置内部速度设定值 4 为 900r/min
p1082	最大速度	1500.000	3000.000	设置最大速度为 3000r/min

3. 编写程序

该控制要求是典型的顺序控制,所以采用顺序功能图编写程序更加简单、易懂,由顺序功能图转换成的程序如图 5-34 所示。

4. 运行操作

1）按照图 5-33 将 PLC 与伺服驱动器连接起来。

2）将图 5-33 中的断路器闭合上,则 PLC 和伺服驱动器通电。

3）使用 V-ASSISTANT 调试软件将表 5-16 中的参数设置到伺服驱动器中。参数设置完毕断开 QF,再重新合上 QF,刚才设置的参数才会生效。

4）将图 5-34 中的程序下载到 PLC 中。

5）按下起动按钮 SB1（I0.0=1）,伺服电动机开始以 1000r/min 的速度正转运行,10s 后,以 800r/min 的速度继续正转运行 20s,接着以 1500r/min 的速度运行 25s,然后以 900r/min 的速度反转运行 30s 后回到 M2.0 的状态,继续下一个周期的运行。

按下停止按钮 SB2（I0.1=1）,伺服电动机停止。

在运行过程中,可以通过编程软件上的"监控表"功能监控 PLC 的运行状态。

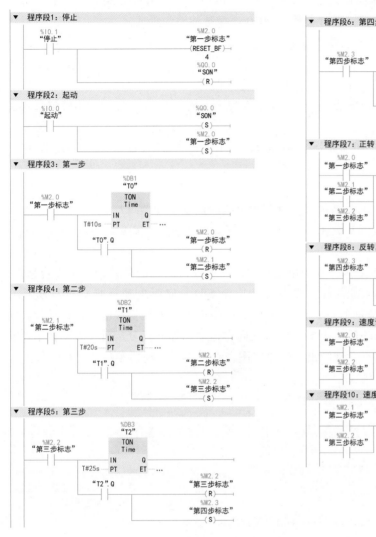

图 5-34　伺服电动机多段速控制程序

思考与练习

1. 填空题

（1）V90 PTI 伺服驱动器支持_____、_____、_____和_____ 4 种基本控制模式。

（2）通过参数_____可选择 V90 伺服驱动器的控制模式。

（3）可以通过_____和_____两种方式调试 V90 伺服驱动器。

（4）V-ASSISTANT 调试软件有_____和_____两种工作模式。

（5）V90 支持_____和_____两个脉冲信号输入通道，通过参数 p29014 进行_____选择。

（6）V90 伺服驱动器的脉冲输入形式有_____和_____两种形式，两种形式都支持_____逻辑和_____逻辑，通过参数 p29010 选择脉冲输入形式。

（7）V90 伺服驱动器的数字量输入引脚_____、_____和_____必须置于高电平，伺服驱动器才能运行。

（8）V90 PTI 速度控制方式有_____和_____两种。

（9）当 SPD1、SPD2 和 SPD3 为_____时，V90 PTI 伺服驱动器选择外部模拟量速度设定值。

（10）如果 CWL、CCWL 和 EMGS 不连接硬件开关，可以通过设置参数 p29300 = _____将其强制置为高电平。

2. 简答题

（1）所有型号的 S7-1200 PLC 都可以控制 V90 PTI 的伺服驱动器吗？

（2）V90 PTI 伺服驱动器的 CWL、CCWL 和 EMGS 外接常开触点，伺服电动机会怎样运行？

3. 分析题

某伺服驱动系统如图 5-35 所示，伺服电动机通过与电动机同轴的丝杠带动工作台移动。按下回原点按钮后，工作台回到原点。按下起动按钮 SB1，伺服电动机带动丝杠机构以 20mm/s 的速度从原点沿 x 轴方向右行，移动 100mm 后停止 2s，然后伺服电动机带动丝杠机构沿 x 轴反向运行，移动 60mm 后停止 5s，接着又向右运动，如此反复运行，直到按下停止按钮 SB2，伺服电动机停止运行。试画出硬件电路图，设置伺服驱动器参数并进行编程。

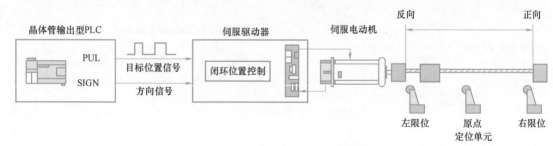

图 5-35　伺服电动机位置控制示意图

任务 5.3　V90 PN 伺服驱动器的应用

任务目标

1. 了解 V90 PN 伺服驱动器速度控制和位置控制支持的报文类型。

2. 掌握 V90 PN 伺服驱动器的速度控制和位置控制的接线、参数设置。

3. 学会使用标准报文 3 和工艺对象对 V90 PN 伺服驱动器进行位置控制。

4. 学会使用西门子报文 111 和 FB284 对 V90 PN 伺服驱动器进行 EPOS 控制。

5. 学会使用标准报文 1 和 SINA_SPEED 对 V90 PN 进行速度控制。

6. 学会使用 PLC 通过 I/O 地址直接控制 V90 PN 伺服驱动器的速度。

7. 培养学生的创新意识。

任务 5.3.1　使用工艺对象 TO 实现 V90 PN 伺服驱动器的位置控制

一、任务导入

图 5-36 所示的剪切机可以对某种成卷的板材按固定长度裁开。切刀初始位置在气缸上限位，伺服电动机拖动放卷辊放出一定长度的板料，切刀向下运动，完成切割并延时 5s 后回到初始位置，完成一个工作循环。剪切的长度和速度可以通过上位机设置，伺服电动机滚轴的周长是 5mm。控制要求如下：

1）系统具有手动控制和自动控制两种工作模式。

2）手动控制模式可以对切刀进行上行和下行控制，也可以手动对板材进行送料和卷料控制。

3）自动控制流程：切刀在初始位置时，按下起动按钮，剪切机按照上位机设置的剪切长度送料→送料完成，切刀下行至下限位处剪切→延时 5s→切刀上行至初始位置，如此循环。当按下停止按钮时，系统完成一个循环周期后，停止到初始位置。当按下急停按钮时，系统立即停止。

4）按下复位按钮，可以清除伺服错误，切刀回到初始位置，送料机构将料送到原点，复位完成，原点指示灯点亮。

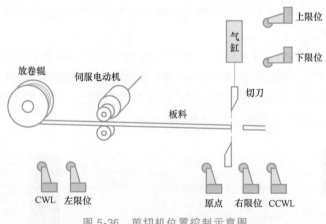

图 5-36　剪切机位置控制示意图

二、相关知识

V90 PN 的控制
模式和常用报文

1. V90 PN 伺服驱动器的控制模式

V90 PN 伺服驱动器具有速度控制（S）和基本定位器控制（EPOS）两种控制模式。V90 PN 连接 PLC 运动控制有两种不同的形式，分别是中央控制和分布控制，如图 5-37 所示。中央控制是指位置控制在 PLC 中计算，V90 PN 驱动器仅执行速度控制任务，这种方式依赖于 PLC 工艺对象功能 TO，运动相关参数在 PLC 的工艺对象中组态完成，比如搭配使用 S7-1200 PLC 可以实现速度和位置控制。分布控制与中央控制不同，位置计算在 V90 PN 驱动器侧实现，PLC 仅提供相关运动控制命令，比如 SINA_SPEED 和 SINA_POS 功能块，此功能依赖于 V90 PN 的基本定位功能，参数的配置在 V90 PN 侧通过 V-ASSISTANT 调试软件实现。

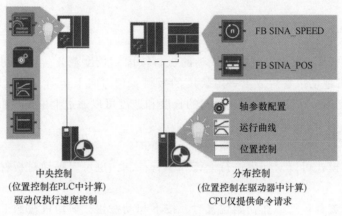

中央控制
(位置控制在PLC中计算)
驱动仅执行速度控制

分布控制
(位置控制在驱动器中计算)
CPU仅提供命令请求

图 5-37　V90 PN 伺服驱动器的控制方式示意图

2. V90 PN 伺服驱动器的常用报文

带有 PROFINET 接口的 V90 PN 伺服驱动器可以通过该接口与 S7-1200/1500 PLC 的 PROFINET 接口进行连接，通过 PROFIdrive 报文实现 PLC 对 V90 PN 的闭环控制。如图 5-38 所示，通过 PROFIdrive 报文，SIMATIC（PLC）可向 SINAMICS（驱动器）发送控制字、设定值等命令，同时 SINAMICS 将驱动的状态字和实际值等信息传送到 SIMATIC，这种控制方式可以实现闭环控制。

PROFINET 提供 PROFINET IO RT（实时）和 PROFINET IO IRT（实时同步）两种实时通信方式。西门子 PLC 可以通过 PROFINET RT 或 IRT 通信控制 V90 PN，当使用 IRT 时最短通信循环周期为 2ms。目前，S7-1200 PLC 只支持 RT 通信，主要用于通用运动控制，S7-1500 PLC 支持 IRT 通信，主要用于高动态响应运动控制。

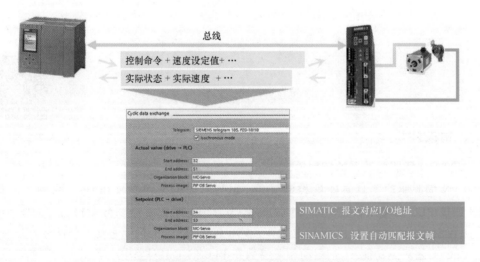

图 5-38　PLC 与驱动器的通信示意图

PLC 控制器和驱动装置/编码器之间通过各种 PROFIdrive 报文进行通信，每个报文都有一个标准 PZD 结构（参见项目 3 中的任务 3.4.1），可根据具体应用，在 V-ASSISTANT 调试软件的任务导航栏中的"选择报文"窗口选择相应的报文，如图 5-39 所示，报文的 PZD 结构及数值等详情可以在该窗口的"接收方向"和"传输方向"下面的下拉三角中查看。

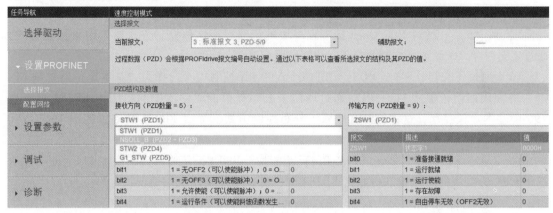

图 5-39　查看报文结构及数值示意图

V90 PN 在速度控制模式和基本定位器控制模式下支持标准报文以及西门子报文，见表 5-17。从驱动设备的角度看，接收到的过程数据是接收字，待发送的过程数据是发送字。

表 5-17　V90 PN 支持的报文

控制模式	报　文	PZD 最大数		对应参数	功　能
		接收字	发送字		
速度控制（S）	标准报文 1：转速设定值 16 位	2	2	p0922 = 1	速度控制
	标准报文 2：转速设定值 32 位	4	4	p0922 = 2	速度控制
	标准报文 3：转速设定值 32 位，1 个位置编码器	5	9	p0922 = 3	速度/位置控制（S7-1200 配置 TO 时使用）
	标准报文 5（DSC）：转速设定值 32 位，1 个位置编码器和动态伺服控制	9	9	p0922 = 5	速度/位置控制（仅在 S7-1500/1500T 配置 TO 时使用）
	西门子报文 102：转速设定值 32 位，1 个位置编码器和转矩降低	6	10	p0922 = 102	速度/位置控制
	西门子报文 105（DSC）：转速设定值 32 位，1 个位置编码器、转矩降低和动态伺服控制	10	10	p0922 = 105	速度/位置控制（仅在 S7-1500/1500T 配置 TO 时使用）
基本定位器控制 EPOS	标准报文 7：基本定位器，含运行程序段选择	2	2	p0922 = 7	S7-1200/S7-1500 通过 SINA_POS（FB284）控制 V90 EPOS 定位
	标准报文 9：基本定位器，含设定值直接给定（MDI）	10	5	p0922 = 9	
	西门子报文 110：基本定位器，含设定值直接给定（MDI）、倍率和位置实际值	12	7	p0922 = 110	
	西门子报文 111（EPOS）：基本定位器，含设定值直接给定（MDI）、倍率、位置实际值和转速实际值	12	12	p0922 = 111	

3. S7-1200 对 V90 PN 进行位置控制的 3 种方法

S7-1200 系列 PLC 通过 PROFINET 与 V90 PN 伺服驱动器搭配进行位置控制，实现的方法主要有以下 3 种：

（1）通过工艺对象 TO　PLC 通过工艺对象 TO 控制 V90 PN 伺服驱动器实现定位控制，可通过 GSD 文件选择标准报文 3 创建 TO_Positioning Axis，同时将 V90 PN 控制模式选择为"速度控制（S）"，通过 PLC Open 标准程序块进行编程，这种控制方式属于中央控制方式。通过工艺对象 TO 最多可控制 8 台 V90 PN 伺服驱动器。

（2）通过 FB284（SINA_POS）功能块　V90 PN 控制模式选择为"基本定位器控制 EPOS"并使用西门子报文 111，PLC 通过西门子公司提供的驱动库中的功能块 FB284 可实现 V90 的基本定位控制，这种控制方式属于分布控制方式。通过 FB284 最多可控制 16 台 V90 PN 伺服驱动器。

（3）通过 FB38002（Easy_SINA_Pos）功能块　V90 PN 使用西门子报文 111，此功能块是 FB284 功能块的简化版，功能比 FB284 少一些，但是使用更加简便。

三、任务实施

【训练设备、工具、手册或标准】

西门子 CPU 1215C DC/DC/DC 的 PLC 1 台、安装有 TIA Portal V15 软件和 V-ASSISTANT 调试软件的计算机 1 台、SINAMICS V90 PN 伺服驱动器 1 台、SIMOTICS S-1FL6 伺服电动机 1 台、MOTION-CONNECT 300 伺服电动机的动力电缆 1 根、MOTION-CONNECT 300 编码器信号电缆 1 根、X8 控制/设定值电缆 1 根、网线 1 根、PNP 输出型传感器和开关和按钮若干、通用电工工具 1 套、《SINAMICS V90 PROFINET（PN）接口操作说明》、GB/T 16439—2009《交流伺服系统通用技术条件》。

1. 硬件电路

剪切机控制的 I/O 分配见表 5-18。S7-1200 PLC 与 V90 PN 伺服驱动器是通过 PROFINET 接口进行数据交换的，因此 S7-1200 PLC 的接线图只包括外部的 I/O 点，如图 5-40 所示。

表 5-18　剪切机的 I/O 分配表

输　　入			输　　出		
输入继电器	输入元件	作用	输出继电器	输出元件	作用
I0.1	SB1	切刀手动上行	Q0.2	VV1	气缸下行
I0.2	SB2	切刀手动下行	Q0.3	YV2	气缸上行
I0.3	SB3	手动送料	Q0.4	YV3	切刀
I0.4	SB4	手动卷料	Q0.5	HL1	原点指示
I0.5	SC1	原点	Q0.6	HL2	气缸上行指示
I0.6	SC2	右限位	Q0.7	HL3	气缸下行指示
I0.7	SC3	左限位			
I1.0	SB5	停止			
I1.1	SB6	复位			
I1.2	SB7	起动			
I1.3	SA	手/自动切换开关			
I1.4	1B	切刀上限位			
I1.5	2B	切刀下限位			
I1.6	SB8	急停			

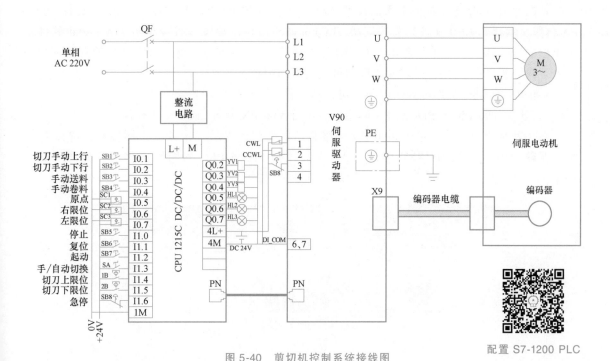

图 5-40　剪切机控制系统接线图

配置 S7-1200 PLC
与 V90 PN 的网络

2. PLC 侧的硬件配置

1）添加 S7-1200 PLC 并组态设备名称和分配 IP 地址，参考项目 3 的图 3-34。

2）在网络视图中添加 V90 PN 设备（使用 GSD 文件）。

在项目树中选择❶"设备和网络"选项，单击"设备和网络"工作窗口中的❷"网络视图"标签，在右侧❸硬件目录中找到"其他现场设备→PROFINET IO→Drives→SIEMENS AG→SINAMICS→SINAMICS V90 PN V1.0"模块，并将它拖拽到"网络视图"空白处，如图 5-41 所示。

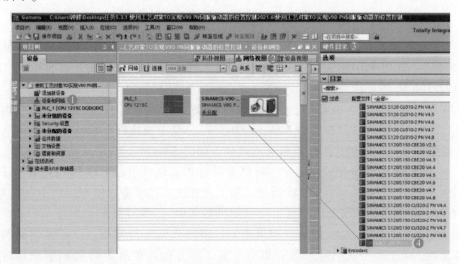

图 5-41　添加 V90 PN 伺服驱动器

若在"SINAMICS"选项下无法找到"SINAMICS V90 PN V1.0"模块,说明未安装 V90 PN 伺服驱动器的 GSD 文件。需要安装 TIA Portal Startdrive 驱动软件或单击 TIA Portal 软件菜单栏中的"选项"菜单,选择"管理通用站描述文件(GSD)"选项,在弹出的对话框中导入下载好的 GSD 文件,安装完成后即可进行网络配置。

V90 PN 的 GSD 文件可到西门子公司官网下载。

3)建立 V90 PN 与 PLC 的 PN 网络,并设置 V90 PN 的 IP 地址及设备名称。

在"网络视图"中,单击 V90 PN 伺服驱动器的蓝色提示"未分配"图标❶,选择 IO 控制器❷"PLC_1.PROFINET 接口_1",完成 V90 PN 与 PLC 的网络连接❸,如图 5-42 所示。

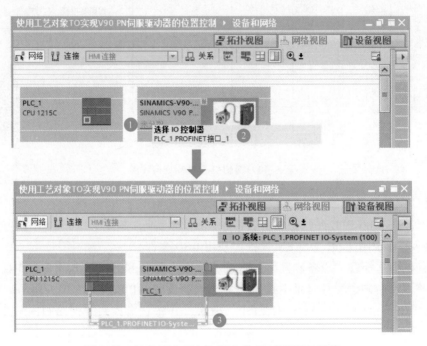

图 5-42　组态 V90 PN 与 PLC 的 PROFINET 网络

在"网络视图"中,双击 V90 PN 伺服驱动器,进入"设备视图",然后依次单击"属性"→"常规"→"PROFINET 接口 [X150]"→"以太网地址"选项,在下面的界面中输入 IP 地址"192.168.0.25"和设备名称"v90-pn",如图 5-43 所示。

4)在设备视图中为 V90 PN 配置标准报文 3。进入 V90 PN 的"设备概览"视图。在硬件目录中找到"子模块"→"标准报文 3,PZD-5/9",双击或拖拽此模块至"设备概览"视图的 13 插槽即可,发送报文和接收报文的地址,如图 5-44 所示。

5)给实物 V90 PN 分配设备名称。将配置好的 PLC 硬件组态下载到 PLC 后,还要为实物 V90 PN 分配设备名称。如图 5-45 所示,第 1 种方法:在设备视图中,选中 V90 PN 并单击鼠标右键,在弹出的快捷菜单中选中"分配设备名称",弹出如图 5-46 所示的窗口,单击"更新列表"按钮,在图 5-46 中的"网络中的可访问节点"区域中选中需要使用的第 2 台 V90 PN 设备,单击"分配名称"按钮即可。第 2 种方法:在图 5-45 所示的项目树中选中"分布式 IO→PROFINET IO-System→SINAMICS-V90-PN"并单击鼠标右键,在弹出的快捷菜

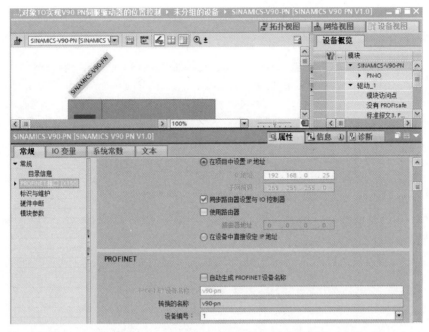

图 5-43 设置 V90 PN 的 IP 地址和设备名称

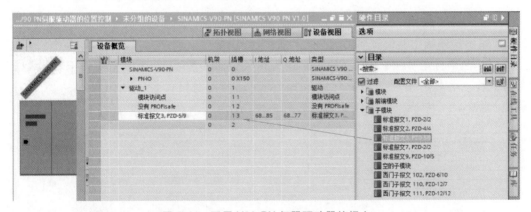

图 5-44 配置 V90 PN 伺服驱动器的报文

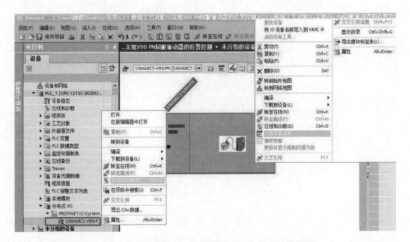

图 5-45 V90 PN 分配设备名称的两种方法

单中选择"在线和诊断",就可以将硬件组态好的设备名称"v90-pn"分配给实物 V90 PN,可参考图 2-22~图 2-25。

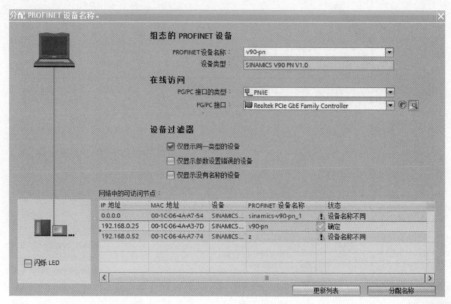

图 5-46 V90 PN 分配设备名称的窗口

3. 组态运动轴工艺对象 TO

1)按照项目4中任务4.1.3的图4-12新增一个轴工艺对象。

2)在"常规"参数设置中,本例选择的驱动器控制模式为"PROFIdrive",测量单位为 mm,不使用仿真,如图 5-47 所示。

V90 PN 的工艺
对象 TO 组态

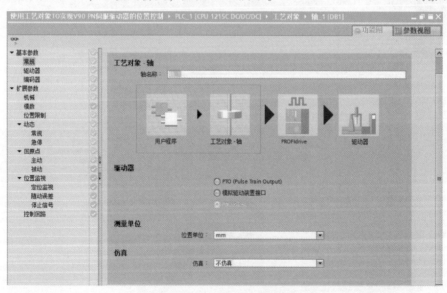

图 5-47 选择控制方式

3)配置"驱动器"参数。在"驱动器"的参数配置中,需要对"选择 PROFIdrive 驱动装置"和"与驱动器进行数据交换"两项内容进行配置。

①"选择 PROFIdrive 驱动装置"：数据连接选择"驱动器"，驱动器需要选择网络视图中连接到 PROFINET 总线上的 V90 PN，如图 5-48 所示。

②"与驱动器进行数据交换"：在驱动器报文选项中，系统会根据前面所选择的驱动器自动选择相应的驱动器报文，该报文必须与驱动器的组态一致，选择"DP_TEL3_STAND-ARD"。另外，选中"自动传送设备中的驱动装置参数"复选项，如图 5-48 所示。也可以手动设置参考转速及最大转速。

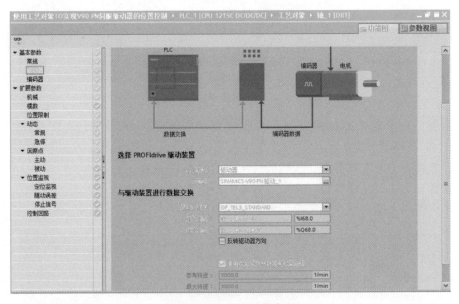

图 5-48　配置驱动器参数

4）配置编码器参数。本例使用的是增量式编码器，其具体参数配置如图 5-49 所示。

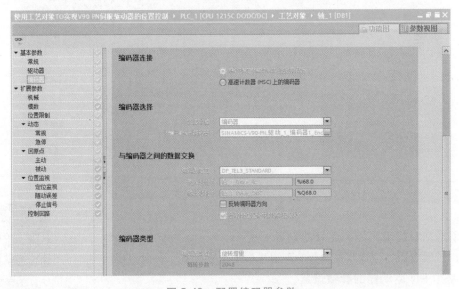

图 5-49　配置编码器参数

5）配置扩展参数中的机械数据：包括编码器的安装位置及丝杠螺距，如图 5-50 所示。

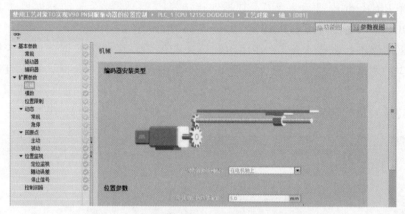

图 5-50　配置机械数据

6）配置扩展参数中的位置限制，按照项目 4 中的图 4-18 设置，左限位 I0.7，右限位 I0.6。

7）设置动态中的常规参数，按照项目 4 中的图 4-19 设置。

8）设置动态中的急停参数，按照项目 4 中的图 4-20 设置。

9）本例使用主动回原点，需要设置主动回原点的方式，如图 5-51 所示。

图 5-51　配置回原点参数

如果是绝对值编码器，此处的设置无用。

10）扩展参数中位置监视参数的配置可根据需要配置，这里不再赘述。

4. V90 PN 驱动器的参数设置

V90 PN 的参数设置

S7-1200 PLC 通过 PROFIdrive 报文对 V90 PN 伺服驱动器进行闭环控制，需要设置 V90 PN 伺服驱动器的 IP 地址、设备名称及通信报文。

（1）选择驱动和控制模式 使用 V-ASSISTANT 调试软件进行参数设置时，通过在线模式获取实际驱动器型号，然后单击任务导航中的"选择驱动"选项，选择所使用的伺服驱动器和电动机，选择控制模式为"速度控制（S）"，如图 5-52 所示。

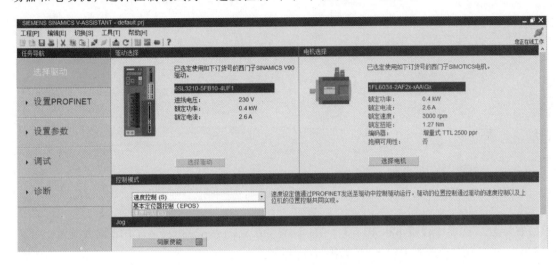

图 5-52 V90 PN 伺服驱动器型号及控制模式配置

（2）选择通信报文 单击"设置 PROFINET"下拉按钮，选择"选择报文"选项，选择的报文为"3：标准报文 3，PZD-5/9"，如图 5-53 所示。

图 5-53 V90 PN 伺服驱动器通信报文配置

（3）网络配置 单击"设置 PROFINET"下拉按钮，在"配置网络"参数选项中配置 V90 PN 的站名和 IP 地址，本例把 V90 PN 的站名命名为"v90-pn"，IP 地址设置为"192.168.0.25"，然后单击"保存并激活"按钮，如图 5-54 所示。

图 5-54 设置的 V90 PN 的站名一定要与 PLC 侧的硬件配置中 V90 PN 的设备名称相同。保存参数后需重启驱动器才能生效。

（4）输入引脚功能设置 如图 5-40 所示，将 CWL、CCWL 和 EMGS 信号接入 V90 PN 的 DI1～DI3 引脚，因此需要设置这 3 个引脚的功能。单击"设置参数"下拉按钮，在"查

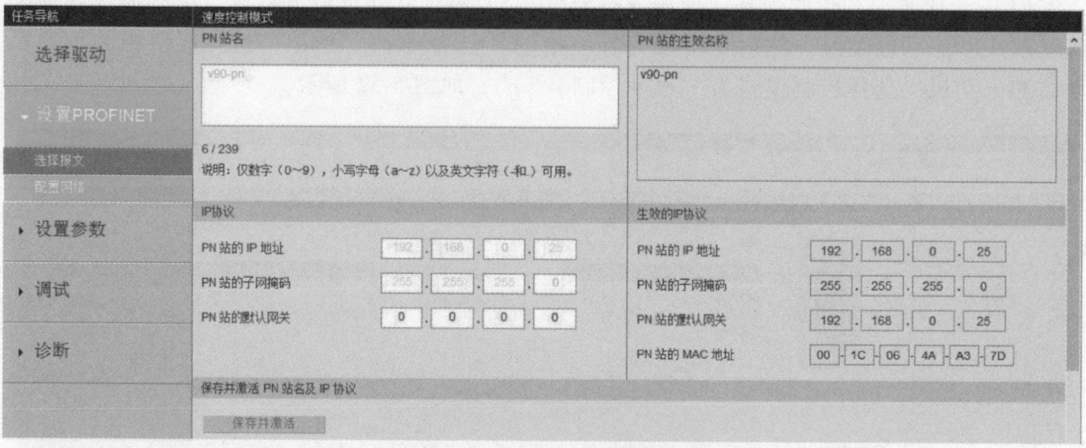

图 5-54 配置 V90 PN 设备的站名和 IP 地址

看所有参数"选项中设置 p29301 = 3（DI1 设置为 CWL）、p29302 = 4（DI2 设置为 CCWL）、p29303 = 29（DI3 设置为 EMGS），如图 5-55 所示。

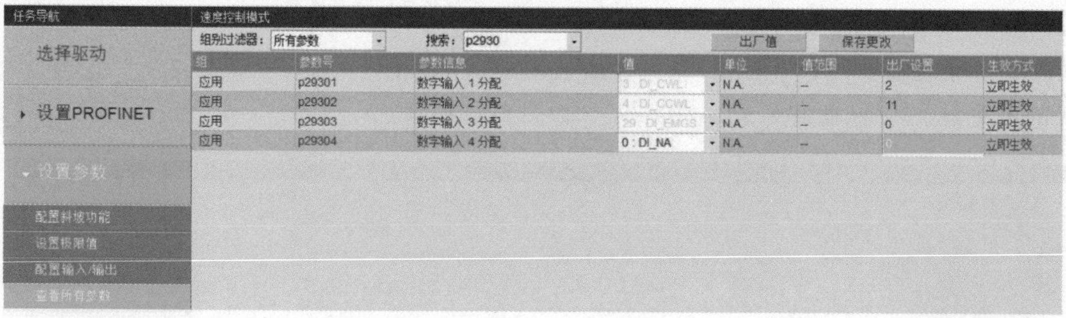

图 5-55 设置数字量输入 DI1～DI3 的引脚功能

剪切机的
编程与调试

5. 编写程序

剪切机的控制程序如图 5-56 所示，包含主程序、手动控制程序、自动控制程序以及复位和回原点程序等。

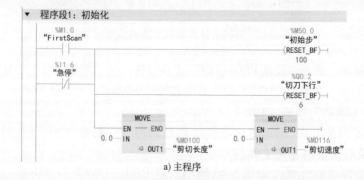

a）主程序

图 5-56 剪切机程序

a) 主程序(续)

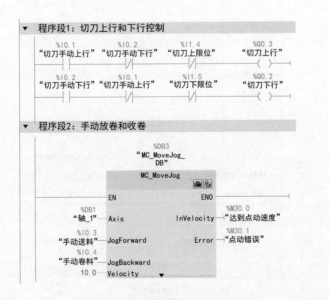

b) 手动控制程序FC1

图 5-56　剪切机程序（续）

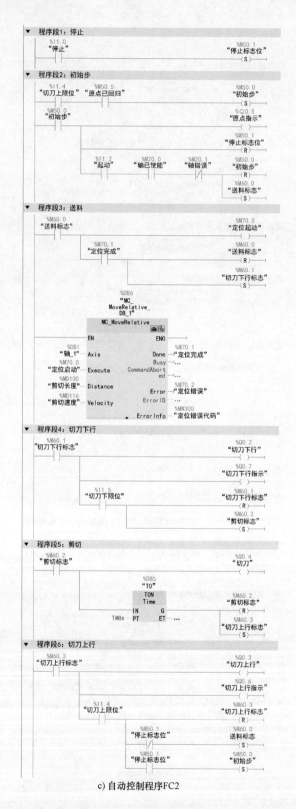

c) 自动控制程序FC2

图 5-56 剪切机程序（续）

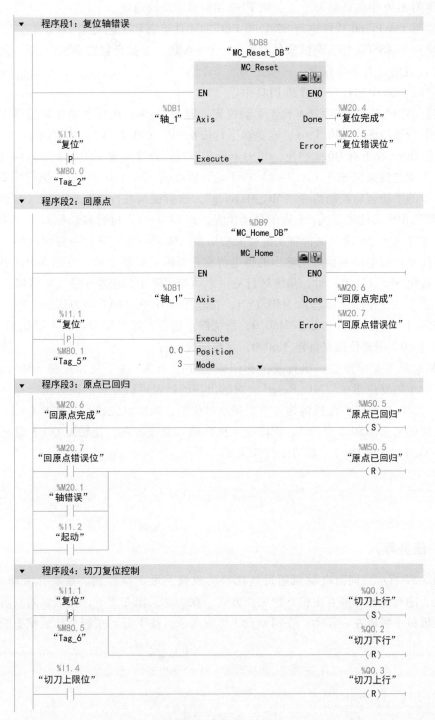

d) 复位和回原点程序FC3

图 5-56　剪切机程序（续）

6. 运行操作

1）按照图 5-40 连接 PLC 与伺服驱动器。

2）将图 5-40 中的断路器合上，则 PLC 和伺服驱动器通电。

3）使用 TIA Portal 软件进行 S7-1200 PLC 的硬件组态和工艺对象 TO 组态。

4）使用 V-ASSISTANT 调试软件设置 V90 PN 参数，参数设置完毕断开 QF，再重新合上 QF，刚才设置的参数才会有效。

5）将图 5-56 中的程序下载到 PLC 中。

6）将工作模式选择开关 SA 置于手动位置，即 I1.3 = 0，执行手动控制程序 FC1，按下切刀手动上行按钮 SB1（I0.1 = 1）或手动下行按钮 SB2（I0.2 = 1），执行图 5-56b 中的程序段 1，上行 Q0.3 或下行 Q0.2 得电，切刀上行或下行。程序设置了上行和下行的互锁。

按下手动送料按钮 SB3（I0.3 = 1）或手动卷料按钮 SB4（I0.4 = 1），执行图 5-56b 中的程序段 2 中的手动运动控制指令"MC_MoveJog"，送料机构右行或左行。

7）将工作模式选择开关 SA 置于自动位置，即 I1.3 = 1，执行自动控制程序 FC2。按下起动按钮 SB7（I1.2 = 1），执行自动流程的初始步→送料→切刀下行→剪切→切刀上行的流程，观察程序运行中每一步对应输出的得电情况是否满足控制要求。在图 5-56c 中，为了在按下停止按钮 SB5（I1.0）时，系统运行完一个周期才停止，在程序段 1 中将停止信号 I1.0 用置位 S 指令一直使停止标志位 M50.1 = 1，在程序段 6 中，如果切刀达到上限位 I1.4 = 1，检测到 M50.1 = 1，则置位初始步 M50.0，系统停止运行；如果切刀达到上限位 I1.4 = 1，检测到 M50.1 = 0，则置位送料标志 M60.0，系统继续运行。

8）如果需要复位操作，执行复位和回原点程序 FC3。按下复位按钮 SB6（I1.1 = 1），执行程序段 1 的复位指令"MC_Reset"，对轴出现的错误进行复位。同时执行程序段 2 的回原点指令"MC_Home"，送料机构自动回到原点位置，回原点完成后，M20.6 = 1，程序段 3 将原点已回归标志 M50.5 置位 1。程序段 4 执行切刀复位控制，让切刀 Q0.3 得电上行至切刀上限位 I1.4，复位 Q0.3，切刀上行停止。

任务 5.3.2　使用 FB284 实现 V90 PN 伺服驱动器的 EPOS 控制

一、任务导入

如图 5-57 所示，伺服电动机通过丝杠带动机械手做定位控制。系统有手动、回原点、相对定位、绝对定位和多点定位 5 种工作方式。在手动工作方式下，按下正向点动或反向点动按钮，机械手可以左右移动；在回原点工作方式下，按下起动按钮后，机械手能自动回原

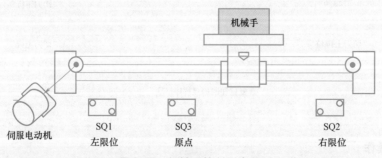

图 5-57　机械手控制示意图

点；在相对定位和绝对定位工作方式下，按下起动按钮，机械手能做相对定位运动和绝对定位运动；在多点定位工作方式下，按下起动按钮，机械手以 60r/min 的速度从原点向右移动 40mm 后，再以 90r/min 的速度向左继续移动 80mm，然后以 80r/min 的速度返回原点位置并停止。运行过程中若按下停止按钮，轴停止运行。当再次按下起动按钮时，工作台继续运行并到达目标位置处停止。

二、相关知识

S7-1200 PLC 可以通过 PROFINET 通信连接 V90 PN 伺服驱动器，将 V90 PN 伺服驱动器的控制模式设置为"基本定位器控制 EPOS"，S7-1200 PLC 通过西门子 111 报文及 TIA Portal 软件提供的驱动库中的 FB284 功能块可以循环激活伺服驱动器中的基本定位功能，实现 PLC 与 V90 PN 伺服驱动器的命令及状态周期性通信，发送驱动器的运行命令、位置及速度设定值，或者接收驱动器的状态及速度实际值等。

FB284 功能块
实现的 EPOS
位置控制

1. FB284 功能块的功能

FB284 属于 TIA Portal 提供的驱动库程序，用于基于 TIA Portal 软件编程环境的 S7-1200、S7-1500、S7-300/400 等 SIMATIC 控制器对 G/S120、V90 等 SINAMICS 驱动器的基本定位控制。获得 FB284 功能块有如下两种方法：

1）安装 Startdrive 软件，在 TIA Portal 软件中会自动安装驱动库文件。

2）在 TIA Portal 软件中安装 SINAMICS Blocks DriveLib。

FB284 在命令库中的位置：在 TIA Portal 软件的"库"窗格中，依次选择"全局库"→"Drive_Lib_S7_1200_1500"→"03_SINAMICS"→"SINA_POS"选项，将它拖拽到 OB1 编程网络中（此功能块只能与报文 111 配合使用），生成 FB284 功能块，如图 5-58 所示。

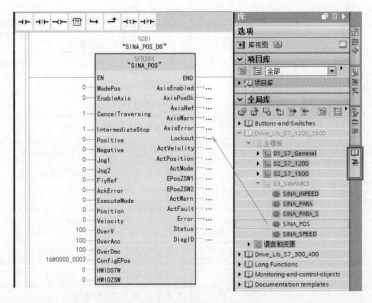

图 5-58　FB284 功能块

通过控制 FB284 的输入端子可以实现 V90 PN 基本定位器控制 EPOS 的各种功能，见表

5-19，通过读取 FB284 的输出端子可以监视 V90 PN 伺服驱动器和定位轴的运行状态。

表 5-19 FB284 功能块的功能

EPOS 功能			
点动(JOG)	速度方式		
	位置方式		
回零(HOMING)	直接设定参考点(对任意编码器均可)		
	主动回零(适用于增量式编码器)		
	编码器零点校准(适用于绝对值编码器)		
设定值直接给定(MDI)	位置模式		绝对定位
			相对定位
	速度模式		
运行程序块(Traversing Block)	V90 提供最多 16 个程序步供使用		

2. FB284 功能块的 I/O 引脚

FB284 功能块 I/O 引脚说明见表 5-20。

表 5-20 FB284 功能块 I/O 引脚说明

引　　脚	数据类型	默认值	说　　　　明	
输入引脚				
ModePos	Int	0	运行模式选择	
			1 = 相对定位	设定值直接给定(MDI)
			2 = 绝对定位	
			3 = 连续运行模式(按指定速度运行)	
			4 = 主动回零	回零(HOMING)
			5 = 直接设置回零位置	
			6 = 运行程序段 0~15	程序块
			7 = 按指定速度点动	点动(JOG)
			8 = 按指定距离点动	
EnableAxis	Bool	0	伺服使能：0 = OFF，1 = ON	
CancelTraversing	Bool	1	0 = 停止当前任务，1 = 允许当前任务	
IntermediateStop	Bool	1	暂停任务运行：0 = 暂停当前运行任务，1 = 继续当前运行任务	
Positive	Bool	0	正方向	
Negative	Bool	0	负方向	
Jog1	Bool	0	点动信号 1	
Jog2	Bool	0	点动信号 2	
FlyRef	Bool	0	此输入对 V90 PN 无效	
Ackerror	Bool	0	故障复位	
ExecuteMode	Bool	0	激活请求的模式	

（续）

引　脚	数据类型	默认值	说　明
Position	D int	0	ModePos＝1 或 2 时的位置设定值,单位为 LU ModePos＝6 时的程序段号
Velocity	D int	0	ModePos＝1、2 或 3 时的速度设定值,单位为 1000LU/min
OverV	Int	100(％)	速度设定值系数,0~199％
OverAcc	Int	100(％)	ModePos＝1、2 或 3 时的加速度系数,0~100％
OverDec	Int	100(％)	ModePos＝1、2 或 3 时的减速度系数,0~100％
ConfigEPOS	Dword	0	可以通过此参数控制基本定位的相关功能,位的对应关系见下表 表格: ConfigEPos 位 / 功能说明 ConfigEPos. %X0 / OFF2 停止 ConfigEPos. %X1 / OFF3 停止 ConfigEPos. %X2 / 激活软件限位 ConfigEPos. %X3 / 激活硬件限位 ConfigEPos. %X6 / 零点开关信号 ConfigEPos. %X7 / 外部程序块切换 ConfigEPos. %X8 / ModePos＝2 或 3 时支持设定值的连续改变并且立即生效 注意:如果程序里对此进行了变量分配,必须保证初始数值为 3(即 ConfigEPos. %X0 和 ConfigEPos. %X1 等于 1。不激活,则 OFF2 和 OFF3 停止始终生效)
HWIDSTW	HW_IO	0	V90 设备视图中报文 111 的硬件标识符
HWIDZSW	HW_IO	0	V90 设备视图中报文 111 的硬件标识符
输出引脚			
AxisEnabled	Bool	0	驱动已使能
AxisPosOk	Bool	0	目标位置到达
AxisSpFixed	Bool	0	设定位置到达
AxisRef	Bool	0	轴已经回参考点
AxisWarn	Bool	0	驱动报警
AxisError	Bool	0	驱动故障
Lockout	Bool	0	驱动处于禁止接通状态,检查 ConfigEPos 引脚控制位中的第 0 位及第 1 位是否置 1
ActVelocity	Dint	0	转速实际值,16#4000 0000＝100％,基准值为 p2000
ActPosition	Dint	0	位置实际值,单位为 LU
ActMode	Int	0	当前激活的运行模式
EPosZSW1	Word	0	EPOS ZSW1 的状态
EPosZSW2	Word	0	EPOS ZSW2 的状态
ActWarn	Word	0	驱动器当前的报警代码
ActFault	Word	0	驱动器当前的故障代码
Error	Bool	0	总的错误位:1＝有错误,0＝无错误

（续）

引　　脚	数据类型	默认值	说　　明
Status	Word	0	16#7002：没错误，功能块正在执行 16#8401：驱动错误 16#8402：驱动禁止启动 16#8403：运行中回零不能开始 16#8600：DPRD_DAT 错误 16#8601：DPWR_DAT 错误 16#8202：不正确的运行模式选择 16#8203：不正确的设定值参数 16#8204：选择了不正确的程序段号
DiagID	Word	0	通信错误，在执行 SFB 调用时发生错误

3. FB284 功能块的运行说明

如图 5-58 所示，FB284 必须满足下列条件才能运行：

1）轴通过输入 EnableAxis = 1 使能，如果轴已准备好并驱动无故障（AxisError = 0），输出 AxisEnabled 信号变为 1。

2）ModePos 输入用于运行模式的选择。可在不同的运行模式下进行切换，如连续运行模式（ModePos = 3）在运行中可以切换到绝对定位模式（ModePos = 2）。

3）输入信号 CancelTraversing、IntermediateStop 对于除了点动的其他所有运行模式均有效，在运行时必须将它设置为 1，设置说明如下：

① 设置 CancelTraversing = 0，轴按最大减速度（p2573）停止，停止当前运行任务，轴停止后可以进行运行模式的切换。

② 设置 IntermediateStop = 0，使用当前设置的减速度值进行斜坡停车，当前运行任务保持，重新再设置 IntermediateStop = 1 后，轴会继续运行，可理解为轴的暂停。在轴静止后可以进行运行模式的切换。

4）激活硬件限位开关。

① 如果使用了硬件限位开关，需要将 FB284 功能块的输入引脚 ConfigEPOS 的 ConfigE-Pos.%X3（POS_STW2.15）位置 1，激活 V90 PN 的硬件限位功能。

② 正、负向的硬件限位开关可连接到 V90 PN 驱动器的定义为 CWL、CCWL 的 DI 点（DI1~DI4），如图 5-59 所示。

如果激活了硬件限位开关功能，只有在硬件限位开关信号为高电平时才能运行轴。

需要注意的是，EPOS 控制的硬件限位开关不能接入 PLC 的数字量输入 DI 点。

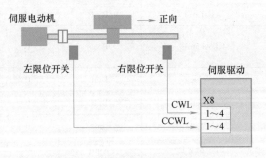

图 5-59　硬件限位开关的接法

5）激活软件限位开关。将 FB284 功能块的输入引脚 ConfigEPOS 的 ConfigEPos.%X2 位置 1，激活 V90 PN 的软件限位功能。在 V90 PN 中设置 p2580（负向软限位位置）和 p2581（正向软限位位置）。

6）激活零点开关信号。带增量编码器 V90 PN，使用参考挡块 + 编码器零脉冲方式回零时（p29240 = 1），需要将回零开关连接到 PLC 的 1 个数字量输入点上，在 PLC 内编程，将零点开关 DI 点的状态关联到 FB284 输入引脚 ConfigEPos.%X6。

如果只激活了零点开关，没有激活硬件限位开关，则 FB284 输入引脚 ConfigEPOS = 2#0100 0011 = 16#43；如果激活了零点开关和硬件限位开关，则 FB284 输入引脚 ConfigEPOS = 2#0100 1011 = 16#4B。

7）EPOS 模式中位置设定值单位是脉冲当量 LU，速度的设定值是 1000LU/min，加速度值以及加加速度值都以 LU 为单位。p29247 为负载每转的 LU 值，值可以自己定义。目的是让负载每转的位移单位与 EPOS 中的 LU 建立关系。

8）FB284 输入引脚 HWIDSTW 和 HWIDZSW 的硬件标识符可以在设备概览中选择已经添加好的报文（见图 5-60，添加的是西门子报文 111），在"属性"的系统参数标签中查看，如图 5-60 所示。也可以在编程窗口的 FB284 功能块的 HWIDSTW 和 HWIDZSW 引脚下拉列表中选择已经配置的报文，如图 5-61 所示。

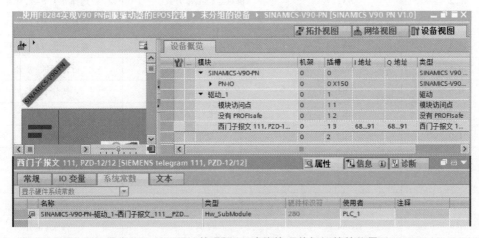

图 5-60　V90 PN 的 FB284 功能块硬件标识符的位置

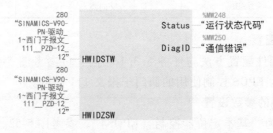

图 5-61　HWIDSTW 和 HWIDZSW 引脚填写示例

三、任务实施

【训练设备、工具、手册或标准】

西门子 CPU 1215C DC/DC/DC 的 PLC 1 台、安装有 TIA Portal V15 软件和 V-ASSISTANT 调试软件的计算机 1 台、SINAMICS V90 PN 伺服驱动器 1 台、SIMOTICS S-1FL6 伺服电动机 1 台、MOTION-CONNECT 300 伺服电动机的动力电缆 1 根、MOTION-CONNECT 300 编码器信号电缆 1 根、X8 控制/设定值电缆 1 根、网线 1 根、开关和按钮若干、通用电工工具 1 套、

《SINAMICS V90 PROFINET（PN）接口操作说明》《TIA Portal V15 中的 S7-1200 Motion Control V6.0 功能手册》、GB/T 16439—2009《交流伺服系统通用技术条件》。

1. 硬件电路

机械手的 I/O 分配见表 5-21。S7-1200 PLC 与 V90 PN 伺服驱动器通过网线相连，因此 S7-1200 PLC 只包括外部的输入点，接线图可参考图 5-40。将图 5-57 中的左限位开关 SQ1 和 右限位开关 SQ2 直接接在 V90 PN 驱动器的数字量输入 DI1 和 DI2 上，如图 5-59 所示。

表 5-21　机械手的 I/O 分配表

输　入			
输入继电器	输入器件	作用	注释
I0.0	SA1	手动工作方式	选择开关 SA1,常开
I0.1	SA1	回原点工作方式	选择开关 SA1,常开
I0.2	SA1	相对定位工作方式	选择开关 SA1,常开
I0.3	SA1	绝对定位工作方式	选择开关 SA1,常开
I0.4	SA1	多点工作方式	选择开关 SA1,常开
I0.5	SQ3	原点	行程开关,常开
I0.6	SB1	起动	按钮,常开
I0.7	SB2	暂停	按钮,常闭
I1.0	SB3	复位	按钮,常开
I1.1	SB4	急停	按钮,常闭
I1.2	SA2	轴使能开关	开关,常开
I1.3	SA3	正向	开关,常开
I1.4	SA4	反向	开关,常开
I1.5	SB5	正向点动	按钮,常开
I1.6	SB6	反向点动	按钮,常开

2. PLC 侧的硬件配置

本任务 PLC 侧的硬件配置方法与任务 5.3.1 相同，可参考图 5-41～图 5-46，只需要将 图 5-44 中的报文配置为 EPOS 控制使用的西门子报文 111 即可。

3. V90 PN 驱动器的参数设置

1）设置控制模式为"基本定位器控制（EPOS）"，参考图 5-52。

2）配置通信报文为西门子报文 111，参考图 5-53。

3）配置网络，设置 V90 的 IP 地址及设备名称，参考图 5-54。

4）设置机械结构参数。

单击"设置参数"下拉按钮，在"设置机械结构"选项中配置相关参数。本例选择的 机械结构为丝杠，设置负载转动一圈对应的长度单位为 10000LU，"轴模式"选择使用线性 轴，"反向间隙补偿"为 0，如图 5-62 所示。线性轴有限定的运行范围，为 SINAMICS V90 伺服驱动的出厂设置。模态轴没有限定的运行范围。

5）设置基本定位功能的相关参数。

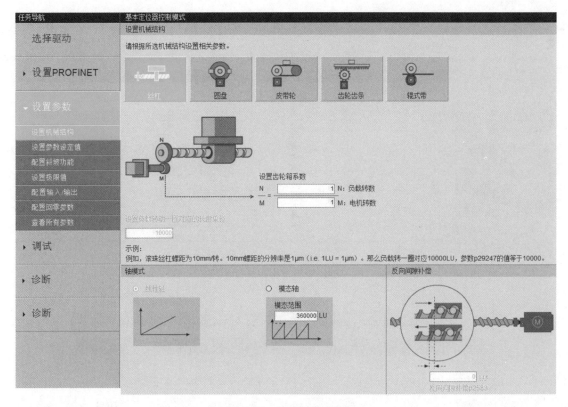

图 5-62　设置机械参数

本例的 p29247 = 10000LU，丝杠的螺距为 5mm。在多点定位工作方式时，可以使用 FB284 的运行程序块功能。由于 FB284 的位置和速度都是以 LU 为单位，因此需要将速度和位置转换如下：

① 机械手从原点到右侧 40mm 处：60r/min 对应的速度为 600×1000LU/min，位置为 80000LU。

② 机械手从右侧 40mm 处移动到左侧 80mm 处：90r/min 对应的速度为 900×1000LU/min，位置为 -160000LU。

③ 机械手从左侧 80mm 处返回原点位置：80r/min 对应的速度为 800×1000LU/min，绝对位置为 0LU。

单击"设置参数"下拉按钮，选择"设置参数设定值"选项，在右侧的窗口中可设置最大加减速度、运行程序段的参数、EPOS Jog 点动参数和 MDI 定位监控窗口参数，如图 5-63 所示。单击"运行程序段"标签，可设置 16 个不同的运行任务，即 16 个程序段，程序段切换时所有描述一个运行任务的参数都生效。本例只需要设置 0～2 这 3 个程序段，将机械手的上述速度和位置参数填入图 5-63 相应的栏目中，运行程序段中的运行方向取决于位置的正负，然后单击"任务设置"按钮，弹出如图 5-64 所示的任务设置窗口，单击▼展开下拉列表，设置任务 2621 类型、定位模式、后续条件以及标识。

6）配置 I/O。本例的硬限位开关接入了 V90 PN 伺服驱动器的 DI 引脚，需要单击"设置参数"下拉按钮，选择"配置输入/输出"选项，单击"数字量输入"标签，将 CWL 和

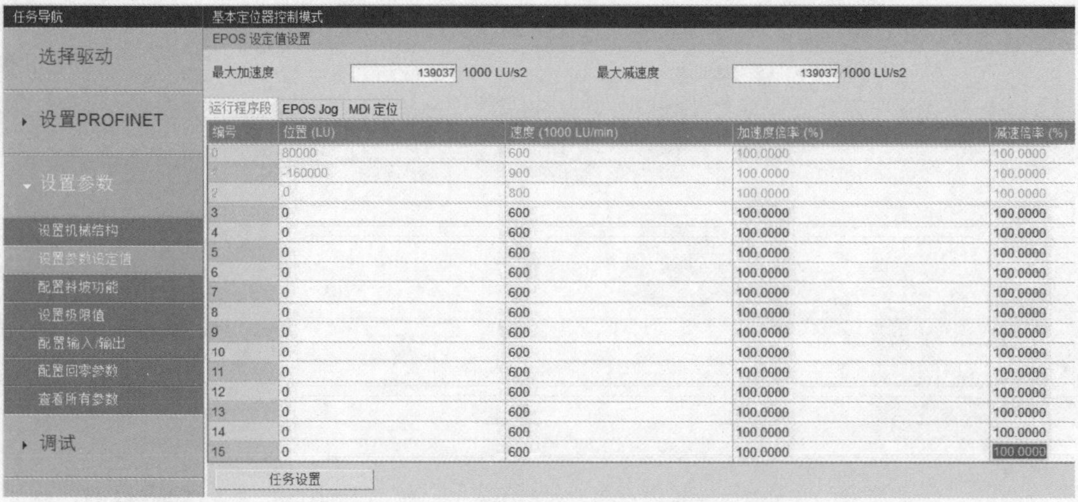

图 5-63 设置运行程序段参数

图 5-64 运行程序段的任务设置

CCWL 的功能分配到 DI1 和 DI2 引脚上，如图 5-65 所示。

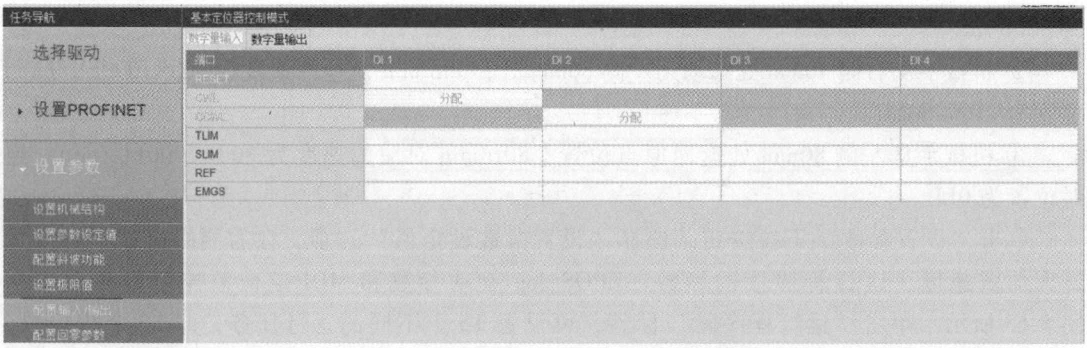

图 5-65 配置 I/O

7）设置回零相关参数。本例伺服电动机带的是增量式编码器，共有如下 3 种回零模式可用：①通过数字量输入信号 REF 设置回参考点方式；②外部参考点挡块（信号 REF）和编码器零脉冲；③仅编码器零脉冲。本例选择第②种，如图 5-66 所示。

在图 5-66 中，回参考点由 SREF 信号（即控制字 STW1.11）触发，伺服驱动器加速到

p2605 中指定的搜索参考点挡块的速度 1000LU/min 来找到参考点挡块。搜索参考点挡块的方向（CW 或 CCW）由 p2604 定义。当参考点挡块到达参考点时（信号 REF：0→1），伺服电动机减速到静止状态，然后伺服驱动再次加速到 p2608 中指定的搜索零脉冲的速度 800LU/min，运行方向与 p2604 中指定的方向相反，此时信号 REF1→0。达到第一个零脉冲时，伺服驱动开始向 p2600 中定义的参考点以 p2611 中指定的速度 700LU/min 运行，伺服驱动到达参考点（p2599）时，信号 REFOK 输出，设置 STW1.11 为 0，回参考点成功。

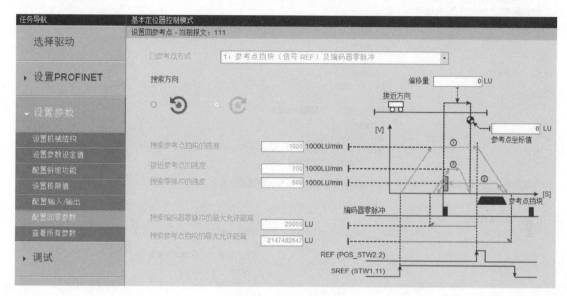

图 5-66 配置回零参数

4. 编写程序

根据控制要求编写的机械手控制程序，如图 5-67 所示。

5. 运行操作

如图 5-67 所示，首先轴使能开关 I1.2＝1，急停按钮 I1.1 和暂停按钮 I0.7 均为 1，配置 EPOS 参数 MD120＝16#B（本例激活了硬限位开关 CWL 和 CCWL，必须保证初始数值为 B，而不是 3）且无故障（M50.4＝0）时，轴已使能 M50.0＝1，才能保证轴的正常运行。

如果在轴运行过程中，将暂停按钮 I0.7 断开，则轴停止运行，继续闭合 I0.7，则轴继续运行；如果将急停按钮 I1.1 断开，则轴停止后即使 I1.1 恢复闭合，轴也不会继续运行。

1）手动控制。程序段 1 的 I0.0＝1 时，MW10（即 ModePos）＝7，MD120＝16#B，选择手动控制模式。在轴静止的情况下，在程序段 7 中，按下点动按钮 I1.5（Jog2）或 I1.6（Jog1），机械手右移或左移。

2）回原点控制。程序段 2 的 I0.1＝1 时，MW10（即 ModePos）＝4，MD120＝16#B，选择回原点控制模式。在程序段 7 中，按住起动按钮 I0.6（在回零过程中应保持高电平），机械手按照图 5-66 设置的参数寻找参考点（即原点）。当找到参考点时，程序段 2 中的原点开关 I0.5 闭合，将 16#4B 传送到 MD120 中，激活原点开关的 ConfigEPos. %X6 位，此时机械手向相反方向运行，当 I0.5 由 1→0 时，将 16#B 传送到 MD120 中，达到第一个零脉冲时，机械手又开始朝原点方向运行，最终停在原点位置。

▼ 程序段1：手动控制时，需要设置运行模式MW10=7，配置EPOS参数=16#B

%I0.0
"手动工作方式"

MOVE
EN — ENO
7 — IN
⚡ OUT1 — %MW10 "运行模式"

MOVE
EN — ENO
16#B — IN
⚡ OUT1 — %MD120 "配置EPOS参数"

▼ 程序段2：回原点控制时，需要设置运行模式MW10=4。当找到原点I0.5时，将M123.6＝1

%I0.1
"回原点工作方式"

MOVE
EN — ENO
4 — IN
⚡ OUT1 — %MW10 "运行模式"

%I0.5
"原点"

MOVE
EN — ENO
16#4B — IN
⚡ OUT1 — %MD120 "配置EPOS参数"

NOT

MOVE
EN — ENO
16#B — IN
⚡ OUT1 — %MD120 "配置EPOS参数"

▼ 程序段3：相对定位控制时，需要设置运行模式MW10=1，并设置位置和速度设定值

%I0.2
"相对定位工作方式"

MOVE
EN — ENO
1 — IN
⚡ OUT1 — %MW10 "运行模式"

MOVE
EN — ENO
16#B — IN
⚡ OUT1 — %MD120 "配置EPOS参数"

MOVE
EN — ENO
90000 — IN
⚡ OUT1 — %MD100 "位置设定值"

MOVE
EN — ENO
500 — IN
⚡ OUT1 — %MD110 "速度设定值"

▼ 程序段4：绝对定位控制时，需要设置运行模式MW10=2，并设置位置和速度设定值

%I0.3
"绝对定位工作方式"

MOVE
EN — ENO
2 — IN
⚡ OUT1 — %MW10 "运行模式"

MOVE
EN — ENO
16#B — IN
⚡ OUT1 — %MD120 "配置EPOS参数"

MOVE
EN — ENO
70000 — IN
⚡ OUT1 — %MD100 "位置设定值"

MOVE
EN — ENO
700 — IN
⚡ OUT1 — %MD110 "速度设定值"

▼ 程序段5：多点定位控制时，需要设置运行模式MW10=6，并将程序步0送入位置设定值

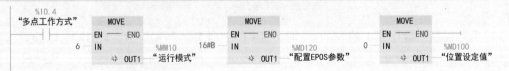

%I0.4
"多点工作方式"

MOVE
EN — ENO
6 — IN
⚡ OUT1 — %MW10 "运行模式"

MOVE
EN — ENO
16#B — IN
⚡ OUT1 — %MD120 "配置EPOS参数"

MOVE
EN — ENO
0 — IN
⚡ OUT1 — %MD100 "位置设定值"

▼ 程序段6：实际速度反馈值转换成实际速度

NORM_X
DInt to Real
EN — ENO
0 — MIN
%MD130 "实际速度反馈值" — VALUE
1073742000 — MAX
OUT — %MD160 "实际速度中间变量"

SCALE_X
Real to Real
EN — ENO
0.0 — MIN
%MD160 "实际速度中间变量" — VALUE
3000.0 — MAX
OUT — %MD140 "实际速度"

图 5-67　机械手控制程序

程序段7：轴使能开关I1.2=1，急停I1.1和暂停I0.7均为1，配置EPOS参数=16#B且无故障(AxisError=0)时，M50.0=1

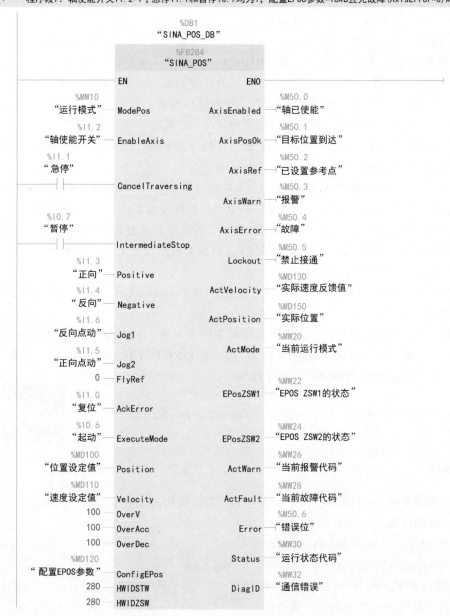

图 5-67　机械手控制程序（续）

回原点的方向由程序段 7 中 FB284 的正向开关 I1.3（Positive）及反向开关 I1.4（Negative）决定；回零完成后，参数 AxisRef 置 1。

3）相对定位控制。程序段 3 的 I0.2 = 1 时，MW10（即 ModePos）= 1，MD120 = 16#B，选择相对定位控制模式，此时位置设定值 MD100 = 90000LU，速度设定值 MD110 = 500 × 1000LU/min。在程序段 7 中，按下起动按钮 I0.6（上升沿触发），机械手向右移动 45mm。

① 在相对定位中，运动方向由程序段 7 中 FB284 的 MD100（Position）中设置值的正负

来确定。

②当前正在运行的命令可以通过起动按钮 I0.6（ExecuteMode）上升沿进行新命令的替换，但仅用于运行模式 ModePos 1、2 和 3。

4）绝对定位控制。程序段 4 的 I0.3 = 1 时，MW10（即 ModePos）= 2，MD120 = 16#B，选择绝对定位控制模式，此时位置设定值 MD100 = 70000LU，速度设定值 MD110 = 700×1000LU/min。在程序段 7 中，按下起动按钮 I0.6（上升沿触发），机械手向右移动 35mm。

①在绝对定位中，运行方向按照最短路径运行至目标位置，此时输入参数 Positive 及 Negative 必须为 0。如果是模态轴，则方向可以通过 Positive 或者 Negative 指定。

②当前正在运行的命令可以通过起动按钮 I0.6（ExecuteMode）上升沿进行新命令的替换，但仅用于运行模式 ModePos 1、2 和 3。

5）多点定位控制。程序段 5 的 I0.4 = 1 时，MW10（即 ModePos）= 6，MD120 = 16#B，选择多点定位控制模式，此时位置设定值 MD100 = 0（起始程序段 0 的段号），3 段程序的工作模式、目标位置及动态响应已在图 5-63 和图 5-64 所示的运行程序段参数中进行了设置。在程序段 7 中，按下起动按钮 I0.6（上升沿触发），机械手按照设置好的 3 段程序的位置和速度连续运行，最后停在原点位置。

运动的方向由与工作模式及程序段中的设置决定，与 Positive 及 Negative 参数无关，必须将它们设置为 0。

6）程序段 6 是实际速度处理程序。实际速度反馈值是双字，16#40000000 对应 100% 的参考速度 p2000（本例为 3000r/min），先将 16#40000000 转化为十进制浮点数为 1073741824.0，则实际速度处理程序参见程序段 6。

任务 5.3.3　使用 FB285 实现 V90 PN 伺服驱动器的速度控制

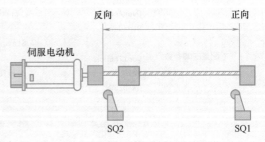

FB285 功能块在速度控制中的应用

一、任务导入

某伺服驱动系统如图 5-68 所示。按下起动按钮 SB1，伺服电动机带动丝杠机构以 50mm/s 的速度沿 x 轴方向右行，碰到正向限位开关 SQ1 后，伺服电动机带动丝杠机械机构以 70mm/s 的速度沿 x 轴反向运行，碰到反向限位开关 SQ2 后向右运动，如此反复运行，直到按下停止按钮 SB2，伺服电动机停止运行。

图 5-68　伺服电动机速度控制示意图

二、相关知识

1. S7-1200 对 V90 PN 进行速度控制的两种方法

S7-1200 系列 PLC 可以通过 PROFINET 与 V90 PN 伺服驱动器搭配进行速度控制，1 台 S7-1200 PLC 可以对 16 个 V90 PN 伺服驱动器进行速度控制。PLC 进行起停和速度给定，速度控制计算在 V90 PN 驱动器中进行，实现的方法主要有以下两种：

1）使用 FB285 "SINA_SPEED"：V90 PN 使用标准报文 1，PLC 通过 FB285（SINA_

SPEED）功能块对 V90 PN 进行速度控制，这种方式不需要 PLC 组态工艺对象 TO，PLC 的运算负担较小。

2）使用 I/O 地址直接控制：不使用任何专用程序块，利用报文的控制字和状态字通过编程进行控制。V90 PN 使用标准报文 1，使用这种方式需要对报文结构比较熟悉。

2. FB285 功能块

通过使用 FB285（SINA_SPEED）功能块，基于 V90 PN 速度控制模式下的标准报文 1，可以实现对于 V90 PN 的速度控制。获得 FB285 功能块与获得 FB284 功能块相同。

FB285 在命令库中的位置：在 TIA Portal 软件的"库"窗格中，依次选择"全局库"→"Drive_Lib_S7_1200_1500"→"03_SINAMICS"→"SINA_SPEED"选项，将它拖拽到 OB1 编程网络中（此功能块只能与报文 1 配合使用），生成 FB285 功能块，如图 5-69 所示。

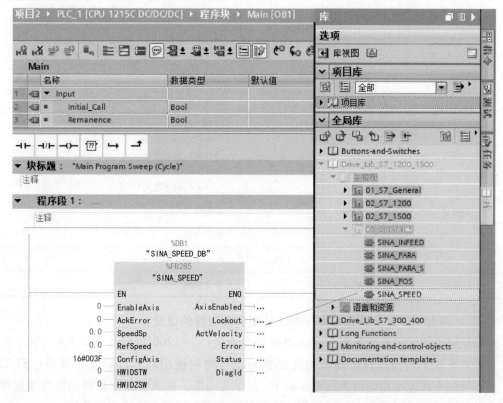

图 5-69　FB285 功能块

FB285 I/O 引脚见表 5-22。

表 5-22　FB285 I/O 引脚说明

输入引脚	类型	默认值	功能
输入信号			
EnableAxis	Bool	0	使能轴
SpeedSp	Real	0.0（r/min）	速度设定
HWIDSTW	HW_IO	0	硬件标识符/I/O 地址
HWIDZSW	HW_IO	0	硬件标识符/I/O 地址

（续）

输入引脚	类型	默认值	功能
		输入信号	
RefSpeed	REAL	0.0(r/min)	参考转速，设置为 p2000 里的转速值
AckError	Bool	0	复位故障
ConfigAxis	Word	3	组态控制字

组态控制字表格：

ConfigAxis	功能
bit0	OFF2
bit1	OFF3
bit2	脉冲使能
bit3	使能斜坡函数发生器
bit4	继续斜坡函数发生器
bit5	使能设定值
bit6	设定值反向
bit7~bit15	预留

输出信号			
Error	Bool	0	故障
Status	Int	0	16#7002：没错误，功能块正在执行 16#8401：驱动错误 16#8402：驱动禁止启动 16#8600：DPRD_DAT 错误 16#8601：DPWR_DAT 错误
DiagId	Word	0	通信错误
AxisEnabled	Bool	0	轴已使能
ActVelocity	Real	0.0(r/min)	实际速度
Lockout	Bool	0	禁止接通

3. PLC 通过 I/O 地址直接控制 V90 PN 伺服驱动器的速度

这种控制方式无需专用的程序块，直接给定速度。S7-1200 PLC 与 V90 PN 的网络配置方法与任务 5.3.1 相同，只需要将报文配置为速度控制使用的标准报文 1 即可。S7-1200 PLC 可将控制字和速度设定值发送至 V90 PN 伺服驱动器，并从伺服驱动器周期性地读取状态字和实际转速等过程数据。程序编写方法与任务 5.3.2 相同，这里不再赘述。

三、任务实施

【训练设备、工具、手册或标准】

西门子 CPU 1215C DC/DC/DC 的 PLC 1 台、安装有 TIA Portal V15 软件和 V-ASSISTANT 调试软件的计算机 1 台、SINAMICS V90 PN 伺服驱动器 1 台、SIMOTICS S-1FL6 伺服电动机 1 台、MOTION-CONNECT 300 伺服电动机的动力电缆 1 根、MOTION-CONNECT 300 编码器信号电缆 1 根、网线 1 根、开关和按钮若干、通用电工工具 1 套、《SINAMICS V90 PROFINET（PN）接口操作说明》《TIA Portal V15 中的 S7-1200 Motion Control V6.0 功能手册》、GB/T 16439—2009《交流伺服系统通用技术条件》。

1. 硬件电路

本例只需要将起动按钮、停止按钮、正向限位开关 SQ1、反向限位开关 SQ2 分别接入 PLC 的输入端子 I0.0~I0.3，S7-1200 PLC 与 V90 PN 伺服驱动器通过网线相连即可。

2. PLC 侧的硬件配置

PLC 侧的硬件配置方法与任务 5.3.1 相同，只需要将报文配置为速度控制使用的标准报文 1 即可。

3. V90 PN 驱动器的参数设置

1）设置控制模式为"速度控制（S）"。

2）配置通信报文为标准报文 1。

3）配置网络，设置 V90 的 IP 地址及设备名称。

4）设置斜坡上升时间 p1120 和斜坡下降时间 p1121。

4. 编写程序

伺服电动机的速度控制程序如图 5-70 所示。

图 5-70　伺服电动机的速度控制程序

图 5-70 伺服电动机的速度控制程序（续）

5. 运行操作

在图 5-70 中，当"Error"和"Lockout"输出为 0，组态控制字 ConfigAxis = 2#0011 1111 = 16#3F（表 5-22），"Refspeed"引脚输入与驱动器当中 p2000 相同的参考转速（本例 p2000 = 3000r/min）时，驱动器进入准备状态。按下启动按钮 I0.0，右行标志位 M30.0 置 1，常开触点通过输入引脚"EnableAxis"=1 使能，速度设定值 50.0 通过 MOVE 指令传送到 MD100 连接的引脚"SpeedSp"中，此时伺服电动机以 50.0mm/s 的速度右行。当碰到右行限位开关 I0.2 时，复位右行标志 M30.0，同时置位左行标志 M30.1，使 M30.1 的常开触点接通"EnableAxis"，伺服电动机以 −70mm/s 的速度左行。左行至左限位开关 I0.3 时，又开始右行循环运行。实际速度通过引脚"ActVelocity"输出。

按下停止按钮 I0.1，伺服电动机的"EnableAxis"=0，伺服电动机停止运行。

思考与练习

1. 填空题

（1）V90 PN 伺服驱动器具有_____和_____两种控制模式。

（2）V90 PN 连接 PLC 运动控制有两种不同的形式，分别是_____控制和_____控制。

（3）中央控制是指位置控制在_____中实现，V90 PN 驱动器仅执行速度控制任务，这种方式依赖于_____。

（4）分布控制的位置计算在_____侧实现，PLC 仅提供相关运动控制命令，此功能依赖于 V90 PN 的_____功能。

（5）PROFINET 提供_____和_____两种实时通信方式。

（6）V90 PN 在 EPOS 工作模式下最好使用_____通信报文。

（7）S7-1200 PLC 连接 V90 PN，组态工艺对象应该使用_____报文。

（8）在 TIA Portal 软件中组态 V90 PN 时，需要使用_____文件组态。

（9）V90 PN 只支持_____通信，V90 PTI 支持_____通信。

（10）S7-1200 对 V90 PN 进行位置控制有_____、_____和_____ 3 种方法。

（11）基本定位器控制 EPOS 需要通过_____报文及 TIA Portal 软件提供的驱动库中的_____功能块实现位置控制。

（12）S7-1200 可以对_____ V90 PN 进行速度控制。

（13）S7-1200 PLC 通过工艺对象 TO 最多可控制_____台 V90 PN 伺服驱动器。

（14）S7-1200 PLC 通过 FB284 最多可控制_____台 V90 PN 伺服驱动器。

（15）EPOS 控制时，硬件限位开关可连接到_____。

（16）如果使用了硬件限位开关，需要将 FB284 功能块的输入引脚 ConfigEPOS 的 ConfigEPos.%X3（POS_STW2.15）位置_____，激活 V90 PN 的硬件限位功能。

（17）EPOS 控制的硬件限位开关_____接入 PLC 的数字量输入 DI 点。

（18）EPOS 模式中位置的设定值单位是_____，速度的设定值是_____。

（19）S7-1200 对 V90 PN 进行速度控制有_____和_____两种方法。

（20）仅在 V90 PN 与 S7-1500/1500T 连接时才使用标准报文_____和西门子报文_____。

2. 问答题

（1）FB284 功能块具有哪些功能？

（2）如何查询 FB284 输入引脚 HWIDSTW 和 HWIDZSW 的硬件标识符？

（3）V90 PN 伺服驱动器进行 PROFINET 通信时如何安装 GSD 文件？

（4）简述获得 FB284 功能块的两种方法。

（5）怎样安装驱动功能库文件？

（6）带增量编码器 V90 PN、使用参考挡块+编码器零脉冲方式回零时，参考挡块回零开关接到哪里，怎样配置？

（7）EPOS 控制时，硬件限位开关如何连接，如何激活硬件限位功能？

（8）V90 PN 的工艺对象 TO 和 EPOS 的位置控制有什么区别？

3. 分析题

使用"PLC 通过 I/O 地址直接控制 V90 PN 伺服驱动器的速度"实现任务 5.3.3 的控制要求。

参 考 文 献

［1］ 郭艳萍，陈冰. 变频及伺服应用技术：附微课视频 ［M］. 北京：人民邮电出版社，2018.

［2］ 向晓汉，唐克彬. 西门子 SINAMICS G120/S120 变频器技术与应用 ［M］. 北京：机械工业出版社，2020.

［3］ 芮庆忠. 西门子 S7-1200PLC 编程及应用 ［M］. 北京：电子工业出版社，2020.

［4］ 郭艳萍，钟立. 变频及伺服应用技术 ［M］. 北京：人民邮电出版社，2016.